F. P. Helmus
Anlagenplanung

Weitere empfehlenswerte Bücher

Sattler, K., Kasper, W.
**Verfahrenstechnische Anlagen
Planung, Bau und Betrieb**

2 Bände
2000
ISBN 3-527-28459-1

Ebert, B.
**Technische Projekte
Abläufe und Vorgehensweisen**

2002
ISBN 3-527-30208-5

Vogel, H.
**Verfahrensentwicklung
Von der Ideenfindung zur chemischen Produktionsanlage**

2002
ISBN 3-527-28721-3

Frank P. Helmus

Anlagenplanung

Von der Anfrage bis zur Abnahme

Autor dieses Buches

Prof. Dr.-Ing. Frank P. Helmus
Fachhochschule Osnabrück
Fachbereich Werkstoffe und Verfahren
Postfach 1940
49009 Osnabrück
Germany

■ Das vorliegende Werk wurde sorgfältig erarbeitet. Dennoch übernehmen Autor und Verlag für die Richtigkeit von Angaben, Hinweisen und Ratschlägen sowie für eventuelle Druckfehler keine Haftung.

Bibliografische Information Der Deutschen Bibliothek
Die Deutsche Bibliothek verzeichnet diese Publikation in der Deutschen Nationalbibliografie; detaillierte bibliografische Daten sind im Internet über <http://dnb.ddb.de> abrufbar.

© 2003 WILEY-VCH Verlag GmbH & Co. KGaA, Weinheim

Alle Rechte, insbesondere die der Übersetzung in andere Sprachen, vorbehalten. Kein Teil dieses Buches darf ohne schriftliche Genehmigung des Verlages in irgendeiner Form – durch Photokopie, Mikroverfilmung oder irgendein anderes Verfahren – reproduziert oder in eine von Maschinen, insbesondere von Datenverarbeitungsmaschinen, verwendbare Sprache übertragen oder übersetzt werden. Die Wiedergabe von Warenbezeichnungen, Handelsnamen oder sonstigen Kennzeichen in diesem Buch berechtigt nicht zu der Annahme, daß diese von jedermann frei benutzt werden dürfen. Vielmehr kann es sich auch dann um eingetragene Warenzeichen oder sonstige gesetzlich geschützte Kennzeichen handeln, wenn sie nicht eigens als solche markiert sind.

All rights reserved (including those of translation into other languages). No part of this book may be reproduced in any form – by photoprinting, microfilm, or any other means – nor transmitted or translated into a machine language without written permission from the publishers. Registered names, trademarks, etc. used in this book, even when not specifically marked as such, are not to be considered unprotected by law.

Satz Typomedia GmbH, Ostfildern
Druck Strauss Offsetdruck GmbH, Mörlenbach
Bindung Großbuchbinderei J. Schäffer GmbH & Co KG, Grünstadt
Umschlag Pressefoto BASF AG, Ludwigshafen

ISBN 3-527-30439-8

Dieses Buch ist meinen drei Töchtern Svenja, Tabea und Merle gewidmet.

Inhalt

Vorwort XI
Danksagung XIII

1 Einführung 1
1.1 Allgemeines zur Anlagenplanung 1
1.2 Projekt 3
1.3 Anforderungen an Projektingenieure 7
1.4 Übersicht der Aktivitäten 9
Literatur 14

2 Projektierung 15
2.1 Betreiber 15
2.1.1 Produktentwicklung 16
2.1.2 Anlagentyp 17
2.1.2.1 Standort/Gebäudetyp 17
2.1.2.2 Kapazität/Verfügbarkeit/Lebensdauer 18
2.1.2.3 Automatisierungsgrad 19
2.1.2.4 Gesetzliche Auflagen 19
2.1.3 Kosten 21
2.1.3.1 Investition 21
2.1.3.2 Betriebskosten 23
2.1.4 Anfrage/Ausschreibung 27
2.1.5 Projektverfolgung 31
2.2 Anlagenbauer 32
2.2.1 Risikoanalyse 32
2.2.2 Basic Engineering 34
2.2.2.1 Verfahrensentwicklung 34
2.2.2.2 Bilanzierung 36
2.2.2.3 Grund- und Verfahrensfließbild 39
2.2.2.4 Werkstoffkonzept 44
2.2.2.5 Hauptapparate 46
2.2.2.6 Layout 49
2.2.3 Angebot 51

2.2.3.1	Angebotspreis	53
2.2.3.2	Optimierung	54
2.2.3.3	Vergabeverhandlungen	57
	Literatur	58

3 Vertrag 61
- 3.1 Allgemeiner Teil 62
- 3.1.1 Begriffsbestimmungen 62
- 3.1.2 Auftragsgrundlage 62
- 3.1.3 Festlegungen 63
- 3.1.4 Personaleinsatz 64
- 3.1.5 Unterlieferanten 64
- 3.1.6 Projektunterlagen 65
- 3.2 Technischer Teil 66
- 3.2.1 Liefer- und Leistungsumfang des Auftragnehmers 66
- 3.2.2 Liefer- und Leistungsumfang des Auftraggebers 68
- 3.3 Kaufmännischer Teil 70
- 3.3.1 Termine/Pönalen 70
- 3.3.2 Gewährleistungen/Vertragsstrafen 72
- 3.3.3 Mängel/Abnahme 73
- 3.3.4 Preise/Zahlungsbedingungen/Bürgschaften 75
- 3.3.5 Änderungen/Claims 77
- 3.3.6 Kündigung/Sistierung 80
- 3.3.7 Versicherungen 81
- 3.3.8 Geheimhaltung 82
- 3.3.9 Salvatorische Klausel 83
- 3.3.10 Inkrafttreten 83
- 3.3.11 Unterschriftenregelungen 84
- Literatur 86

4 Abwicklung 87
- 4.1 Projektorganisation 87
- 4.1.1 Projektstrukturen 88
- 4.1.2 Systematiken 97
- 4.1.2.1 Projekthandbuch 97
- 4.1.2.2 Schriftverkehrssystem 99
- 4.1.2.3 Änderungsdienst 100
- 4.1.3 Kostenverfolgung 102
- 4.1.4 Terminplanung/Terminverfolgung 103
- 4.2 Genehmigungsplanung 104
- 4.2.1 Genehmigungsverfahren 104
- 4.2.2 Antragsunterlagen 109
- 4.3 Komponentenbeschaffung 118
- 4.3.1 Behälter 125
- 4.3.2 Pumpen 127

4.4	Rohrleitungs- und Instrumentenfließbilder	137
4.5	E/MSR-Technik	151
4.5.1	Elektrotechnik	152
4.5.2	Messtechnik	153
4.5.3	Leittechnik	158
4.6	Aufstellungs- und Gebäudeplanung	164
4.6.1	Aufstellungsplanung	164
4.6.2	Gebäudeplanung	166
4.7	Rohrleitungsplanung	173
4.8	Dokumentation	184
4.9	Montage	186
4.9.1	Erd- und Bauarbeiten	187
4.9.2	Komponentenmontage	188
4.9.3	Rohrleitungsmontage	191
4.9.4	Montage E/MSR-Technik	193
4.9.5	Isolierungen	194
4.9.6	Beschilderung	195
4.10	Inbetriebsetzung	199
4.10.1	Schulungen	199
4.10.2	Reinigung	200
4.10.3	Druckproben	201
4.10.4	Funktionstests	202
4.10.5	Systemtests	203
4.10.6	Kalte Inbetriebsetzung	203
4.10.7	Warme Inbetriebsetzung	204
4.11	Garantielauf/Abnahme	205
	Literatur	206

Index 209

Vorwort

Für die Planung, Errichtung und Inbetriebsetzung verfahrenstechnischer Anlagen wird eine Fülle von Kenntnissen benötigt. Abgesehen von dieser Wissensmenge müssen die Projektingenieure über einen gewissen Umfang an charakterlichen Eigenschaften, den so genannten Soft Skills, verfügen um mit den am Projekt beteiligten Ingenieuren interdisziplinär kommunizieren zu können. Des Weiteren stehen die Projektingenieure aufgrund des starken internationalen Wettbewerbs unter einem enormen Kosten- und Termindruck. Schließlich gehört eine Menge an Erfahrung zum Anlagenbaugeschäft. Durch den Trend einiger Unternehmen zur Frühpensionierung gehen enorme Erfahrungswerte verloren. Erschwerend kommt hinzu, dass den „alten Hasen" manchmal keine Gelegenheit gegeben wird, ihr Wissen an die Jungingenieure zu transferieren. Dadurch werden die gleichen Fehler früherer Generationen wiederholt.

Dieser Berg an Anforderungen soll jedoch nicht abschreckend wirken. Im Gegenteil: Die Faszination, die von der Vielfalt des verfahrenstechnischen Anlagenbaus ausgeht, soll vermittelt werden. Man versuche sich vorzustellen, wie es sich anfühlt, wenn man zwei oder drei Jahre lang im Team hart an einem Projekt gearbeitet hat, und dann steht da plötzlich eine neue verfahrenstechnische Produktionsanlage, die unter Berücksichtigung der neuesten verfahrens-, umwelt- und sicherheitstechnischen Erkenntnisse geplant und errichtet wurde. Das ist etwas, was man seinen Kindern zeigt und sagt: „Daran habe ich mitgearbeitet!"

Natürlich werden bei der Abwicklung eines Projektes Fehler gemacht. Die Kunst besteht darin, keine großen und damit wirklich teuren Fehler zu machen. Daher werden zahlreiche Fehlermöglichkeiten, die sich im Projektverlauf ergeben können, anhand von Beispielen beschrieben.

Mit diesem Buch sollen Einsteiger einen Überblick über den Ablauf der Aktivitäten im verfahrenstechnischen Anlagenbau erhalten. Es wird dabei keinerlei Anspruch auf Vollständigkeit hinsichtlich aller technischen Details erhoben. Vielmehr sollen die Zusammenhänge verständlich gemacht werden. Dazu gehört auch für einen Verfahrensingenieur ein gewisses kaufmännisches Basiswissen, das im Kapitel 3 *Vertrag* in einer für den Ingenieur verständlichen Sprache vermittelt werden soll.

Es wird generell auf eine möglichst lesbare und nicht so „technisch-trockene" Sprache Wert gelegt. Viele Begriffe entstammen daher dem in der Branche üblichen „Sprachjargon".

Prof. Dr.-Ing. Frank P. Helmus
Fachhochschule Osnabrück
University of Applied Sciences
Fachbereich: Werkstoffe und Verfahren
Postfach: 1940
49009 Osnabrück
Besucheradresse: Albrechtstr. 30

Danksagung

Hiermit möchte ich allen an diesem Buchprojekt Beteiligten ganz herzlich danken. Mein besonderer Dank gilt:

- meiner Lebensgefährtin Anette Rega für ihre Nachsicht bei den langen Abenden im Büro bzw. am Laptop zu Hause;
- Herrn Gerhard Lohe und Herrn Petro Sporer für zahlreiche Anregungen und das Korrekturlesen;
- Frau und Herrn Ulrike und Norbert Sommer für das Korrekturlesen;
- Frau Stefanie Lange für die Unterstützung im Kapitel 3 *Vertrag*;
- Herrn Jörg Buchholz für seine Mitarbeit;
- Herrn Jürgen Nahstoll für seine Unterstützung beim Thema Instandhaltung;
- allen Kollegen des Fachbereichs Werkstoffe und Verfahren für diverse Anregungen und Literaturhinweise;
- Herrn Martin Reike, meinem Kollegen vom Fachbereich Maschinenbau, für die Unterstützung im Kapitel 4.5 *E/MSR-Technik*;
- meinem Kollegen Wolfgang Seyfert vom Fachbereich Wirtschaft für viele Informationen im Bereich des Projektmanagements;
- Frau Karin Sora und Herrn Rainer Münz für die Betreuung und Unterstützung seitens des Verlags;
- allen Firmen, die Original-Abbildungen, Tabellen etc. zur Verfügung gestellt haben;
- den Studenten, die im Rahmen einer Studienarbeit an diesem Buch mitgewirkt haben.

1
Einführung

1.1
Allgemeines zur Anlagenplanung

In verfahrenstechnischen Anlagen werden Ausgangsstoffe (Edukte) in vertriebsfähige Produkte umgewandelt. Die Ausgangsstoffe und Produkte können im gasförmigen, flüssigen oder festen Aggregatzustand bzw. als Mischungen der unterschiedlichen Aggregatzustände (Suspensionen, Stäube etc.) vorliegen. Bei den Produkten kann es sich um Zwischen- oder Endprodukte handeln, die in sich anschließenden Prozessen weiterverarbeitet werden. Daraus ergibt sich eine ungeheure Fülle an möglichen Aufgabenstellungen bzw. Anlagentypen, die diese Aufgabenstellungen erfüllen. Im Folgenden sind zumindest einige typische Erzeugnisse verfahrenstechnischer Anlagen und deren Branchen aufgeführt:

- Chemie: Farben, Kunststoffe, Fasern, Düngemittel etc.
- Pharmazie: Medikamente.
- Kosmetik: Cremes, Lotionen, Pflegemittel, etc.
- Raffinerien: Brennstoffe, Basisprodukte für die Chemie, Schmierstoffe etc.
- Baustoffe: Zement, Sand, Kies etc.
- Nahrungsmittelbranche: Fette, Öle, Getreide, Zucker etc.
- Kohle: Förderung und Aufbereitung von Kohle.

Dieses Buch befasst sich mit den Aktivitäten, die bei der Planung, Errichtung und Inbetriebsetzung verfahrenstechnischer Anlagen anfallen. Die Betonung liegt dabei auf **verfahrenstechnische** Anlagen, da hierbei teilweise gänzlich andere Planungsinstrumente (z. B. CAD-Systeme) und -schritte (z. B. Rohrleitungsplanung) eingesetzt werden bzw. anfallen als beispielsweise beim Bau fertigungstechnischer Anlagen. Die Aktivitäten werden, soweit möglich, chronologisch beschrieben, beginnend mit der Idee für ein verfahrenstechnisches Produkt bis hin zur Abnahme der erfolgreich in Betrieb gesetzten Anlage. Um dabei den Buchumfang in vertretbaren Grenzen zu halten, soll und kann nicht auf jedes Detail eingegangen werden. Vielmehr wird auf weiterführende Literatur hingewiesen. Besonderer Wert wird auf den Praxisbezug gelegt. Da die Vorgehensweisen bzw. das Projektmanagement je nach Unternehmen häufig unterschiedlich sind, kann auch hier nicht auf jede Vorgehensvariante eingegangen werden. Der Schwerpunkt liegt vielmehr auf der Vermittlung der prinzipiellen Zusammenhänge.

Mit dem vorliegenden Buch sollen in erster Linie Studenten der Verfahrenstechnik und des Chemieingenieurwesens sowie Berufseinsteiger der o. g. Disziplinen, die sich im Berufsfeld des verfahrenstechnischen Anlagenbaus betätigen, angesprochen werden.

Der verfahrenstechnische Anlagenbau steht heute im Zeichen der Globalisierung. Den Ingenieuren wird neben entsprechender fachlicher Kompetenz ein immer höheres Maß an so genannten Soft Skills also sozialer Kompetenz abverlangt. Hiermit sind im Bereich des Anlagenbaus vor allem Teamfähigkeit, Kommunikationsfähigkeit und Sprachkenntnisse gemeint. Vor dem Hintergrund des stark interdisziplinären Charakters verfahrenstechnischer Projekte kommt der Kommunikationsfähigkeit zwischen den am Projekt beteiligten Disziplinen (Verfahrenstechniker, Chemiker, Bauingenieure, Architekten, Elektrotechniker, Leittechniker, Kaufleute und Juristen) eine besondere Bedeutung zu. Daher soll auch auf die unterschiedlichen „Sprachen" und Ziele der einzelnen Disziplinen eingegangen bzw. gegenseitiges Verständnis entwickelt werden.

Um dem durch den internationalen Wettbewerb im Anlagenbau hervorgerufenen enormen Preisdruck Rechnung zu tragen, sollen neben den technischen Aspekten vor allem auch die kaufmännischen Belange aus Sicht des Projektingenieurs behandelt werden. Deutsche Ingenieure sind im Ausland häufig als „technikverliebt" bekannt. D. h. sie realisieren hervorragende und vor allem qualitativ hochwertige Technik – die dabei verursachten Kosten werden jedoch nicht in ausreichendem Maße berücksichtigt. Zusätzlich soll vermieden werden, dass junge Projektierungsingenieure, die frühzeitig mit entsprechender Handlungsvollmacht ausgestattet werden, aus Unwissenheit Kaufverträge unterzeichnen, in denen sie übervorteilt werden. Leider kommt es immer wieder vor, dass sogar unseriöse Forderungen wie Haftung für entgangenen Gewinn oder horrende Prozentsätze bei den Pönalen aus Unkenntnis akzeptiert werden. Daher soll die Wahrnehmung kaufmännischer Belange geschärft werden. Hierzu gehört u. a. eine für Ingenieure verständliche und stark vereinfachte Einführung in das Claims-Management und die Grundlagen der Vertragsgestaltung.

Aufgrund der stetig strenger werdenden Umweltauflagen kommt der Umweltschutztechnik eine immer größere Bedeutung zu. Verfahren zur Reinigung der Abgase, Abwässer und festen Abfälle müssen so in die verfahrenstechnischen Produktionsanlagen integriert werden, dass die anfallenden Reststoffe – sofern sie sich nicht ganz vermeiden oder in Wertstoffe umwandeln lassen – zumindest minimiert und so unschädlich wie möglich gemacht werden. Diese Bestrebungen fasst man unter dem Begriff „Produktionsintegrierter Umweltschutz" zusammen [1]. In einigen Bereichen führen die umweltrelevanten Maßnahmen dazu, dass die umwelttechnischen Bestandteile einer verfahrenstechnischen Anlage die eigentlichen Produktionsanlagen sowohl hinsichtlich ihres Volumens als auch hinsichtlich der erforderlichen Investitionen übersteigen. Hier sind beispielsweise die Aufwendungen für die Rauchgasreinigung einer Müllverbrennungsanlage zu nennen. Zusätzlich sind die Aufwendungen für das so genannte „Behördenengineering" zu berücksichtigen, dessen Hauptziel es ist, die behördlichen Genehmigungen zum Bau und Betrieb der geplanten Anlage zu erhalten.

1.2
Projekt

Ziel der Anlagenplanung ist es, verfahrenstechnische Anlagen im Rahmen von Projekten zu realisieren [2]. Dabei sind in aller Regel zwei Parteien zu unterscheiden: erstens der Anlagenbetreiber, der eine verfahrenstechnische Anlage beschaffen und betreiben möchte, und zweitens der Anlagenbauer, der je nach vereinbartem Liefer- und Leistungsumfang die Planung, Lieferung, Montage und Inbetriebsetzung übernimmt. Ausnahme sind einige Großunternehmen, die über eigene Abteilungen für die Anlagenplanung verfügen, sodass hier beide Parteien in einem Unternehmen vertreten sind.

Die beiden oben genannten Parteien verfolgen ganz unterschiedliche Ziele: Der Anlagenbetreiber möchte durch die Erzeugung und den Vertrieb einer bestimmten Menge an Produkt in einer definierten Qualität möglichst viel Gewinn erwirtschaften. Dazu muss u. a. die dazugehörige verfahrenstechnische Produktionsanlage zu einem möglichst niedrigen Preis beschafft und auch möglichst schnell errichtet und in Betrieb genommen werden. Diesen Bestrebungen sind sowohl hinsichtlich der Beschaffungskosten als auch hinsichtlich der Termingestaltung Grenzen gesetzt. Darauf wird in Kapitel 2.1.3 Kosten bzw. Kapitel 4.1.4 Terminplanung/Terminverfolgung noch eingegangen werden.

Das Ziel des Anlagenbauers besteht darin, die tatsächlichen Aufwendungen für die Planung und Errichtung der Anlage so gering wie möglich zu halten. Auch diesem Bestreben sind Grenzen gesetzt. Bei der Beschaffung der Ausrüstung kann man beispielsweise nicht beliebig sparen, denn diese muss dem vertraglich garantierten Qualitätsniveau entsprechen. Aus der Differenz des erzielten Verkaufspreises und den tatsächlichen Aufwendungen ergibt sich der Gewinn oder auch Verlust für das Anlagenbauunternehmen. Wie die tatsächlichen Aufwendungen gering zu halten sind, wird im Wesentlichen im Kapitel 4 Abwicklung behandelt.

Es ist offensichtlich, dass sich aus diesen unterschiedlichen Zielsetzungen ein gewisser Interessenkonflikt zwischen den betroffenen Parteien ergibt. Am deutlichsten wird dies bei der Betrachtung des zu vereinbarenden Verkaufspreises für die geplante verfahrenstechnische Anlage. Um Streitigkeiten, die sich aus dieser Konfliktsituation leicht ergeben können, weitgehend zu vermeiden, wird ein in den meisten Fällen umfangreiches Vertragswerk erstellt, das für beide Seiten verbindlich ist. Da im Kaufvertrag auch viele technische Aspekte behandelt werden, wird hierauf, in einer für den Ingenieur verständlichen Weise, im Kapitel 3 Vertrag eingegangen.

Wie bereits erwähnt, ergeben sich aus den vielfältigen verfahrenstechnischen Aufgabenstellungen eine ebenso große Anzahl unterschiedlicher Anlagentypen. Neben der Art der verfahrenstechnischen Anlage bestehen große Unterschiede hinsichtlich der Größe bzw. der Anlagenkapazität. Damit ist üblicherweise die erzeugte Jahresmenge an Produkt gemeint. Je nach Anlagengröße werden unterschiedliche Planungsaktivitäten und vor allem Projektstrukturen erforderlich. Um eine gewisse Übersichtlichkeit zu schaffen, soll zwischen den im Folgenden aufgeführten Anlagenarten unterschieden werden.

Abb. 1.1 LEWA Dosier- und Mischanlage zur kontinuierlichen Herstellung von Schwefelsäure in unterschiedlichen Konzentrationen, z. B. für die Herstellung von Batterien

- Kleine Anlagen: Hiermit sind Anlagen gemeint, deren Auftragsvolumen bis ca. 500.000 € umfasst. Die komplette Planung und Errichtung bzw. Montage dieser kleineren Anlagen erfolgt aus einer Hand. Sie sind häufig noch transportabel und können somit auch auf Lager gehalten werden. Die Projektdauer ist eher kurz, also bis maximal ein Jahr. Der für ein solches Projekt hauptverantwortliche Ingenieur, der so genannte Projektleiter, kann mehrere solcher Projekte gleichzeitig abwickeln, wobei er häufig nicht nur für die Organisation verantwortlich zeichnet, sondern auch die technische Bearbeitung übernimmt. Als Anbieter solcher kleinen Anlagen existiert eine Vielzahl von kleinen bis hin zu großen Unternehmen. Beispiele für kleine Anlagen sind komplexere Aggregate wie redundante Vakuumpumpengruppen samt der zugehörigen Peripherie, Siloanlagen, Sprühtrockner mit Zubehör oder, wie in Abbildung 1.1 dargestellt, komplette Dosier- und Mischanlagen (Fa. LEWA).
- Mittlere Anlagen: Darunter sind solche verfahrenstechnischen Anlagen zu verstehen, deren Auftragsvolumen ein- bis zweistellige Millionenbeträge annimmt. Für die Projektdauer muss man ein bis drei Jahre veranschlagen. Die Abwicklung wird von einem Projektteam unter der Führung eines Projektleiters vorgenommen. Die Tätigkeiten des Projektleiters konzentrieren sich auf organisatorische Belange. Je nach vereinbartem Liefer- und Leistungsumfang umfasst die Abwicklung sämtliche Schritte der Anlagenplanung. Solche Anlagen werden von

Abb. 1.2 Strobilurin-Anlage der BASF Schwarzheide GmbH mit einem Auftragswert von 14,9 Mio. €

mittelgroßen bis großen Unternehmen in einer gewissen Bandbreite an Anlagentypen angeboten. Einzelne Gewerke wie z. B. Rohrleitungen oder E/MSR-Technik können dabei an Unterlieferanten vergeben werden. In mittleren Anlagen sind häufig mehrere kleine Anlagen als Bestandteile integriert. Unter mittleren Anlagen sind somit z. B. einzelne Chemieanlagen, Lebensmittelproduktionen, Abwasseranlagen, pharmazeutische Anlagen etc. zu verstehen. Abbildung 1.2 zeigt beispielhaft die Strobilurin-Anlage der BASF Schwarzheide GmbH mit einem Auftragswert von 14,9 Mio. €. In Abbildung 1.3 ist die Aufnahme eines Blockheizkraftwerks der G.A.S Energietechnologie GmbH mit einem Auftragswert von ca. 3 Mio. € zu sehen.

- Große Anlagen: Die Auftragsvolumina solcher Großanlagen reichen bis in Milliardenhöhe. Die Projektdauer beträgt in jedem Fall mehr als zwei Jahre. Die Abwicklung erfolgt durch große Projektteams, die von mehreren Projektleitern angeführt werden. Ein Oberprojektleiter übernimmt die Gesamtleitung, wobei ihm ausschließlich organisatorische Angelegenheiten obliegen. Häufig werden bei solchen Projekten ein oder mehrere Mitarbeiter ausschließlich für die Terminplanung eingesetzt. Dabei kommen spezielle Planungswerkzeuge, wie z. B. die Netzplantechnik, zum Einsatz [3–5]. Anbieter des verfahrenstechnischen Parts solcher Großanlagen sind einige wenige Konzerne aus dem Bereich des verfahrenstechnischen Anlagenbaus. Die Abwicklung erfolgt häufig zusammen mit einem oder mehreren gleichberechtigten Konsortialpartnern, beispielsweise

Abb. 1.3 Blockheizkraftwerk in Dortmund/Derne mit vier Modulen der G.A.S. Energietechnologie GmbH (Auftragswert: ca. 3 Mio. €)

für den Baupart. Großanlagen sind in aller Regel aus mehreren mittleren und einer Vielzahl von kleinen Anlagen zusammengesetzt. Als Beispiele für Großanlagen sind Kraftwerke (siehe Abbildung 1.4), Raffinerien, komplette Chemiekomplexe (siehe Abbildung 1.5), Stahlwerke etc. zu nennen.

Da es sich bei diesem Buch eher um ein Einstiegswerk handelt, wird die Anlagenplanung für mittlere Anlagen behandelt. Damit sind die für kleine Anlagen

Abb. 1.4 Aufnahme des Müllheizkraftwerkes mit Rauchgasreinigung und Abwasseraufbereitung der RWE Power AG in Essen-Karnap. Die Anlage hat eine Kapazität von ca. 750.000 t/a. Die Gesamtinvestition betrug ca. 1 Milliarde DM.

Abb. 1.5 Aufnahme des von der Fa. UHDE GmbH, Dortmund errichteten Chemiekomplexes in Katar. Der Chemiekomplex besteht aus drei Hauptanlagen zur Produktion von 260.000 t/a Chlor, 290.000 t/a Natronlauge, 175.000 t/a Ethylendichlorid und 230.000 t/a Vinylchlorid. Der Auftragswert betrug ca. 450 Mio. US-$.

erforderlichen Schritte automatisch eingeschlossen. Große Anlagen unterscheiden sich gegenüber den mittleren im Wesentlichen durch den höheren Grad an Komplexität. Daher kommt dem Projektmanagement [6–8] eine noch bedeutendere Rolle zu. Eine sehr umfassende Darstellung der Aktivitäten innerhalb der verfahrenstechnischen Anlagenplanung findet sich im Werk von K. Sattler [9].

1.3
Anforderungen an Projektingenieure

Es ist nicht davon auszugehen, dass ein Berufsanfänger sofort auf die Projektleitung eines Großprojektes angesetzt wird. Vielmehr wird ein solcher Einsteiger zunächst als Projektingenieur eingesetzt werden. Bei positiver Karriereentwicklung kann dann der Aufstieg zum Projektleiter gelingen, wobei ihm zunächst eher kleinere oder mittlere Projekte übertragen werden. Bei ausreichender Erfahrung und entsprechender Weiterbildung in Sachen Projektmanagement – häufig im Rahmen firmeninterner Schulungen – kann es zur Übernahme der Projektleitung für ein Großprojekt kommen.

An heutige Projektingenieure werden die unterschiedlichsten Anforderungen gestellt [10–12]. Neben den fachlichen Qualifikationen werden gerade im Anlagenbau immer stärker so genannte Soft Skills, die persönliche Eignung, abverlangt. In

Tab. 1.1 Anforderungsprofil für Projektingenieure

Technische Anforderungen	Persönliche Eignung
Fachkenntnisse in den Disziplinen:	Kommunikationsfähigkeit
Chemische Verfahrenstechnik	Teamfähigkeit
Thermische Verfahrenstechnik	Interdisziplinarität
Mechanische Verfahrenstechnik	Querkommunikation innerhalb des Projektteams
Biologische Verfahrenstechnik	Auftreten und Erscheinung
Apparate- und Rohrleitungsbau	Belastbarkeit bzw. Einsatzbereitschaft
Pumpen und Verdichter	Selbstständigkeit
Werkstofftechnik	Loyalität
E/MSR-Technik	Verantwortungsbereitschaft
	Durchsetzungsvermögen
EDV-Kenntnisse:	Verhandlungsgeschick
Textverarbeitung	Kostenbewusstsein
Tabellenkalkulation	Englischkenntnisse in Wort und Schrift
CAD und CAE im Anlagenbau	Weitere Fremdsprachenkenntnisse
Pipe Stress Analysis	Auslandserfahrung

Tabelle 1.1 sind einige wichtige Anforderungen an Projektingenieure zusammengestellt.

Je nach Firma und Projekt werden die einzelnen Anforderungen unterschiedlich gewichtet. Da mittlere und große Anlagen immer von Projektteams projektiert und abgewickelt werden, kommt den Anforderungen Kommunikations- und Teamfähigkeit stets eine besondere Bedeutung zu.

Im Rahmen von Vergabeverhandlungen mit Unterlieferanten müssen die Projektingenieure nicht nur entsprechend auftreten und verhandeln, sondern es werden auch immer mehr kaufmännische Grundkenntnisse verlangt bzw. vorausgesetzt. Als selbstverständlich werden inzwischen zumindest gute Grundkenntnisse der englischen Sprache vorausgesetzt. Zur Begründung sei an dieser Stelle angemerkt, dass das verfahrenstechnische Anlagenbaugeschäft sehr stark international ausgerichtet ist. Die Projektsprache von im Ausland abgewickelten Projekten ist in den allermeisten Fällen Englisch. Natürlich sind auch Kenntnisse der jeweiligen Landessprache sehr von Vorteil.

Aus oben genannten Gründen sind viele wichtige Begriffe in englischer Sprache in Klammern hinter den deutschen Ausdrücken angegeben. Vielfach handelt es sich dabei um spezielle Fachausdrücke, die selbst in technischen Wörterbüchern nicht ohne weiteres zu finden sind.

Andererseits ist den Firmen bewusst, dass die Projektingenieure nicht allen Anforderungen gleichermaßen genügen können. Daher sollten entsprechende Weiterbildungsmaßnahmen nicht vernachlässigt werden. Hierzu bieten sich eigen initiierte Maßnahmen wie Sprachkurse an Volkshochschulen ebenso an wie professionelle Seminare beispielsweise beim *Haus der Technik* in Essen oder an der *Technischen Akademie Wuppertal*.

In jedem Fall sollte sich der Berufsanfänger von vornherein auf ein, seinen ganzen beruflichen Werdegang verfolgendes Lernen und Weiterbilden einstellen.

1.4 Übersicht der Aktivitäten

Die Anlagenplanung umfasst alle Schritte von der Idee für die Herstellung eines Produktes bis zur Inbetriebsetzung und schließlich dem Betrieb der Produktionsstätte. Dabei sind eine Fülle von Aktivitäten, die vielfach miteinander verknüpft sind, zu erbringen. Um den Einstieg zu erleichtern, wird zunächst eine Zweiteilung des gesamten Projektzeitraumes vorgenommen:

1. Die Projektierung: Im Rahmen der Projektierung wird entschieden, ob – und wenn ja, von wem – eine Anlage gebaut wird. In diesem Planungsbereich spielen Kostenprognosen und -analysen eine entscheidende Rolle. Um die Produktionskosten für die Herstellung eines geplanten Produktes hinreichend genau abschätzen zu können, muss das so genannte Basic Engineering durchgeführt werden. Hierzu gehören u. a. die Festlegung und Optimierung des Verfahrenskonzeptes mit der erforderlichen stofflichen und energetischen Bilanzierung sowie die Durchführung einer zumindest groben Komponenten- und Aufstellungsplanung (Layout). Ein weiterer wesentlicher Bestandteil der Projektierungsphase ist die Ausschreibung und Auftragsvergabe zur Beschaffung der geplanten Anlage.
2. Die Abwicklung: Die Abwicklung einer verfahrenstechnischen Anlage schließt sich meist nahtlos an die Projektierung an, d.h. nachdem das Startsignal zum Bau von entsprechender Stelle gegeben wurde. Die für die Abwicklung erforderlichen Planungsaktivitäten werden als Detail Engineering bezeichnet. Neben den Planungsschritten müssen weitere Aktivitäten wie die Beschaffung und Montage der Ausrüstungsgegenstände sowie die Inbetriebsetzung der Anlage durchgeführt werden. Das Ende des Projektes ergibt sich durch die Abnahme nach erfolgreich abgeschlossenem Probebetrieb bzw. Garantielauf. Hier schließt sich dann der eigentliche Betrieb der Anlage an.

Die Schnittstelle zwischen der Projektierung und der Abwicklung ist der Vertragsabschluss. Damit ist die Unterzeichnung des zwischen dem Anlagenbetreiber und dem Anlagenbauer ausgearbeiteten Vertrages, in dem möglichst detailliert alle kaufmännischen und technischen Projektbelange festgelegt sind, gemeint.

Die wichtigsten Aktivitäten innerhalb der Projektierungs- und Abwicklungsphase sind in den Abbildungen 1.6 und 1.8 dargestellt (Abbildungen 1.7 und 1.9 in Englisch). Die Projektentwicklungsphase, die den Zeitraum von der Projektidee bis zur Ausschreibung umfasst, dauert in aller Regel ein bis drei Jahre. Durch Schwierigkeiten im Bereich der Forschung und Entwicklung oder durch politische Auseinandersetzungen, um nur zwei mögliche Ursachen zu nennen, kann sich die Projektentwicklungsphase in Einzelfällen über einen Zeitraum von bis zu zehn Jahren erstrecken.

Auch die Vergabephase, die mit der Präqualifikation beginnt und beim Vertragsabschluss endet, kann sich insbesondere durch langwierige Vergabeverhandlungen über mehrere Jahre hinstrecken.

Die eigentliche Realisierungsphase, die der Abwicklung des Projektes gleich-

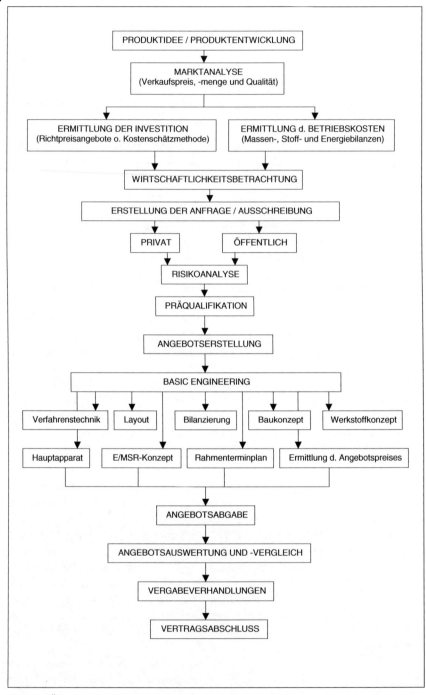

Abb. 1.6 Übersicht der Aktivitäten innerhalb der Projektierungsphase

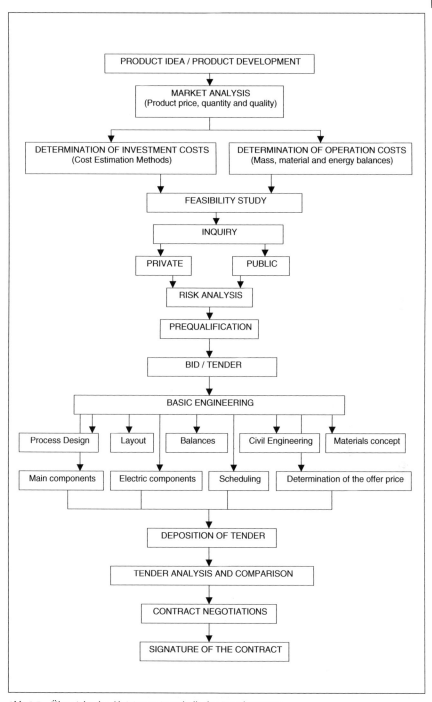

Abb. 1.7 Übersicht der Aktivitäten innerhalb der Projektierungsphase

12 | *1 Einführung*

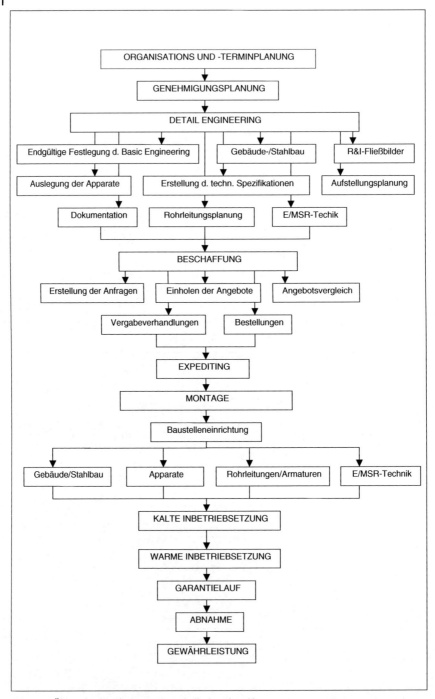

Abb. 1.8 Übersicht der Aktivitäten innerhalb der Abwicklungsphase

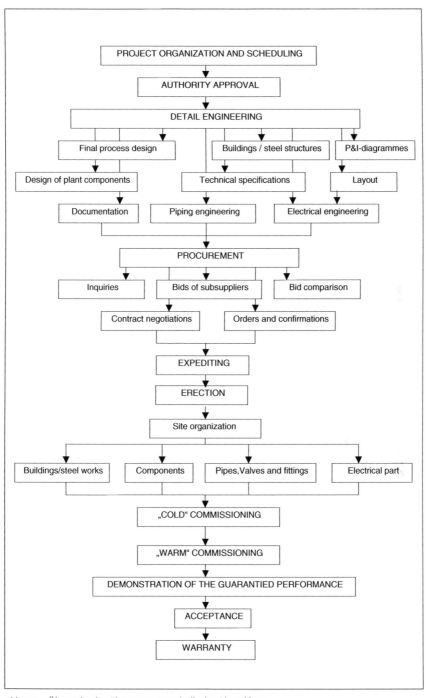

Abb. 1.9 Übersicht der Aktivitäten innerhalb der Abwicklungsphase (Englisch)

kommt, beträgt zwei bis vier Jahre und hängt maßgeblich von der Projektgröße ab. Natürlich können sich auch hier z. B. durch klimatische (Unwetter etc.) oder politische Schwierigkeiten (kriegerische Auseinandersetzungen etc.) zum Teil erhebliche Verzögerungen ergeben.

Der Betriebszeitraum der fertig errichteten und in Betrieb gesetzten Anlage liegt, je nach Betreiberphilosophie, zwischen fünf und dreißig Jahren.

In den folgenden Kapiteln sollen die wichtigsten Aktivitäten für die Durchführung eines Projektes mittlerer Größe, soweit möglich, chronologisch beschrieben werden.

Literatur

1 Produktionsintegrierter Umweltschutz in der chemischen Industrie – Verpflichtung und Praxisbeispiele; DECHEMA, Frankfurt; GVC, Düsseldorf; Schweizerische Akademie der Technischen Wissenschaften, Zürich
2 Bernd Ebert: Technische Projekte – Abläufe und Vorgehensweisen; Wiley-VCH Verlag, Weinheim
3 W. Mauckshe: Netzplantechnik, Band 1 und 2 – Eine programmierte Unterweisung; Deutsche Verlagsanstalt, Stuttgart
4 H.-J. Zimmermann: Netzplantechnik; W. de Gruyter Verlag, Berlin
5 N. Thumb: Grundlagen und Praxis der Netzplantechnik; Verlag Moderne Industrie, München
6 W. Dreger: Projekt-Management – Planung und Abwicklung von Projekten; Bauverlag, Wiesbaden
7 P. Rinza: Projektmanagement – Planung, Überwachung und Steuerung von technischen und nichttechnischen Vorhaben; VDI-Verlag, Düsseldorf
8 G. C. Heuer: Projektmanagement; Vogel Verlag, Würzburg
9 Klaus Sattler und Werner Kasper: Verfahrenstechnische Anlagen – Planung, Bau und Betrieb; Band 1 und 2; Wiley-VCH, Weinheim
10 Jürgen Hesse, Hans Christian Schrader: Neue Bewerbungsstrategien für Hochschulabsolventen – Startklar für die Karriere; Eichborn Verlag
11 Dieter Audehm, Ulrich Nikol: Bewerbungstechnik – Leitfaden für Ingenieure; VDI-Verlag, Düsseldorf
12 Hans-Christian Riekhof (Hrsg.): Strategien der Personalentwicklung: Beiersdorf, Bertelsmann, BMW, Dräger, Esso, Hewlett-Packard, IBM, Nixdorf, Opel, Otto Versand, Philips; Gabler Verlag

2
Projektierung

Wie bereits in der Einführung erwähnt, soll die Projektierung den Zeitraum von der Idee für ein neues oder geändertes Produkt bis zum Vertragsabschluss zum Bau einer neuen verfahrenstechnischen Anlage umfassen. In diesem Zeitraum stehen Kostenschätzungen, -ermittlungen und -verhandlungen im Vordergrund.

Da nur wenige Unternehmen über einen eigenen Anlagenbaubereich verfügen, soll die Projektierungsphase aus Sicht der dann üblicherweise vorhandenen Parteien „Betreiber" bzw. „Investor" und „Anlagenbauer" getrennt betrachtet werden.

An dieser Stelle sollte erwähnt werden, dass es sich beim Betreiber auch um eine öffentliche Einrichtung handeln kann, zum Beispiel eine Kommune als Betreiber einer Kläranlage. Öffentliche Einrichtungen verfügen in der Regel über nur wenig oder kein verfahrenstechnisch qualifiziertes Personal. Daher sind sie gezwungen, auch diejenigen Aktivitäten, die normalerweise vom Betreiber übernommen werden, fremd zu vergeben. Mit dieser Aufgabe werden häufig Ingenieurbüros betraut, die unabhängig vom späteren Anlagenbauer sein müssen.

2.1
Betreiber

Ziel des Anlagenbetreibers ist es, einen möglichst hohen Gewinn mit seinen Produkten zu erwirtschaften. Hierzu müssen zunächst verkaufsfähige Produkte entwickelt werden. Anschließend müssen für die Herstellung der Produkte entsprechende Produktionsanlagen geplant, beschafft, errichtet und in Betrieb gesetzt werden. Bis zu diesem Zeitpunkt fallen lediglich Kosten im Sinne von Ausgaben an. Erst nach der erfolgreichen Inbetriebsetzung kann das Unternehmen durch den Verkauf der produzierten Produkte einen Umsatz erzielen, also Geld wieder einspielen. Aber auch durch die laufende Produktion entstehen dem Unternehmen ständig Kosten im Sinne von Ausgaben. Dies sind die so genannten Betriebskosten, auf die im Folgenden noch genauer eingegangen wird. Erst wenn es gelingt, die über der Zeit aufsummierten Kosten bzw. Ausgaben durch die aus dem Verkauf aufsummierten Verkaufseinnahmen mehr als auszugleichen, erwächst dem Unternehmen ein Gewinn. Diesen Zeitpunkt, auf den im Folgenden noch näher eingegangen wird, bezeichnet man als „Break-even-Point". Es gilt ihn möglichst schnell zu erreichen und dann die Gewinnzone möglichst lange auszuweiten.

2.1.1
Produktentwicklung

Vor dem oben beschriebenen Hintergrund lauten die Hauptziele bei der Entwicklung neuer verfahrenstechnischer Produkte:

- Das Produkt soll einen hohen Verkaufspreis am Markt erzielen.
- Das Produkt muss sich günstig herstellen lassen.
- Das Produkt soll sich in möglichst großer Menge vertreiben lassen. Die Mengen reichen von Kleinstmengen für hochwertige Produkte bis zu Massenchemikalien mit extrem hohen Produktionszahlen.
- Der Vertrieb des Produktes unter den oben genannten Bedingungen sollte möglichst lange anhalten.

Um die oben aufgeführten Ziele zu erreichen, spielen technische ebenso wie kaufmännische Aspekte eine Rolle. Hinsichtlich der kaufmännischen Aspekte steht das Konsum- bzw. Investitionsgütermarketing [1–5] im Vordergrund.

Zunächst muss jedoch ein entsprechendes Produkt gefunden werden. Hier stehen die technischen Aspekte im Vordergrund. Die eigentliche Produktentwicklung findet im Regelfall in den Forschungs- und Entwicklungslaboratorien der Unternehmen statt. Hochqualifizierte Naturwissenschaftler und Ingenieure führen in teilweise außerordentlich aufwändig ausgestatteten Labors unter strenger Geheimhaltung Versuche durch, um immer neue und bessere Produkte zu finden. Diese werden anschließend geprüft. Sind die Ergebnisse positiv, werden die neuen Produkte in der Regel zum Patent angemeldet, um sich vor der Konkurrenz zu schützen.

Vielfach handelt es sich nicht um gänzlich neue Produkte, sondern um Weiterentwicklungen, beispielsweise ein neues Waschmittel mit verbesserter Handhabung oder Reinigungsleistung.

Um die Profitmöglichkeiten des neuen Produktes zu bestimmen, wird in der Regel eine so genannte Marktanalyse durchgeführt. Es müssen die Fragen geklärt werden, zu welchem Preis und in welcher Menge sich das Produkt am Markt verkaufen lassen wird. Hierzu werden z. B. Befragungen durchgeführt und statistisch ausgewertet. Natürlich sind derartige Befragungen mit entsprechenden Unsicherheiten behaftet.

Auch die Lizenzlage muss geklärt werden. Liegen Lizenzen für das angestrebte Herstellungsverfahren vor, müssen entsprechende Lizenzgebühren in der Vorkalkulation berücksichtigt werden.

Anschließend muss entschieden werden, ob das Projekt weiterverfolgt wird oder „stirbt". Bei positivem Ausgang der Produktentwicklung und Marktanalyse ist zu erwarten, dass man sich für einen Fortgang des Projektes entscheidet.

2.1.2
Anlagentyp

Bevor nun versucht wird, die Kosten für die Beschaffung einer neuen Anlage zu ermitteln, müssen einige prinzipielle Überlegungen zum Typus der verfahrenstechnischen Anlage angestellt werden. Neben den in den Folgekapiteln behandelten Fragestellungen muss beispielsweise die Betriebsweise festgelegt werden. Ob die kontinuierliche der diskontinuierlichen Betriebsweise vorzuziehen ist, kann nur im Einzelfall beantwortet werden.

2.1.2.1 Standort/Gebäudetyp

Zunächst muss ein geeigneter Standort für die zu errichtende Anlage gefunden werden. Bei der Entscheidungsfindung spielen zahlreiche Aspekte eine Rolle, die ausführlich in [6] diskutiert werden.

Anlagen mittlerer Größe, gemäß der Definitionen in der Einführung, werden in der Regel auf einem freien Grundstück innerhalb eines vorhandenen Unternehmensstandortes errichtet. Dadurch vereinfacht sich vieles. Bei Anlagen, die „auf der grünen Wiese" geplant werden, wie es im Fachjargon genannt wird, muss zunächst ein Standort an sich gefunden werden. In diesem Fall sind zumindest folgende Fragen zu beantworten:

1. Grundstück: Hier stehen die Grundstückskosten im Vordergrund. Diese variieren regional stark. Es sollte aber auch geklärt werden, ob Erweiterungsmöglichkeiten bestehen. Ganz entscheidend sind auch die Bodenverhältnisse. Ist beispielsweise das Erdreich durch vorherige industrielle Nutzung kontaminiert, verursacht die Abtragung und Reinigung ganz erhebliche Kosten. Die Bodenverhältnisse sind auch im Hinblick auf die Gründung bzw. Fundamentart der Anlage wichtig und verursachen möglicherweise zusätzliche Kosten.
2. Betriebsmittel: Die erforderlichen Betriebsmittel müssen in der erforderlichen Qualität und Quantität zur Verfügung gestellt werden können. Natürlich sollte das Preisniveau sowohl für die Rohstoffe als auch für die Energien niedrig sein.
3. Arbeitsmarkt: Es müssen ausreichend viele Arbeitskräfte mit entsprechender Qualifikation verfügbar sein. Entweder lassen diese sich am neuen Standort beschaffen oder sie müssen sich von einem bereits vorhandenen Standort abziehen lassen. Hier spielt das Lohnniveau eine entscheidende Rolle.
4. Politische Verhältnisse: Mögliche kriegerische Auseinandersetzungen stellen einen ansonsten sehr vorteilhaft erscheinenden Standort sicherlich stark in Frage. Vom Gesetzgeber vorgegebene strenge Umweltauflagen lassen einen Standort aufgrund der damit verbundenen Kosten aus rein finanzieller Sicht unattraktiv erscheinen.
5. Geographische Verhältnisse: Es ist offensichtlich, dass die Möglichkeit bzw. Wahrscheinlichkeit von Klimakatastrophen wie Wirbelstürmen, Überflutungen, Erdbeben etc. die Attraktivität von Standorten drastisch vermindern kann. Auch

die Luft- und/oder Wasserqualität kann eine gewichtige Rolle bei der Standortentscheidung spielen.
6. Infrastruktur: In diesem Zusammenhang müssen u. a. Aspekte wie Verkehrsanbindung, Wohnungen für die Mitarbeiter, Erholungsmöglichkeiten beleuchtet werden.

Bezüglich des Gebäudetyps stehen üblicherweise zwei prinzipielle Möglichkeiten zur Auswahl:

– Freiluftanlage (offener Stahlbau)
– Geschlossenes Gebäude

Auch diese Festlegung hängt von zahlreichen Aspekten ab. Dabei ist der offene Stahlbau nicht immer die günstigere Variante, obwohl eine einfache Stahlbauweise sicherlich mit geringeren Beschaffungskosten verbunden ist als eine geschlossene Bauweise. Durch die mit der offenen Bauweise verbundenen stärkeren Umwelteinwirkungen auf die Apparate muss die elektrische Ausrüstung beispielsweise in einer höheren Schutzart ausgeführt werden, was wiederum höhere Beschaffungskosten zur Folge hat. Das Ausmaß der Umwelteinwirkungen hängt wiederum mit den klimatischen Verhältnissen zusammen.

Staub- und/oder Schallemissionen können andererseits eine geschlossene Bauweise erforderlich machen. Auch hier ist eine Festlegung sicherlich nur im Einzelfall möglich.

Diese o. g. Überlegungen gelten nicht nur für die eigentliche verfahrenstechnische Produktionsanlage, sondern auch für die Lagerung der benötigten Edukte und Produkte.

2.1.2.2 Kapazität/Verfügbarkeit/Lebensdauer

Die noch zu bestimmende Höhe der Investition für die geplante Anlage hängt ganz wesentlich von der Kapazität, der Verfügbarkeit und der gewünschten Lebensdauer ab.

Unter Kapazität (capacity) versteht man im Regelfall die geplante jährliche Produktionsmenge. Es ist unmittelbar einleuchtend, dass die Beschaffungskosten einer Anlage von der Produktionsmenge abhängen. Dieser Zusammenhang wird im Kapitel 2.1.3 Kosten erläutert. Die geforderte Produktionsmenge hängt wiederum vom erwarteten Absatz und damit vom Markt ab. Trotz aller Prognosen und Planspiele, die die Marktentwicklung durchschaubarer machen sollen, bleibt die Entscheidung zur Anlagenkapazität eine unternehmerische und ist demnach mit entsprechenden Risiken verbunden.

Die Verfügbarkeit (availability) oder auch Betriebssicherheit ist die tatsächliche Betriebszeit einer Anlage bezogen auf die Gesamtzeit. Sie wird in der Regel in Prozent angegeben und auf 8760 Jahresstunden bezogen, was in etwa einem ganzjährigen 24-Stunden-Betrieb entspricht. Dabei müssen geplante Anlagenstillstände z. B. für Revisionen berücksichtigt werden. Eine Verfügbarkeit von 98 % bedeutet demnach, dass die Anlage insgesamt 175 Stunden, also 7,3 Tage Stillstand haben darf. Es ist unmittelbar einsichtig, dass der Betreiber an einer möglichst hohen Anlagenverfügbarkeit interessiert ist. Er wird den Anlagenbauer zur Einhaltung der Verfügbarkeit vertraglich verpflichten. Bei Nichteinhaltung sind damit in der Regel Vertragsstrafen verbunden. Daher führen hohe Verfügbarkeitsforderungen zu steigenden Beschaffungskosten und Aufwendungen für die Instandhaltung. In diesem Zusammenhang müssen auch Redundanzen und Mehrlinigkeit von Anlagen berücksichtigt werden.

Ähnliches gilt für die geplante Lebensdauer der Anlage. Häufig wird diese Entscheidung nicht für jede einzelne Anlage getrennt getroffen, sondern als Firmenstrategie von der Unternehmensführung vorgegeben. Die Zeiträume reichen von 5 bis zu 30 Jahren. Auch in diesem Zusammenhang leuchtet ein, dass eine höhere Lebensdauer mit höheren Beschaffungskosten im Sinne von besserer Qualität und mit aufwändigeren Instandhaltungsmaßnahmen verbunden ist.

2.1.2.3 Automatisierungsgrad

Die Entscheidung über den Automatisierungsgrad (degree of automation) fällt zumindest in den Industrieländern fast immer gleich aus. Meistens wünscht sich der Betreiber eine so genannte „vollautomatische" Anlage. Das bedeutet, dass neben der Betriebsleitung und dem Wartungs- und Instandhaltungspersonal lediglich die Betriebswarte mit Personal zu besetzen ist. Dieses entsprechend geschulte Personal ist in der Lage, selbst große Anlagen zu fahren.

Zur Beschaffung einer vollautomatischen Anlage sind entsprechende Aufwendungen für die Leittechnik und die E/MSR-Technik erforderlich. Diese Aufwendungen sind jedoch nur einmalig. Die Personalkosten fallen während des gesamten Betriebes der Anlage an. Es handelt sich also wieder um eine Optimierungsaufgabe. Neben der leittechnischen Ausführung hängt das Ergebnis der Kostenoptimierung maßgeblich vom Lohnkostenniveau ab. Aufgrund des hohen Lohnkostenniveaus in den Industrieländern wählt man hier einen hohen Automatisierungsgrad. Die höheren Beschaffungskosten für die Leittechnik und E/MSR-Technik werden durch die langfristigen Einsparungen beim Personal offensichtlich mehr als kompensiert (siehe hierzu auch die Ausführungen in Kapitel 2.1.3.2 Betriebskosten).

In Niedriglohnländern kann die Entscheidung anders ausfallen. Hier ist häufig billiges Personal in ausreichendem Maße vorhanden, während Kapital für Investitionen eine Mangelware darstellt. In Extremfällen können sogar einzelne Regelungen wie Füllstands- oder Durchflussregelungen von einzelnen Personen vorgenommen werden.

2.1.2.4 Gesetzliche Auflagen

In Abhängigkeit des jeweiligen Landes, in dem der Anlagenstandort vorgesehen ist, existieren mehr oder weniger umfangreiche gesetzliche Auflagen hinsichtlich der Genehmigung, der Ausführung, des Betriebs und der Überwachung einer verfahrenstechnischen Anlage. Da es sich hierbei um sehr weitreichende Forderungen handeln kann, geht dieser Aspekt auch in die Überlegungen zur Standortwahl selbst ein. Zwei Auflagearten sind dabei von besonderer Bedeutung und auch mit entsprechenden Kosten verbunden. Diese sollen daher im Folgenden kurz diskutiert werden.

1. Umweltauflagen: Die strengsten Umweltgesetzgebungen existieren in den Ländern der Europäischen Gemeinschaft und Japan. Die Anlagenbetreiber sind hier durch umfangreiche gesetzliche Bestimmungen verpflichtet, möglichst umweltfreundliche Anlagen zu errichten und zu betreiben. Wie bereits in der Einführung erwähnt, können die darin enthaltenen Forderungen dazu führen, dass die Aufwendungen für die umwelttechnische Ausrüstung einer Anlage die Kosten für den eigentlichen Produktionsteil übersteigen. Demgegenüber stehen Entwicklungsländer, in denen teilweise nur wenig oder gar keine diesbezügliche Gesetzgebung existiert. Natürlich sollten die Anlagenbetreiber aus rein moralischer Sicht verpflichtet sein, umwelttechnische Aspekte zu berücksichtigen. Je nach Unternehmensphilosophie übersteigen die Anforderungen der eigenen Firmenspezifikationen freiwillig sogar die gesetzlichen Bestimmungen. Andererseits sind die Unternehmen im Rahmen einer globalisierten Wirtschaft einem enormen Preisdruck ausgesetzt. Es liegt auf der Hand, dass Anlagen, die in Ländern ohne oder mit nur geringen Umweltauflagen betrieben werden, einen Wettbewerbsvorteil haben. Die Lösung dieser Problematik liegt in einer weltweit einheitlichen Regelung der umwelttechnischen Anforderungen. Dies ist jedoch aufgrund der vorhandenen politischen Probleme in absehbarer Zeit wohl kaum durchzusetzen. Auf die technischen Aspekte der Umweltgesetzgebung wird in Kapitel 4.2 Genehmigungsplanung näher eingegangen.

2. Sicherheitsbestimmungen: Für die Sicherheitsbestimmungen gilt Ähnliches wie bei den Umweltauflagen. Auch hier existieren länderspezifisch stark variierende Auflagen für die sicherheitstechnische Ausführung von verfahrenstechnischen Anlagen. In Deutschland liegt ein umfangreiches technisches Regelwerk vor, das in der entsprechenden Gesetzgebung verankert ist. Neben der anlagentechnischen Sicherheit bestehen zusätzliche Auflagen zur Personensicherheit (Unfallverhütungsvorschriften, UVV) die beispielsweise in bestimmten Bereichen das Tragen von Schutzkleidung zwingend vorschreiben. Die Unfallsicherheit der Anlagen ist ein zentrales Interesse der Betreiber. Gemessen an anderen Industriezweigen oder dem Privatbereich ist die Unfallhäufigkeit im verfahrenstechnischen Sektor zwar niedrig. Dafür ist das Ausmaß der Unfälle aber häufig bedeutend größer. Unfälle mit giftigen, explosiven oder brennbaren Substanzen haben manchmal verheerende Auswirkungen mit vielen Schwerverletzten und Toten. Abgesehen von diesen Personenschäden wird der Betreiber zusätzlich durch hohe Sachschäden und einen nicht zu vernachlässigenden Imageverlust getroffen. Vor diesem Hintergrund kommt es nicht selten vor, dass die Unternehmen in ihren Firmenvorschriften deutlich strengere Sicherheitsbestimmungen festlegen als dies die Gesetzgebung verlangt.

2.1.3
Kosten

Um weiteren Aufschluss über die Profitmöglichkeiten mit dem neuen, geänderten oder alten Produkt zu erhalten, müssen zunächst die so genannten Herstellkosten ermittelt werden. Hierunter ist die Gesamtheit der Ausgaben, die bei der Herstellung und dem Vertrieb des Produktes zu Lasten des Betreibers anfallen, zu verstehen. Die Herstellkosten setzen sich vereinfacht dargestellt im Wesentlichen wie folgt zusammen:

1. Investition (investment costs): Es handelt sich um die einmalig anfallenden Beschaffungskosten für die Prokuktionsanlage. Die erforderlichen Finanzmittel werden üblicherweise über Kreditinstitute und/oder Projektinvestoren beschafft und müssen entsprechend den im jeweiligen Land vorherrschenden Regularien über einen bestimmten Zeitraum abgeschrieben werden.
2. Betriebskosten (operating costs): Hierbei handelt es sich um fortlaufend anfallende Kosten, die für die Aufrechterhaltung des Betriebes der Anlage erforderlich sind. Die Betriebskosten setzen sich im Wesentlichen aus den Rohstoff- und Energiekosten, den Personalkosten sowie den Wartungs- und Instandhaltungskosten zusammen.

Natürlich besteht das Ziel nun darin, die Herstellkosten als Ganzheit zu minimieren. Dies ist nicht gleichbedeutend damit, dass jeder einzelne Bestandteil, aus denen sich die Herstellkosten zusammensetzen, zu minimieren ist. Wie im Folgenden noch gezeigt wird, sind dieser Vorgehensweise Grenzen gesetzt, denn sie führt unweigerlich zu widersprüchlichen Forderungen.

2.1.3.1 Investition

Prinzipiell versteht sich die Forderung des Betreibers nach möglichst niedrigen Beschaffungskosten bzw. möglichst niedriger Investition für die geplante Anlage von selbst. Je niedriger das Investitionsvolumen liegt, desto schneller wird der „Break-even-Point" erreicht. Diese Forderung darf jedoch nicht dazu führen, die Anlage so billig wie möglich zu bauen. Die Qualität und damit die Haltbarkeit einer ausgeführten Anlage sinkt mit abnehmenden Beschaffungskosten. Dadurch nehmen andere Kosten wiederum zu. Hier sind es die Wartungs- und Instandhaltungskosten sowie die Personalkosten, denn die geringere Qualität führt zwangsläufig zu häufigeren Störungen und Ausfällen, was mit erhöhtem Personalaufwand und Kosten für die damit verbundenen Ersatzteilbeschaffungen einhergeht.

In der Praxis geht man meistens so vor, dass der Anlagenbetreiber das Qualitätsniveau der zu beschaffenden Anlage durch eigene Standards selbst festlegt. Dies erfolgt im Rahmen so genannter „Spezifikationen". Bei größeren Unternehmen existieren umfangreiche Spezifikationswerke, in denen detaillierte Angaben über alle zu beschaffenden Anlagenteile wie z. B. Rohrleitungen, Apparate, Armaturen, Mess- und Leittechnik bis hin zu Umfang und Ausführungen der Anlagendokumentation aufgeführt sind. Nachdem das Qualitätsniveau von Betreiberseite festgelegt worden ist, besteht die Aufgabenstellung nunmehr darin, die Investition für eine Anlage, die diesen Anforderungen genügt, zu minimieren.

Ohne eigene Anlagenbauabteilung kann und soll die Investition für eine neue Anlage nur abgeschätzt werden. Hierzu existieren verschiedene Schätzmethoden [7–8], von denen hier nur drei Möglichkeiten vereinfacht vorgestellt werden sollen. Tatsache ist, dass der mit der Investitionsermittlung verbundene Aufwand und damit die Kosten mit steigender Genauigkeit zunimmt. Da zu Beginn noch gar nicht feststeht, ob das Projekt realisiert wird, gilt es, die mit der Kostenschätzung verbundenen Kosten so niedrig wie möglich zu halten.

Indexmethode

Handelt es sich bei der neuen Anlage um den Ersatz einer weitgehend ähnlichen alten Anlage, so ist die Investitionsermittlung am einfachsten. Bei bekannter Investition für die alte Anlage $K_{I,\,alt}$ lässt sich die Investition für die neue Anlage $K_{I,\,neu}$ mit Hilfe so genannter Preisindizes I wie folgt abschätzen:

$$K_{I,\,neu} = K_{I,\,alt} \frac{I_{neu}}{I_{alt}} \qquad (Gl.\ 2.1)$$

Die Preisindizes I_{neu} und I_{alt} berücksichtigen die marktwirtschaftlich bedingten Preisänderungen, z. B. durch Inflation, und werden vom statistischen Bundesamt herausgegeben.

Degressionsmethode

Häufig kommt es vor, dass für ein bekanntes, gut gehendes Produkt eine weitgehend ähnliche Anlage mit einer größeren Kapazität beschafft werden soll. Auch in diesen Fällen kann die Investition der neuen Anlage mit Hilfe einer einfachen Beziehung überschlägig ermittelt werden:

$$K_{I,\,neu} = K_{I,\,alt} \left(\frac{X_{neu}}{X_{alt}}\right)^m \qquad (Gl.\ 2.2)$$

Bei $X_{neu,\,alt}$ handelt es sich um die Kapazitäten der Anlagen, üblicherweise in Tonnen Produkt pro Jahr angegeben. Der Exponent m wird als Degressionsexponent bezeichnet und liegt nach [7] in Abhängigkeit des Anlagentypes zwischen 0,32 und 0,87 – ist also in jedem Falle deutlich kleiner als eins.

Dieser Umstand hat zur Folge, dass sich große Anlagen verhältnismäßig günstiger beschaffen lassen als mehrere kleine Anlagen. Dies soll anhand eines einfachen Beispiels verdeutlicht werden. Für eine Anlage mit einer Kapazität von 200.000 t/a sollen Kosten in Höhe von 100 Mio. € für die Anschaffung angenommen werden. Für eine große Anlage mit vierfacher Kapazität von 800.000 t/a läßt sich die erforderliche Investition gemäß Gleichung 2.2 mit einem mittleren Degressionsexponenten von angenommenen 0,65 aufgerundet zu 264 Mio. € berechnen. Die viermal so große Anlage kostet somit nur das 2,46-fache der kleinen. Gegenüber vier kleinen Anlagen ergeben sich für die eine große Anlage Einsparungen in Höhe von 154 Mio. €!

Wodurch kommt nun dieser Effekt zustande? Klar ist, dass für vier kleine

Anlagen auch vier leittechnische Anlagen benötigt werden. Eine einzelne größere leittechnische Anlage ist sicherlich nicht viermal so teuer in der Beschaffung wie vier kleine. Gleiches gilt für viele andere Aggregate. Vier Pumpenanlagen mit kompletter Verrohrung, Armaturen und Messtechnik sind sicher deutlich teurer als eine große Pumpenanlage, die die gleiche Förderleistung erreicht wie die vier kleinen. Desweiteren sind die Engineeringkosten für eine große bzw. kleine Anlage annähernd gleich. Bei vielen kleinen Anlagen müssen die Engineeringkosten allerdings entsprechend oft aufgebracht werden.

Demnach erscheint es zunächst sinnvoll, nur große Anlagen zu bauen. Dies trifft jedoch nur dann zu, wenn die Anlagenkapazität auch wirklich ausgeschöpft wird.

Kostenfaktoren
Fehlen dem Unternehmen die Vergleichsmöglichkeiten mit ähnlichen Anlagen, besteht die Möglichkeit die Investition der geplanten Anlage mit Hilfe von Kostenfaktoren zu schätzen. Dazu müssen zunächst die Kosten für die Beschaffung der Hauptapparate ermittelt werden. Hauptapparate sind in der Regel Behälter, Wärmetauscher, Kolonnen, Pumpen etc. – nicht jedoch die einzelnen Rohrleitungen und Armaturen, die beim jetzigen Projektstand ohnehin noch nicht bekannt sind. Immerhin müssen die Hauptapparate bekannt sein, was das Vorhandensein zumindest des Verfahrenskonzeptes und einer groben Auslegung eben dieser Hauptkomponenten zwingend voraussetzt. Sind diese bekannt, lassen sich die Beschaffungskosten mit Hilfe von Preislisten, die u.a. von entsprechenden Herstellern zumindest für Standardprodukte zur Verfügung gestellt werden, ermitteln. Diese Kosten werden aufsummiert und mit einem Zuschlagfaktor, der vom Anlagentyp abhängt, multipliziert. Die so ermittelte Investition ist naturgemäß mit größeren Unsicherheiten behaftet, was jedoch zum jetzigen Zeitpunkt keine große Einschränkung darstellt, da ohnehin nur überschlägig abgeschätzt werden soll.

Ist die Ermittlung der Investition mit Hilfe der oben beschriebenen Schätzmethoden dem Betreiber beispielsweise aus personellen Gründen nicht möglich, kann dieser sich an Anlagenbauunternehmen wenden und um so genannte Richtpreisangebote bitten. Zur Erstellung von Richtpreisangeboten genügen dem Anlagenbauer in der Regel Angaben über Produktmenge und -qualität, sofern er bereits Anlagen für ähnliche Produkte abgewickelt hat. Zu beachten ist, dass diese Richtpreisangebote unverbindlich und naturgemäß ungenau sind. D.h. der Betreiber kann den Anlagenbauer nicht zur Verwirklichung des Projektes zum darin angegebenen Preis zwingen.

2.1.3.2 Betriebskosten
Im Gegensatz zur Investition fallen die Betriebskosten nicht einmal, sondern über den Betriebszeitraum der Anlage ständig an. Die Betriebskosten setzen sich aus den Rohstoff- und Energiekosten, die zusammengenommen auch als Betriebsmittelkosten (utility costs) bezeichnet werden, den Personalkosten sowie den Wartungs- und Instandhaltungskosten (maintenance costs) zusammen. Diese sollen in den folgenden Unterkapiteln näher erläutert werden.

Rohstoff- und Energiekosten

Rohstoff- und Energiekosten sind mengenproportionale Kosten. In Abhängigkeit der Rohstoff- und Energieart stellen sie einen mehr oder weniger großen Anteil der Herstellkosten dar. In der Grundstoffindustrie mit ihren großen Anlageneinheiten bzw. Kapazitäten liegt der prozentuale Anteil hoch. Im Gegensatz hierzu stehen Anlagen zur Produktion hochveredelter Endprodukte. Hier ist der anlagentechnische Aufwand bei relativ kleinen Kapazitäten hoch.

Grundsätzlich sind die Betriebsmittelkosten aus Sicht des Anlagenbetreibers so niedrig wie möglich zu halten. Für die Höhe der Rohstoff- und Energiekosten ist in erster Linie das gewählte Verfahren verantwortlich. Um die Rohstoffkosten zu minimieren, muss z. B. die Ausbeute maximiert werden. Dies ist mit einem entsprechenden apparativen Aufwand (z. B. größeres Reaktorvolumen) verbunden und lässt die Investition anwachsen. Wiederum widersprechen sich die gegenseitigen Anforderungen und führen zu einer Optimierungsaufgabe. Des Weiteren hängen die Rohstoffkosten von deren Qualität bzw. Reinheit ab. In Abhängigkeit der zu erzielenden Produktqualität sind diese ebenfalls zu optimieren.

Bei den Energiekosten muss zunächst die Art der erforderlichen Energie geklärt werden:

- elektrische Energie,
- Heizdampf/Heizdampfniveau,
- Kühlmittel/Kühlmittelniveau,
- Heizmedien: Erdgas, Erdöl, Kohle etc.,
- sonstige Energieträger: z. B. Wasserstoff.

Eine Meerwasserentsalzungsanlage kann mit Heizdampf (z. B. Mehrfacheffekt-Eindampfanlage) oder mit elektrischer Energie (z. B. Brüdenkompressionsanlage) betrieben werden.

Die Verfügbarkeit der Rohstoffe und Energien ist ebenfalls zu berücksichtigen. Dies ist wiederum eine Frage des Anlagenstandortes. Auch diese Fragestellungen lassen sich nur im Rahmen einer Kostenrechnung bzw. Kostenoptimierung beantworten.

Ein weiteres Problem bei der Festlegung der Betriebsmittel besteht darin, dass der Betreiber in der Regel keinen Einfluss auf deren Preisentwicklung hat. Die langfristige Abschätzung der Kostenentwicklung ist mit einem klaren unternehmerischen Risiko behaftet.

Personalkosten

Personalkosten sind Kosten, die dem Betreiber durch das Bedienungs-, Wartungs- und Instandhaltungspersonal entstehen. Je nach Anlagengröße setzt sich das Betriebspersonal wie folgt zusammen:

- Betriebsleiter,
- Betriebsingenieure,
- Fahrpersonal (Leitstandpersonal),
- Rundläufer für Kontrollen,

- Wartungs- und Instandhaltungspersonal,
- sonstiges Personal: Labor, Sekretariat, Reinigungsdienste etc.

Je größer die Anlageneinheiten sind, um so kleiner ist in der Regel der Anteil der Personalkosten an den Herstellkosten. Dies liegt hauptsächlich daran, dass mittlere und erst recht große Anlagen üblicherweise einen hohen Automatisierungsgrad haben. D. h. es lohnt sich so genannte Prozessleitsysteme einzusetzen, die es ermöglichen, selbst Großanlagen mit wenigen Leitstandfahrern von einer zentralen Leitwarte aus zu bedienen. Neben dem Automatisierungsgrad spielt die Art der eingesetzten Aggregate eine wichtige Rolle bei der Festlegung der Personalkosten. Während viele Aggregate wie Pumpen und Rührwerke sich häufig über einen langen Zeitraum nahezu ohne Personalaufwand betreiben lassen, können andere Apparate wesentlich personalintensiver sein.

In diesem Zusammenhang ist es wichtig, zwischen einzelnen Personen und einer „Schichtstelle" zu unterscheiden. Jede neue Arbeitsstelle ist in der Regel durch vier Personen zu besetzen. Da die Anlagen üblicherweise im 24-Stunden-Betrieb gefahren werden, sind bei einer 8-Stunden-Schicht drei Personen zur Aufrechterhaltung des kontinuierlichen Betriebs erforderlich. Die vierte Person dieser Stelle ist zur Abdeckung der Wochenenden und Urlaubszeiten sowie zum Ausgleich von Krankheitsfällen vorgesehen. Die hiermit verbundenen Kosten für jede neue „Stelle" sind insbesondere bei hohem Lohnkostenniveau natürlich erheblich. Vor diesem Hintergrund versteht sich der Wunsch der Betreiber nach vollautomatischen Anlagen von selbst.

Prinzipiell kann der Anlagenbetreiber eigenes oder Fremdpersonal einsetzen. Neuerdings gehen einige Betreiber dazu über, nicht nur die Planung und Errichtung, sondern auch den kompletten weiteren Betrieb der Anlage dem Anlagenbauer zu überlassen. Man spricht hier vom so genannten „Betreibermodell". Als Ursache für die Entstehung dieses Modells ist neben den Kosten häufig das Fehlen entsprechend qualifizierten Betriebspersonals zu nennen. Ein anderer Grund kann die Tendenz der Betreiberfirmen zur Konzentration auf das Kerngeschäft sein.

Wartungs- und Instandhaltungskosten
Insbesondere bei Anlagen mit hoher Lebensdauer stellen die Wartungs- und Instandhaltungskosten einen hohen Anteil der Gesamtkosten dar. Bei einer Lebensdauer von bis zu dreißig Jahren, können die Kosten für Pflege, Reparaturen, Erweiterungen, Verbesserungen und Änderungen die Investition sogar um ein Mehrfaches übersteigen. Um diese zu minimieren, existieren konkurrierende Instandhaltungsstrategien [9], die in Abbildung 2.1 schematisch dargestellt sind.

Bei der ausfallorientierten Instandhaltung besteht praktisch kein Wartungs- und Inspektionsaufwand. Ein Instandsetzungsaufwand tritt nur bei Ausfällen auf. Sofern keine Redundanzen vorhanden sind, ist damit automatisch ein Produktionsausfall verbunden. Sind Redundanzen vorhanden, hängt das Risiko eines Produktionsausfalles von der Beschaffung und dem Austausch der defekten Anlagenteile ab. Hier spielt die Lagerhaltung von Ersatzteilen wiederum eine entscheidende Rolle.

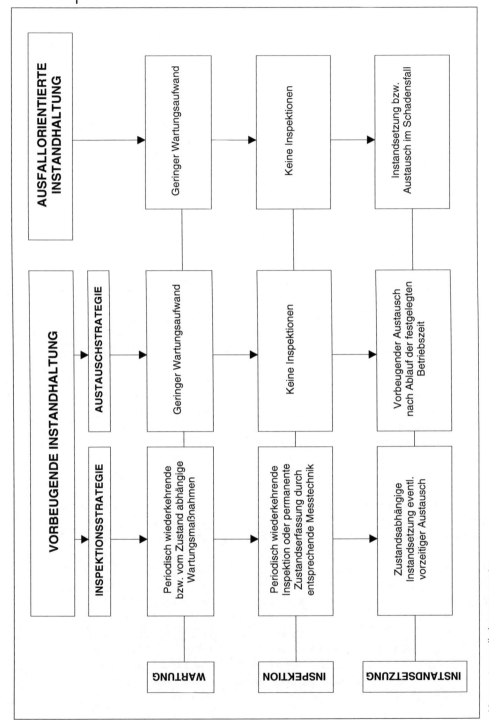

Abb. 2.1 Instandhaltungsstrategien

Die vorbeugende Instandhaltung bietet zwar eine größere Betriebssicherheit, ist aber auch mit einem höheren Inspektions- und Wartungsaufwand im Falle der Inspektionsstrategie bzw. höheren Instandsetzungskosten im Falle der Austauschstrategie verbunden. Welche Instandhaltungsstrategie zum Tragen kommt, hängt von vielen Faktoren wie Lebensdauer, Personalstruktur etc. ab und wird von der Firmenleitung festgelegt.

Offensichtlich ist auch, dass die Instandhaltungsstrategie Auswirkungen auf die Ausschreibung der Anlage hat. Bei der Inspektionsstrategie müssen zusätzliche Investitionen für die messtechnische Erfassung getätigt werden. Des Weiteren ist die Lieferung von Ersatz- und Verschleißteilen sowie eventuell von kompletten Aggregaten zu erwägen.

2.1.4
Anfrage/Ausschreibung

Im Anschluss an die Ermittlung bzw. Abschätzung der in Kapitel 2.1.3 Kosten aufgeführten Kosten wird eine Wirtschaftlichkeitsbetrachtung, auch „Feasibility Study" genannt, angestellt. Ziel dieser Wirtschaftlichkeitsbetrachtung ist, die Ertragsmöglichkeiten des neuen Produktes für das Unternehmen zu prognostizieren. Am besten lässt sich die Wirtschaftlichkeit anhand eines so genannten „Cash Flow Profile" gemäß Abb. 2.2 erläutern.

Dargestellt sind die Verläufe der dem Betreiber entstehenden Kosten und die durch den Vertrieb des Produktes erwirtschafteten Einnahmen über der Zeit. Das Ziel besteht darin, den so genannten Break-even-Point, an dem die Einnahmen erstmalig die Ausgaben übersteigen, möglichst frühzeitig zu erreichen und den Gewinn, also die Fläche zwischen Kosten und Einnahmen, zu maximieren.

Wie man leicht erkennt, fallen über einen langen Zeitraum nur Kosten an. Während der Forschung, Projektierung und Ausschreibungsphase handelt es sich überwiegend um Personalkosten. Die Kostensprünge entstehen durch die Beschaffung der Anlage bei einem Anlagenbauer und zwar üblicherweise in Form mehrerer Raten. In dem hier dargestellten fiktiven Projekt handelt es sich um drei Raten. Die Zahlung der ersten Rate erfolgt bei der Bestellung, die zweite Rate bei Montagebeginn und schließlich die dritte Rate bei erfolgreich absolviertem Probebetrieb (Abnahme).

Aber auch während Planung, Bau und Inbetriebsetzung der Anlage durch den Anlagenbauer entstehen dem Betreiber durch die Projektverfolgung weitere Personalkosten. Nach der Inbetriebsetzung fallen im Wesentlichen die Betriebskosten an. Durch Optimierung des Prozesses können diese reduziert werden, was eine Abnahme der Steigung im Cash Flow Diagramm zur Folge hat. Durch eine Nachrüstung der Anlage – z. B. zwecks Kapazitätserweiterung oder zur Prozessoptimierung im Sinne von Betriebskostenersparnissen – entsteht ein erneuter Kostensprung gefolgt von einem flacheren Betriebskostenverlauf aufgrund der geringeren Betriebskosten. Ein marktbedingter Anstieg der Rohstoff- und/oder Energiekosten führt wiederum zum Anstieg des Kostenverlaufs.

Die ersten Einnahmen werden durch den Produktionsbeginn der neuen Anlage

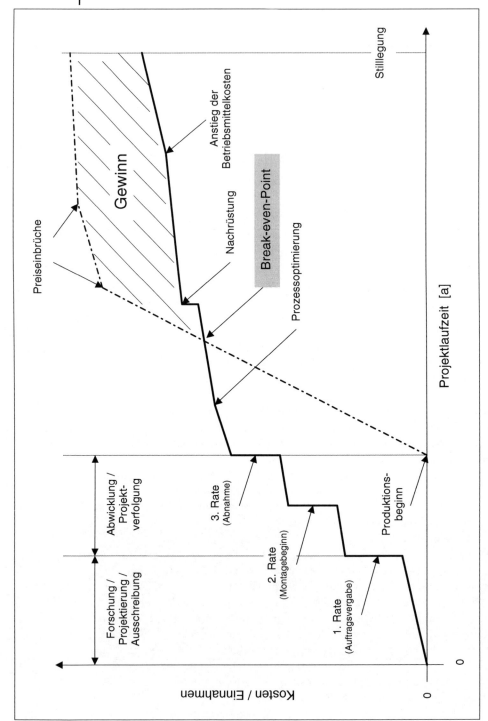

Abb. 2.2 Fiktives Cash Flow Profile eines Projektes

erzielt. Die Steigung des Einnahmenverlaufes hängt vom Markt ab. Eine positive Marktentwicklung im Sinne einer höheren Nachfrage ermöglicht z. B. höhere Verkaufspreise und führt somit zu einem Anstieg der Kurve. Eine negative Marktentwicklung kann zu Preis- und/oder Absatzeinbrüchen führen, was eine Abnahme der Kurvensteigung zur Folge hat. Dies kann beispielsweise durch einen verschärften Wettbewerb bzw. einen Preiskampf mit der Konkurrenz entstehen.

Erst nach Stillegung der Anlage kann der insgesamt mit dem Produkt erwirtschaftete Gewinn konkret ermittelt werden. Es ist offensichtlich, dass zu Beginn der Projektierung sehr viele Annahmen getroffen werden müssen. Die damit verbundenen Unsicherheiten und Risiken müssen von der Unternehmensleitung getragen werden. Daher müssen die Ergebnisse der Feasibility Study zunächst der Unternehmensleitung vorgestellt werden, um anschließend über die weitere Vorgehensweise entscheiden zu können. Fallen die Ertragsprognosen zu niedrig aus, kann das Projekt entweder ganz „sterben" oder es wird in eines der früheren Stadien zurück versetzt, um zu günstigeren Ergebnissen zu kommen. Das kann z. B. bedeuten, dass das Produkt an sich im Rahmen weiterer Forschungsaktivitäten verbessert werden muss. Im Falle günstiger Ertragsaussichten wird sich die Unternehmensleitung voraussichtlich für die Verfolgung des Projektes entscheiden. Das bedeutet, dass die Beschaffung der Anlage bei einem Anlagenbauer in Angriff genommen werden muss. Hierzu wird eine Anfrage (inquiry) erstellt bzw. eine so genannte Ausschreibung vorgenommen.

Man muss an dieser Stelle zwischen einem privaten Betreiber und einer öffentlichen Einrichtung als Betreiber unterscheiden. Für Industrieunternehmen besteht keine Ausschreibungspflicht. Das bedeutet, dass die möglichen Bieter eigenständig festgelegt und auch direkt kontaktiert werden können. Auch der Vergabemodus kann vom Betreiber selbst gewählt werden.

In vielen Ländern unterliegen die öffentlichen Einrichtungen der Ausschreibungspflicht. In Deutschland ist die Vorgehensweise bei der Beschaffung von Bauleistung und Leistungen detailliert in der so genannten „Verdingungsordnung für Bauleistungen" (VOB) und „Verdingungsordnung für Leistungen" (VOL) geregelt und gesetzlich verankert („Gesetz gegen Wettbewerbsbeschränkungen" bzw. die „Verordung über die Vergabe öffentlicher Aufträge"). Um eine europaweite Teilnahme an der Ausschreibung zu ermöglichen, muss eine Veröffentlichung im EU-Journal (http://ted.eur-op.eu.int/ojs/de/frame.htm) erfolgen.

Häufig wird ein so genanntes „Präqualifikationsverfahren" (prequalifying) durchgeführt. Damit soll u. a. die Zahl der Bewerber und damit der Aufwand für die sich anschließende Angebotsauswertung begrenzt werden. Die potenziellen Bieter bzw. Anlagenbauer müssen sich an diesem Präqualifikationsverfahren beteiligen, um ihre Eignung für die ausgeschriebene Anlage unter Beweis zu stellen. Dazu müssen sie u. a. ihre finanziellen, personellen und technischen Ressourcen offenlegen. Ein weiterer wesentlicher Aspekt des Präqualifikationsverfahrens ist der Nachweis von Referenzanlagen. Dies ist insbesondere für junge Anlagenbauunternehmen schwierig. Die wesentlichen Ergebnisse eines Präqualifikationsverfahrens sind die Bekanntgabe der Wettbewerbsteilnehmer und die Ausgabe der Ausschreibungsunterlagen.

Unabhängig vom Ausschreibungsverfahren liegt es im Interesse des Betreibers, alle Anforderungen, die die neue Anlage erfüllen soll, in den Anfrage- bzw. Ausschreibungsunterlagen unterzubringen. Neben einer mehr oder weniger detaillierten Beschreibung des geplanten Projektes sollte die Anfrage zumindest folgende Angaben enthalten:

- Stoffdaten und zur Verfügung stehende Mengen der Edukte,
- Stoffdaten und zur Verfügung stehende Mengen der Betriebsmittel,
- Beschreibung der Schnittstellen,
- Beschreibung der Liefergrenzen,
- Beschreibung des Lieferumfanges,
- Beschreibung des Leistungsumfanges,
- Beschreibung der Eigenschaften bzw. Qualität und gewünschten Menge des zu erzeugenden Produktes.

Bei den Schnittstellen handelt es sich meistens um Übergänge von der neu zu errichtenden Anlage zu bereits vorhandenen Einrichtungen innerhalb eines Standortes. Hierzu zählen z. B. Anschlüsse der neuen Anlage an bereits vorhandene Betriebsmittelleitungen (Dampf, Kühlwasser etc.) oder an die Kanalisation. Bei den Liefergrenzen (battery limits) handelt es sich um die Festlegung der Anlagengrenzen. Dies geschieht am einfachsten durch einen entsprechenden Lageplan, in dem die Liefergrenzen innerhalb des geplanten Standortes gekennzeichnet sind. Beim Lieferumfang müssen die vom Anlagenbauer beizustellenden Gewerke aufgezählt werden. Je nach Betreiber kann es vorkommen, dass dieser z. B. die Beschilderung selbst vornimmt. Oder der Betreiber stellt die Elektromotoren oder die Regelarmaturen bei, da er eine Tochterfirma hat, die diese Aggregate herstellt. Beim Leistungsumfang müssen die vom Anlagenbauer zu erbringenden Aktivitäten aufgezählt werden. Hierzu kann z. B. das Behördenengineering oder die Erstellung der Anlagendokumentation gehören.

In Abhängigkeit des Betreiberunternehmens werden häufig erheblich weitreichendere Angaben in der Anfrage bzw. Ausschreibung gemacht:

- Aufzählung der einzuhaltenden Gesetze, Regelwerke, Vorschriften etc.,
- Aufzählung der vom Betreiber selbst vorgegebenen Vorschriften (Betreiberspezifikationen),
- detaillierte Angaben zu Art und Umfang der Dokumentation,
- Vorgabe eines Rahmenterminplanes,
- Baustellenplan,
- Vorgabe einer Lieferantenliste (vendor list),
- Vorgabe des Gebäudetyps,
- detaillierte Schnittstellenpläne,
- kaufmännische Angaben: z. B. Haftungsfragen, Versicherungen, Zahlungsbedingungen,
- Auflistung der eigenen Lieferungen und Leistungen.

Auf die Gesetze und Regelwerke wird im Kapitel 4.2 Genehmigungsplanung näher eingegangen. Einige Betreiberfirmen verfügen über eigene Spezifikationen. Diese können detaillierte Angaben zur quantitativen und qualitativen Ausführung der Anlagenaggregate und der Leistungen des Auftragnehmers haben. Im Folgenden sind einige Beispiele aufgeführt:

- Behälter: Die Behälter sind mit Mannlöchern DN 800 mit Schwenkvorrichtungen in Edelstahlausführung auszustatten.
- Pumpen: Die Antriebsmotoren müssen mit Stoßimpulsmessnippeln für vorbeugende Instandhaltungsmaßnahmen ausgestattet sein.
- Rohrleitungen: Es sind keine Nennweiten kleiner DN 25 zulässig.
- Dokumentation: Die Anlagendokumentation ist 10fach anzufertigen. Die Planungsunterlagen sind mit dem CAD-System XYZ zu erstellen und auf Datenträgern abzuliefern.

Anhand der oben aufgeführten Bespiele wird deutlich, dass die Betreiberspezifikationen erhebliche Auswirkungen auf die Beschaffungskosten haben können.

Generell gilt, dass die Genauigkeit der Anfrage- bzw. Ausschreibungsunterlagen die Sicherheit der Bestellung für den Betreiber erhöht. Dies ist vor dem Hintergrund möglicher Claims (siehe Kapitel 3.3.5 Änderungen/Claims) des Anlagenbauers zu sehen.

2.1.5
Projektverfolgung

An die Erstellung bzw. Zusammenstellung der Anfrage- bzw. Ausschreibungsunterlagen schließen sich folgende Aktivitäten für den Betreiber an:

- technische und kommerzielle Prüfung der eingehenden Angebote,
- Organisation der und Teilnahme an den Vergabeverhandlungen,
- Festlegung und Prüfung des Vertrags.

Aufgrund des globalisierten Wettbewerbs können die Vergabeverhandlungen sehr langwierig sein. Der Betreiber wird die Wettbewerbssituation zu seinen Gunsten zu nutzen wissen. Dies betrifft insbesondere den Kaufpreis, den Fertigstellungstermin sowie zusätzliche Leistungen. Wegen der hohen Summen ist davon auszugehen, dass beide Seiten in Verhandlungstechnik geschulte Mitarbeiter in die Vergabeverhandlungen entsenden. Nach der Vertragsunterzeichnung wird von Seiten des Betreibers üblicherweise ein Verantwortlicher für die weitere Projektverfolgung benannt. Dieser wird im Sprachjargon der Anlagenplanung als „Engineer" bezeichnet. Der Engineer hat folgende Aufgaben im Rahmen der Projektabwicklung zu übernehmen:

- Führung des Projektschriftverkehrs seitens des Betreibers,
- Kontrolle und Freigabe der vom Anlagenplaner eingereichten Planungsunterlagen,
- Kontrolle des Anlagenplaners im Hinblick auf die Einhaltung des Liefervertrages (z. B. Vollständigkeit des Liefer- und Leistungsumfanges, Einhaltung der Lieferantenliste etc.),
- Terminverfolgung,

- Prüfung von Mehrungen/Minderungen bzw. Claims,
- Qualitätskontrollen,
- Klärung von Schnittstellenfragen,
- eventuell Teilnahme an den technischen Vergabeverhandlungen des Anlagenbauers mit seinen Unterlieferanten,
- Organisation der Anlagenübernahme,
- Übergabe der in Betrieb gesetzten Anlage an die Betriebsleitung.

In einigen Fällen wird sich der Engineer entsprechende Unterstützung aus anderen Fachabteilungen holen müssen.

2.2
Anlagenbauer

Mittlere und erst recht große Projekte wie Kraftwerksbauten oder Raffinerien werden in der Regel lange vor der Erstellung der offiziellen Anfrage-/Ausschreibungsunterlagen in der Öffentlichkeit diskutiert. Meist sind es Standort-, Beschäftigungs- oder Umweltfragen, die im Mittelpunkt der Diskussionen stehen. Es ist Aufgabe der Projektierungsabteilung des Anlagenbauers sich frühzeitig über mögliche Projekte zu informieren und den Kontakt zu den potenziellen Kunden zu suchen.

2.2.1
Risikoanalyse

Nach Vorliegen der Anfrage/Ausschreibung muss der Anlagenplaner zunächst prüfen, ob es sich um ein entsprechend aussichtsreiches Projekt handelt, denn der Aufwand für die Erstellung eines kompletten Angebotes kann bis in den siebenstelligen Euro-Bereich gehen – im Wesentlichen verursacht durch Personalkosten. Erhält der Anbieter den Auftrag zur Ausführung nicht, waren diese Aufwendungen umsonst.

Einige Aspekte, die im Vorfeld geklärt werden müssen, sind die momentane Auslastung der Projektierungsabteilung sowie die voraussichtliche Auslastung der Abwicklungsabteilung während des vorgesehenen Zeitraumes für die Projektabwicklung.

An diese Überlegungen schließt sich üblicherweise eine Risikoanalyse (risk analysis) an. Dabei sollen folgende Risiken abgeschätzt werden:

1. Kunde: Hier ist die Zahlungsmoral und Solvenz an erster Stelle zu nennen. Hochverschuldete Auftraggeber stellen sicherlich ein höheres Risiko dar als unverschuldete. Einige Kunden sind ferner dafür bekannt, dass sie sich überall „einmischen" und somit die Abwicklung des Projektes für den Anlagenbauer erschweren. Ein weiteres Risiko kann darin bestehen, dass der Kunde bestimmte Konkurrenzunternehmen bei der Auftragsvergabe bevorzugt, möglicherweise weil er an ihnen eine Beteiligung hat. Der Aufwand für die Erstellung eines Angebotes wird sich dann voraussichtlich nicht auszahlen.

2. Kundenspezifikation: Kundenspezifikationen umfassen gelegentlich ganze Aktenschränke. Wie bereits dargelegt wurde, enthalten diese Spezifikationen häufig Angaben und Forderungen, die sich erheblich auf die Kosten auswirken. Sind die Einzelheiten der Spezifikationen dem Anlagenbauer nicht bekannt, so stellt die Angebotsabgabe ein nicht unerhebliches Risiko dar, zumal gerade derart umfangreiche Spezifikationen in der Kürze der zur Verfügung stehenden Zeit kaum gelesen werden können.
3. Standort: Auslandsprojekte sind grundsätzlich mit einem höheren Risiko verbunden als Inlandsprojekte. Als Gründe sind u. a. die Gesetzgebung (z. B. Zollbestimmungen bei der Einfuhr von Anlagenkomponenten), die Infrastruktur (z. B. schwierigere Transportverhältnisse), Arbeitsbedingungen (z. B. Klima), Sprachschwierigkeiten etc. zu nennen. Bei einigen Ländern kommen politisch bedingte Risiken hinzu, die eine geregelte Projektabwicklung erschweren oder unmöglich machen können: z. B. Terrorismus, Kriegsrisiko, Korruption etc..
4. Kaufmännischer Part: Beispiele für Risiken im kaufmännischen Part sind hohe Vertragsstrafen, die Forderung nach Haftung für entgangenen Gewinn etc.
5. Terminsituation: Generell sind die Terminvorgaben des Betreibers eher knapp bemessen. Handelt es sich um ein Projekt, das unter ähnlichen Bedingungen und mit vergleichbarer Technik bereits mehrfach realisiert wurde, kann das damit verbundene Risiko als eher gering bewertet werden. Sollte es sich jedoch um ein neues Anlagenkonzept im Ausland und mit unbekanntem Kunden handeln, ist das damit verbundene Terminrisiko hoch anzusiedeln.
6. Verfahrenstechnik: Das Risiko, das mit einer neuen verfahrenstechnischen Konzeption verbunden ist, sollte hoch angesiedelt werden. Meistens verlangt der Betreiber entsprechende verfahrenstechnische Garantien, die z. B. die Quantität und Qualität der Produkte betreffen. Diese sind bei Nichteinhaltung mit entsprechenden Vertragsstrafen belegt. Hinzu kommt, dass Nachrüstmaßnahmen zur Steigerung der Kapazität oder Verbesserung des Produktes fast immer mit hohen Kosten verbunden sind, die der Kunde nicht übernehmen wird. Führen auch die Nachrüstmaßnahmen nicht zum geforderten Erfolg, hat der Betreiber in der Regel das Recht auf Rücktritt (cancellation). Das Rücktrittsrecht beinhaltet, dass das bereits Geleistete (Zahlungen) zurück zu gewähren ist und noch offene Kaufpreisforderungen erlöschen. Im schlimmsten Fall muss zusätzlich die Anlage abgerissen werden. Ein derartiger Fall kann zum Ruin des Anlagenbauers führen. Es sollte an dieser Stelle darauf hingewiesen werden, dass es sich beim Rücktrittsrecht (BGB §346 f.f.) um eine juristisch diffizile Angelegenheit handelt, die daher auch den Juristen überlassen werden sollte.

Bei positivem Ausgang der Risikoanalyse wird ein Projektierungsteam gebildet, dem ein erfahrener Verfahrensingenieur als Projektleiter vorsteht. Dem Projektierungsteam wird zunächst die Aufgabe übertragen, das Angebot (bid, bei Ausschreibungen: tender) zu erstellen und fristgerecht beim Kunden einzureichen. Wegen der stets knapp bemessenen Fristen und aufgrund des insbesondere mit dem Basic Engineering verbundenen Arbeitsaufwandes, steht das Projektierungsteam in der Regel unter enormem Termindruck.

2.2.2
Basic Engineering

Das Basic Engineering umfasst eine Fülle von Aktivitäten. Das Ausmaß dieser Aktivitäten hängt maßgeblich vom Projekt und somit vom Produkt ab. Ferner ist das beim Anlagenplaner vorhandene Know-how über das einzusetzende Herstellungsverfahren entscheidend für den mit dem Basic Engineering verbundenen Aufwand.

Die wichtigsten immer wiederkehrenden Leistungen, die im Rahmen des Basic Engineering zu erbringen sind, sollen im Folgenden dargelegt werden.

2.2.2.1 Verfahrensentwicklung

Das Verfahren legt die Art und Reihenfolge der verfahrenstechnischen Grundoperationen (unit operations) fest. Abbildung 2.3 zeigt beispielhaft die Reihenfolge der verfahrenstechnischen Grundoperationen bei einer chemischen Produktionsanlage. Die Grundoperationen werden als Kästchen und die Stoffströme durch Linien mit Flussrichtungspfeilen dargestellt. Diese Art der Darstellung eines verfahrenstechnischen Prozesses wird auch als Grundfließbild (basic flow diagram) bezeichnet.

Die Edukte werden typischerweise in Lagern bereitgestellt, bevor sie in den eigentlichen Reaktor gelangen. Da selbst der beste Reaktor keine hundertprozentige Selektivität erreichen kann, müssen die entstandenen Nebenprodukte bzw. nicht umgesetzten Edukte in einer nachgeschalteten Aufbereitungsstufe abgetrennt und gegebenenfalls wieder vor den Reaktor geführt werden. Das Produkt gelangt üblicherweise in ein Lager, bevor es zum Vertrieb abtransportiert wird.

Die Fülle der verfahrenstechnischen Grundoperationen ist groß. Die Möglichkeiten zur Verschaltung mehrerer Grundoperationen ist dementsprechend noch viel größer. Die optimale Verfahrenstechnik zur Herstellung eines neuen Produkts zu finden ist daher schwierig. Sie wird im Rahmen umfangreicher Forschungs- und Entwicklungsaktivitäten festgelegt. Dabei wird häufig folgende Reihenfolge eingehalten, bei der sich die Anlagengröße stufenweise erhöht:

- Laborentwicklung,
- Technikum,
- Pilotanlage,
- erste Großanlage.

Im Labor werden die Versuche im kleinsten Maßstab durchgeführt. Ein Reaktor hat dort ein Volumen in der Größenordnung von einem Liter. Sind die experimentellen Ergebnisse vielversprechend, wird man sich in den nächst größeren Maßstab begeben. Hier hat der Technikumsreaktor womöglich ein Volumen von 10 bis 100 Liter. Verlaufen die Versuche auch hier positiv, kann man sich zum Bau einer Pilotanlage entschließen. Die Pilotanlage umfasst dann ein Reaktorvolumen von ca. einem Kubikmeter. Es ist klar, dass die Beschaffungskosten mit steigender Versuchsanlagengröße zunehmen. Die Kosten für eine Pilotanlage können bereits in

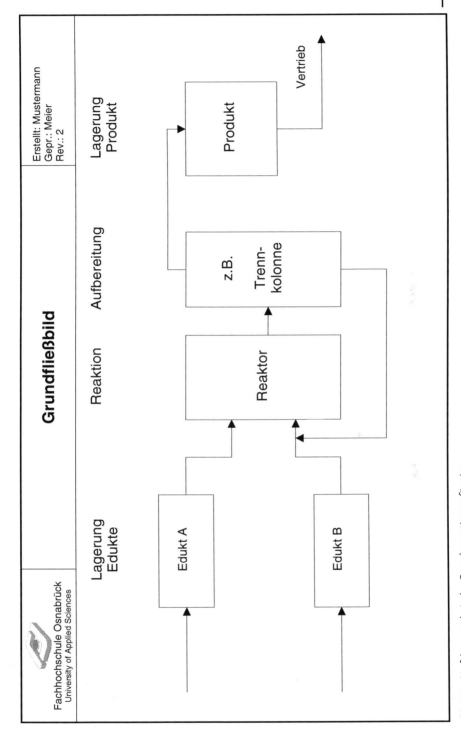

Abb. 2.3 Verfahrenstechnische Grundoperationen für eine chemische Produktionsanlage (Grundfließbild)

den siebenstelligen EUR-Bereich gehen. Ist auch die Pilotanlage optimiert, wird man sich eventuell an die erste Großanlage heranwagen. Der Vergrößerungsfaktor beträgt auch hier ca. eine Größenordnung. Leider treten bei jeder Maßstabsvergrößerung (scale up) [10] immer wieder andere Probleme auf, die in der jeweils kleineren Entwicklungsstufe nicht beobachtet werden konnten. Dieser Umstand birgt entsprechende Risiken für den Anlagenbauer, insbesondere beim letzten Schritt zur Großanlage. Die mit der Verfahrensentwicklung verbundenen Kosten sind allemal erheblich.

Um den zeitlichen und materiellen Aufwand zu begrenzen, bedient man sich in zunehmendem Maße der Hilfe von Simulationsprogrammen, die in der Lage sind, zumindest die typischen verfahrenstechnischen Grundoperationen zu berechnen.

Hierzu existiert eine Reihe kommerziell verfügbarer Simulationsprogramme wie z. B. ASPEN PLUS, PROSIM oder CHEMCAD. Die Berechnung der Grundoperationen basieren auf den üblichen Grundlagen für die Auslegung thermischer [11–13], chemischer [14–17], biologischer [18–20] und mechanischer [21–22] Verfahren. Des Weiteren werden für die Berechnung der Grundoperationen in der Regel umfangreiche Stoffdatensammlungen benötigt. Da häufig keine ausreichend genauen Stoffdaten vorliegen bzw. vereinfachende Annahmen bei der Berechnung getroffen werden müssen, wird man sich in der Regel nicht allein auf die Ergebnisse der Simulationsberechnungen verlassen. Prinzipiell ist eine umgekehrte Vorgehensweise ebenfalls möglich: Die Simulationsrechnungen werden vorangestellt und anschließend durch experimentelle Untersuchungen ergänzt.

Selbst wenn die einzelnen Grundoperationen auf experimentellem und/oder rechnerischem Wege optimiert worden sind, heißt das leider noch nicht, dass dann auch die Gesamtanlage einwandfrei funktioniert. Die Verschaltung der einzelnen Stufen kann z. B. durch Rückführungen zu zusätzlichen regelungstechnischen Problemen führen. Hierzu hat sich die so genannte „Mini Plant Technologie" [23] etabliert. In einem Maßstab, der in etwa zwischen dem Labor- und dem Technikumsmaßstab liegt, werden sämtliche relevanten Grundoperationen zu einer kompletten „Minianlage" verschaltet. Damit lässt sich das Betriebsverhalten der Gesamtanlage mit dem geringst möglichen Aufwand beobachten und optimieren.

Ist schließlich ein neues Verfahren gefunden, wird sich das Unternehmen durch entsprechende Lizenzen vor der Konkurrenz schützen.

Die Planung eines völlig neuen Anlagenkonzeptes ist nicht immer erforderlich. Häufig sollen Anlagen realisiert werden, die in ähnlicher Form bereits existieren. Der eigentliche Verfahrensablauf ist somit schon vorgegeben.

2.2.2.2 Bilanzierung

Die zentrale Aufgabe des Verfahrensingenieurs besteht darin, die Anlage so zu konzipieren, dass die Investition und die Betriebskosten für die angefragte Anlage bei gleichzeitiger Einhaltung der geforderten Produkteigenschaften hinsichtlich Menge und Qualität minimiert werden. Nur dann wird sich die Anlage auch verkaufen lassen.

Zunächst werden die Massen-, Stoff- und Enthalpiebilanzen [24–25] für die einzelnen Verfahrensstufen sowie über die Gesamtanlage aufgestellt. An den Anlagengrenzen dienen sie zur Bestimmung der Rohstoff- und Energieverbräuche sowie der Produkt- und Abfallmengen. Innerhalb der Anlage legen die Bilanzen die Mengenströme und deren physikalisch/chemische Zustände fest.

Die Ergebnisse der Bilanzierung werden in so genannten „Mediendatenblättern" festgehalten. Die in der Anlage auftretenden Stoffströme erhalten eine Klartextbezeichnung und eine Stoffstromnummer, die die einzelnen Medien eindeutig ausweisen. Je nach Anlagengröße bzw. Anzahl der Stoffströme werden diese anhand einer Systematik, die z. B. eine Zuordnung nach Aggregatzustand oder Medienart vornehmen kann, in einer Medienliste aufgeführt. In Tabelle 2.1 ist beispielhaft ein solches Mediendatenblatt für eine Salzlösung dargestellt.

Die Angaben lassen sich in zwei Bereiche einteilen: Stoffdaten und Mengenangaben. Bei Vorliegen experimenteller Daten können diese für die Stoffdatenangaben herangezogen werden. Ansonsten müssen die Stoffdaten aus der Literatur beschafft werden [26–31].

Sinnvoll ist auch die Unterscheidung der Lastfälle. Bei dem hier gezeigten Beispiel handelt es sich bei den Lastfällen „Minimal", „Normal" und „Maximal" um rechnerisch ermittelte Werte, die sich aus der Bilanzierung ergeben. In der Regel ist nicht nur der maximale Lastfall, der der Kapazität der Anlage entspricht, von Bedeutung, sondern der gesamte Bereich, in dem die Anlage sich störungsfrei operieren lassen soll. Der Betreiber ist an einem großen Regelbereich interessiert, um schwankender Nachfrage mit einer variablen Produktion begegnen zu können. Bei anhaltend niedriger Nachfrage muss irgendwann auch die Produktion gedrosselt werden, da sonst die Lagerreserven für das Produkt nicht mehr ausreichen.

Leider sind dem Wunsch nach großen Operationsbereichen technische Grenzen gesetzt. Eine Regelarmatur kann beispielsweise einen Volumenstrom nicht über einen Bereich von mehreren Größenordnungen mit der gleichen Auflösung einstellen. Jedoch auch bei kleinen Produktionsbereichen sollten zumindest die Minimal- und Maximallastfälle bilanziert werden, denn nicht nur die Massenströme hängen vom Lastfall ab, sondern häufig auch die physikalischen und chemischen Daten wie Temperatur, Druck und Zusammensetzung der Stoffströme.

Die rechnerisch ermittelten Werte sind von den Auslegungsdaten deutlich zu unterscheiden. Bei den Auslegungsdaten werden häufig entsprechende Sicherheitszuschläge berücksichtigt. Dies empfiehlt sich aufgrund der mit der verfahrenstechnischen Auslegung und dem Scale Up verbundenen Unsicherheit sowie vor dem Hintergrund der vertraglich zu garantierenden Anlagenkapazität. Bei den Auslegungsdaten für den Druck und die Temperatur handelt es sich um sicherheitsrelevante Angaben. Sie haben häufig nichts mit dem Normalbetrieb der Anlage zu tun, sondern berücksichtigen auch Betriebszustände, die bei Störungen auftreten können. Die Auslegungsdaten für Druck und Temperatur werden für die festigkeitstechnische Auslegung nach den entsprechenden Regelwerken – z. B. Wanddickenberechnung bei Druckbehältern – herangezogen. Die Festlegung dieser Daten erfolgt nicht mit Hilfe der verfahrenstechnischen Bilanzierung, sondern durch die sicherheitstechnische Ausführung der Anlage. Der Auslegungsdruck eines Druckbehälters kann beispielsweise durch den Ansprechdruck eines Vollhub-

Tab. 2.1 Mediendatenblatt für eine Salzlösung

Mediendatenblatt für eine Salzlösung

Fachhochschule Osnabrück — University of Applied Sciences

Projekt: Musteranlage
Stoffstr.-Nr.: 3.AA5
Medium: Salzlösung

LASTFALL	MINIMAL	NORMAL	MAXIMAL	AUSLEGUNG
Temperatur [°C]	55	60	65	70
Dichte [kg/ltr]	1,054	1,055	1,057	1–1,2
pH-Wert [-]	7,2	7,5	7,8	7–8
Viskosität [mPas]	0,8	0,65	0,55	0,5–0,8
Volumenstrom [m³/h]	22,99	27,02	29,04	30,7

Komponente	Massenstrom [kg/h]	GewAnteil [Gew.-%]	Massenstrom [kg/h]	GewAnteil [Gew.-%]	Massenstrom [kg/h]	GewAnteil [Gew.-%]	Massenstrom [kg/h]	GewAnteil [Gew.-%]
Gesamt	24233,53	100	28502,09	100	30697,5	100	32955	100
Wasser	22355,19	92,249	26252,42	92,107	28215,91	91,916	29839,11	90,545
$CaCl_2$	1752,81	7,233	2092,34	7,341	2309,07	7,522	2733,00	8,903
NaCl	15,13	0,074	16,37	0,075	24,21	0,077	30,74	0,075
$MgCl_2$	32,83	0,208	67,99	0,212	63,19	0,217	57,5	0,212
KCl	3,98	0,023	5,99	0,023	7,57	0,024	9,05	0,024
NaBr	4,02	0,024	6,09	0,025	7,69	0,025	10,19	0,025
NaJ	0,42	0,003	0,74	0,003	0,91	0,003	1,37	0,003
$NaNO_3$	8,17	0,051	12,43	0,052	15,71	0,053	16,76	0,052
$CaSO_4$	16,56	0,108	31,43	0,134	34,39	0,134	57,26	0,133
CaF_2	0,80	0,05	1,41	0,005	1,53	0,005	1,63	0,005
Σ Schwermetalle	0,54	0,003	0,88	0,003	1,36	0,003	1,43	0,003
TOC	3,82	0,019	4,67	0,02	6,15	0,02	7,55	0,02
Summe Inertsalze	70,4	0,411	105,47	0,417	135,73	0,427	154,22	0,418

Bemerkung

| Datum: 24.04.02 | Abt.: W.u.V. | Erstellt: Meier | Geprüft: Müller | Genehmigt: Chef | Rev.: 1 |

sicherheitsventils mit Bauartzulassung festgelegt werden. Ähnliches gilt bei den sonstigen Auslegungsdaten. Stoffdaten sind häufig Grundlage der Auslegung von Apparaten. Diese werden für die Beschaffung der Apparate herangezogen und sind für die jeweiligen Unterlieferanten vertragsrelevant. Konzentrationsangaben sind zusammen mit der Auslegungstemperatur die entscheidenden Größen beim Thema Korrosion. Im Zusammenhang mit der Korrosionsgarantie sind diese Auslegungsdaten ebenfalls von großer Bedeutung.

Neben den Mediendatenblättern für die End- und Zwischenprodukte werden solche für die Betriebsmittel erstellt. In Tabelle 2.2 ist beispielhaft das Mediendatenblatt für Niederdruckdampf dargestellt.

Hierbei kann nicht nur der Lastfall, bei dem die Anlage gefahren wird, variieren, sondern zusätzlich der thermodynamische Zustand des Dampfes aufgrund von Schwankungen im Betrieb des entsprechenden Dampferzeugers bzw. Kraftwerkes. Da die Enthalpie von Dampf eine Funktion der Temperatur und des Druckes ist, wirken sich Änderungen auf die Enthalpiebilanz und damit auf den Heizdampfverbrauch aus.

2.2.2.3 Grund- und Verfahrensfließbild

Fließbilder gehören zu den Dokumenten mit zentraler Bedeutung für eine verfahrenstechnische Anlage. Sie werden in drei Detaillierungsstufen generiert:

1. Grundfließbild (Basic Flow Diagram)
2. Verfahrensfließbild (Process Flow Diagram/PFD)
3. Rohrleitungs- und Instrumentenfließbild (Process and Instrumentation Diagram/P&ID)

Während die Grund- und Verfahrensfließbilder im Rahmen des Basic Engineering erstellt werden müssen, erfolgt die Bearbeitung der detaillierten Rohrleitungs- und Instrumentenfließbilder (R&I's) erst nach Erteilung des Auftrages zur Ausführung der Anlage im Rahmen des Detail Engineering. Vorschriften zur Erstellung der Fließbilder gehen entweder von den Kundenspezifikationen aus oder werden zwischen Betreiber und Anlagenbauer abgestimmt.

Das Grundfließbild stellt die Hauptschritte eines Verfahrens dar. Aus Gründen der Übersichtlichkeit werden lediglich die Hauptstufen, Anlagenstraßen und komplette Nebenanlagen (offsites) durch Rechtecke mit einer Klartextbezeichnung dargestellt. Die Hauptstoffströme werden als einfache Linien mit Flussrichtungspfeilen gekennzeichnet (siehe Abbildung 2.3).

Das Verfahrensfließbild dient zur Darstellung des verfahrenstechnischen Konzeptes und stellt die nächst höhere Detaillierungsstufe zum Grundfließbild dar. Es enthält üblicherweise alle wesentlichen Komponenten, wie Pumpen, Verdichter, Wärmetauscher, Kolonnen, Behälter etc., die wesentlichen Rohrleitungen und Transporteinrichtungen sowie die wichtigsten Mess- und Regeleinrichtungen. In Deutschland erfolgt die Darstellung durch Bildzeichen nach DIN 28004, auf die in Kapitel 4.4 Rohrleitungs- und Instrumentenfließbilder noch näher eingegangen wird. In Abbildung 2.4 ist das Verfahrensfließbild der *High Impact Polystyrene*-Anlage von der BASF AG dargestellt.

Tab. 2.2 Mediendatenblatt für Niederdruckdampf

Fachhochschule Osnabrück
University of Applied Sciences

Mediendatenblatt für Niederdruckdampf

Projekt: Musteranlage
Stoffstr.-Nr.: 5.XX3
Medium: ND-Dampf

LASTFALL		MINIMAL	NORMAL	MAXIMAL	AUSLEGUNG
Temperatur	[°C]	133	138	218	250
Druck	[bar$_{abs.}$]	3,0	3,4	9,3	12
Dichte	[kg/ltr]	1,61	1,85	3,8	3,8
pH-Wert	[–]	–	–	–	–
Viskosität	[mPas]	0,013	0,014	0,017	0,01ñ0,02
Volumenstrom	[m³/h]	997,5	1882,7	1128,2	2519

Komponente	Massenstrom [kg/h]	GewAnteil [Gew.-%]	Massenstrom [kg/h]	GewAnteil [Gew.-%]	Massenstrom [kg/h]	GewAnteil [Gew.-%]	Massenstrom [kg/h]	GewAnteil [Gew.-%]
Gesamt (3,0 bar; 133°C Dampf)	1829	100	3516	100	4297	100	4665	100
Gesamt (3,4 bar; 138°C Dampf)	1815	100	3489	100	4262	100	4617	100
Gesamt (9,3 bar; 218°C Dampf)	1604	100	3087	100	3718	100	3952	100
Bemerkung								

| Datum: 22.04.02 | Abt.: W.u.V. | Erstellt: Meier | Geprüft: Müller | Genehmigt: Chef | Rev.: 2 |

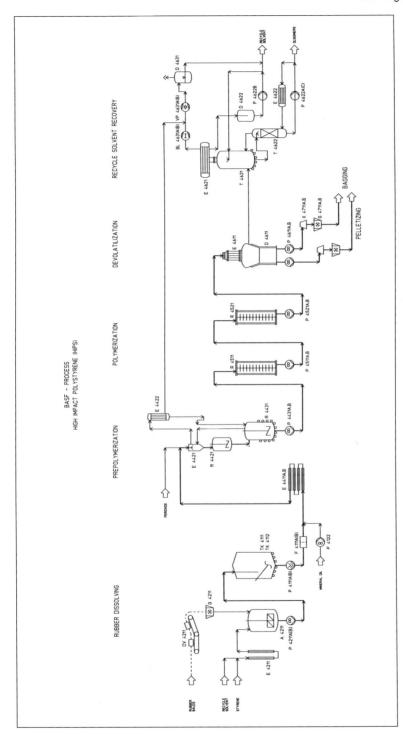

Abb. 2.4 Verfahrensfließbild der *High Impact Polystyrene*-Anlage von der BASF AG, Ludwigshafen

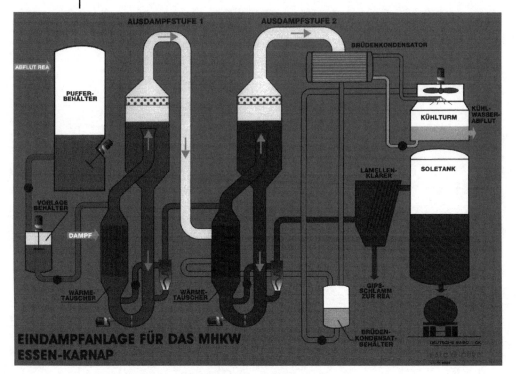

Abb. 2.5 Graphisch aufgewertetes Grundfließbild (Eindampfanlage des MHKW Essen-Karnap der RWE POWER AG)

Für Werbezwecke bzw. für die Präsentation der Verfahrenstechnik beim Kunden kann das Verfahrensfließbild mit graphischen Mitteln aufgewertet werden. In Abbildung 2.5 ist das Konzept einer zweistufigen Eindampfanlage zur Aufbereitung des Abwassers der Rauchgasentschwefelungsanlage des Müllheizkraftwerkes der RWE POWER AG in Essen-Karnap abgebildet.

Die Komponenten erhalten eine Klartextbezeichnung und eine Zeichenfolge als zusätzliches Erkennungsmerkmal. Die Zeichenfolge unterliegt einer Systematik. In Deutschland hat sich z. B. das KKS-System (Kraftwerks-Kennzeichnungs-System) vielfach bewährt. Bei ausreichender Kenntnis dieses Systems vereinfacht es die Orientierung in den Anlagendokumenten sowie in der Anlage selbst erheblich.

Die Erstellung der Grund- und Verfahrensfließbilder wird heute überwiegend mit modernen CAD-Systemen (Computer Aided Design), die für die speziellen Bedürfnisse der Verfahrenstechnik entwickelt worden sind, vorgenommen. Durch die künstliche Intelligenz dieser Systeme können im Anschluss an die Erstellung der Fließbilder automatisch z. B. Komponentenlisten generiert werden. Dadurch ergeben sich insbesondere bei Änderungen zum Teil erhebliche Arbeitserleichterungen. Tabelle 2.3 zeigt eine von einem derartigen CAD-System generierte Komponentenliste. Wie man an diesem Beispiel erkennt, lassen sich in einer zugehörigen Datenbank zusätzliche Angaben zu den Komponenten abspeichern und in die Liste generieren.

Tab. 2.3 Beispiel einer von einem CAD-System generierten Komponentenliste

Komponentenliste

Fachhochschule Osnabrück
University of Applied Sciences

Erstellt: Mustermann
Geprüft: Meyer
Rev.: 7 vom 01.02.2001
Projekt: Musteranlage

Zeichngs.-Nr.:	KKS-Nr.:	Änder-ung	Benennung	Volumen/Leistung		Höhe/Drehzahl		Durchm./Förderhöhe		Betriebsdruck [bar abs]	Temp. [°C]	Werkstoff
1234567.a	A0 BCA01 AM001		Vorlagebehälter Rührwerk 1	5,0	kW	145	1/min	1000	D(mm)	ca.1	60	St. Gum.
1234567.a	A0 BCA01 AM002		Vorlagebehälter Rührwerk 2	5,0	kW	145	1/min	1000	D(mm)	ca.1	60	St. Gum.
1234567.a	A0 BCA01 AP001		Beschickungspumpe 1	16	m³/h	1450	1/min	30	mWs	ñ	50	Mineral - Guß
1234567.d	A0 BCA01 AP002		Beschickungspumpe 2	16	m³/h	1450	1/min	30	mWs	ñ	50	Mineral - Guß
1234567.g	A0 BCA01 BB001		Vorlagebehälter 1	50	m³	6000	H(mm)	3000	D(mm)	ca.1	60	GFK
1234567.g	A0 BCA01 BB002		Vorlagebehälter 2	50	m³	6000	H(mm)	3000	D(mm)	ca.1	60	GFK
1234567.p	A0 BCA01 AC001		Stufe 1 Wärmetauscher	220	m³	8500	H(mm)	1050	D(mm)	0,42/0,3	85/75	1.4471/Graphit/St. gum
1234567.h	A0 BCA01 AC002		Stufe 2 Wärmetauscher	220	m³	8500	H(mm)	1050	D(mm)	0,42/0,3	85/75	1.4471/Graphit/St. gum
1234567.k	A0 BCA01 AC003		Stufe 3 Wärmetauscher	220	m³	8500	H(mm)	1050	D(mm)	0,42/0,3	85/75	1.4471/Graphit/St. gum
1234567.i	A0 BCA01 AP001		Verdichter 1	8000	m³/h	2900	1/min	5	bar	5	50	Edelstahl
1234567.i	A0 BCA01 AP002		Verdichter 2	8000	m³/h	2900	1/min	5	bar	5	50	Edelstahl
1234567.i	A0 BCA01 AP003		Verdichter 3	8000	m³/h	2900	1/min	5	bar	5	50	Edelstahl
1234567.j	A0 BCA01 AC007		Kühlturm 1	20000	m³/h	500	1/min	1	bar	5	28	GFK
1234567.j	A0 BCA01 AC008		Kühlturm 2	20000	m³/h	500	1/min	1	bar	5	28	GFK
1234567.k	A0 BCA01 AT001		Hydrozyklon 1	3,0	m³	2800	H(mm)	1100	D(mm)	ñ	75	Kunststoff/Keramik
1234567.k	A0 BCA01 AT002		Hydrozyklon 2	3,0	m³	2800	H(mm)	1100	D(mm)	ñ	75	Kunststoff/Keramik
1234567.u	A0 BCA01 AC001		Kondensatkühler	0,15	m³	900	H(mm)	500	D(mm)		50/22	1.4571

Technische Daten

Typische Angaben zu den Komponenten sind:
- Apparatenummer,
- Klartextbezeichnung,
- Zeichnungsnummer (Fertigungszeichnung oder R&I-Fließbild),
- Außenabmessungen (Durchmesser und Höhe),
- Drehzahl, Leistungsaufnahme und Förderhöhe,
- Betriebstemperatur und -druck,
- Werkstoffe.

2.2.2.4 Werkstoffkonzept

Bevor mit der Auslegung der Hauptapparate begonnen werden kann, müssen die einzusetzenden Werkstoffe festgelegt werden. Die gewählten Werkstoffe haben nicht nur Einfluss auf die Konstruktion der Rohrleitungen und Apparate sondern auch auf deren Beschaffungskosten.

Vor dem Hintergrund einer möglicherweise mehrjährigen Gewährleistung auf Korrosion und Verschleiß der Anlagenteile ist die Bedeutung des Werkstoffkonzeptes deutlich hervorzuheben. Die Entscheidung über die Werkstoffe erfordert detaillierte Fachkenntnisse und Erfahrung hinsichtlich Festigkeits-, Korrosions- und Verschleißverhalten und sollte daher Werkstofftechnikern überlassen werden [32].

Die wesentlichen Aspekte, die bei der Festlegung des Werkstoffkonzeptes zu berücksichtigen sind, entsprechen der nachfolgenden Auflistung:

- Zusammensetzung der Medien, Korrosionsaspekte,
- Auslegungsdrücke und -temperaturen,
- hydrodynamische Aspekte,
- Kosten,
- Festigkeit,
- Lieferzeiten,
- Herstellbarkeit,
- Schweißbarkeit,
- verfügbare Abmessungen,
- fertigungstechnische Aspekte,
- Preisschwankungen,
- Garantien,
- Flexibilität gegenüber Änderungen (z. B. nachträgliches Anbringen von Stutzen).

Die Zusammensetzung der Medien sowie die Drücke und Temperaturen gehen aus den Mediendatenblättern hervor. Hier sind die Daten aus der Auslegungsspalte heranzuziehen.

Bei den hydrodynamischen Aspekten ist die maximal auftretende Strömungsgeschwindigkeit an erster Stelle zu nennen. Beim Einsatz von Suspensionen und Schüttgütern spielen die Partikeleigenschaften wie Partikelgrößen und Partikelgrößenverteilung, die Härte, Form etc. eine Rolle.

Beim Thema Korrosion ist z. B. die Möglichkeit von Spaltkorrosion und Lochfraß zu prüfen [33–34]. Bei kunststoffbeschichteten Apparaten und Rohrleitungen kann durch Diffusion Blasenbildung auftreten (z. B. bei Gummierungen). Die vorhandenen Sauerstoffkonzentrationen sind ebenfalls zu berücksichtigen. Hier kann die Belüftung der Anlage bei Stillstand und Revisionen eine Rolle spielen. Je nachdem wie hoch das Korrosions- bzw. Abrasionspotenzial der eingesetzten Medien ist, kann es notwendig sein, im Vorfeld separate Korrosions- bzw. Abrasionsuntersuchungen durchzuführen.

Bei den Materialkosten sind nicht nur die Beschaffungskosten für das Grundmaterial von Bedeutung. Die Verarbeitungskosten können die Beschaffungskosten in Einzelfällen sogar übersteigen. Dies ist nicht nur bei billigen Materialien möglich. Auch bei hochwertigen Materialien können erhebliche Verarbeitungskosten auftreten, z. B. durch erhöhten Prüfaufwand bei Schweißnähten (100 % Röntgenprüfung) oder durch einen erhöhten manuellen Verarbeitungsaufwand (Laminieren von GFK/PP-Rohrleitungsverbindungen).

Die Lieferzeiten für Grundmaterialien können erheblich unterschiedlich ausfallen. Spezielle Nickellegierungen haben teilweise Lieferzeiten von einem halben Jahr. Standardwerkstoffe hingegen sind im Normalfall in ausreichenden Mengen lagerhaltig und somit sofort verfügbar.

Einige Materialien unterliegen sehr starken marktbedingten Preisschwankungen (z. B. Silber, Nickel, Titan etc.). Der Anlagenbauer kann seinen Angebotspreis nur auf Basis des momentanen Materialpreises bestimmen. Um sich vor starken Preissteigerungen zu schützen, besteht die Möglichkeit, eine so genannte Preisgleitformel (price escalation clause) in den Kaufvertrag mit dem Betreiber zu integrieren.

Die Garantien für Korrosion und Verschleiß wird der Anlagenbauer an seine Unterlieferanten „durchreichen". Diese müssen die Gewährleistung für die Verarbeitung der Materialien selbst übernehmen, während sie die Garantien für das Grundmaterial wie Bleche an den entsprechenden Werkstofflieferanten weiterreichen.

Trotz allen Planungsaufwandes kommt es immer wieder vor, dass z. B. aufgrund nachträglicher Änderungen in der Rohrleitungsführung ein Stutzen an einem Behälter fehlt. Bei einem einfachen Stahlbehälter kann der fehlende Stutzen auch nachträglich auf der Baustelle relativ problemlos eingeschweißt werden. Handelt es sich jedoch um einen autoklav-gummierten Behälter, ist der Aufwand unverhältnismäßig viel größer. Dies trifft insbesondere dann zu, wenn eine Baustellengummierung laut Kundenspezifikation nicht zulässig ist. Dann müsste der Behälter demontiert, zum Hersteller transportiert, entgummiert, geändert, regummiert, zurück transportiert und schließlich remontiert werden!

Die Werkstoffe werden üblicherweise für die Hauptkomponenten sowie für Anlagensysteme festgelegt. Nachfolgend sind einige Beispiele aufgeführt:

- Niederdruck-Dampfsystem: S235JR (St37–2)
- Hochdruck-Dampfsystem: H II
- Salzsäure-Dosiersystem: Polypropylen

- Kondensator: 1.4571
- Prozesswassersystem: Polyethylen
- Rohrbündelwärmetauscher: Mantel: 1.4529 ; Rohre: Graphit
- Lagertank: GFK

2.2.2.5 Hauptapparate

Zur Beschaffung der Hauptapparate müssen zunächst folgende konstruktive Aktivitäten durchgeführt werden:

1. Verfahrenstechnische Auslegung: Aus der verfahrenstechnischen Auslegung gehen die Hauptabmessungen des Apparates hervor. Hierzu sind die Kenntnisse aus der thermischen [11–13], chemischen [14–17], mechanischen [21–22] und biologischen [18–20] Verfahrenstechnik einzusetzten. Die chemische Verfahrenstechnik stellt z. B. Berechnungsmethoden für die Auslegung von Reaktoren zur Verfügung. Das wesentliche Ergebnis der Berechnung ist das erforderliche Reaktorvolumen. Unter Berücksichtigung der hydrodynamischen Verhältnisse lassen sich dann der Reaktordurchmesser und dessen Höhe bestimmen. Bei der verfahrenstechnischen Auslegung von Wärmetauschern bzw. Membrananlagen werden zusätzlich die Gesetzmäßigkeiten der Wärme- und Stoffübertragung benötigt [24–25, 35–36]. Bei der Auslegung von Verdichtern [37] kommen thermodynamische Aspekte [36] hinzu. Die Ergebnisse der verfahrenstechnischen Auslegung werden in technische Datenblätter in der Art von Abbildung 2.6 und 2.7 niedergelegt. Die Hauptabmessungen des jeweiligen Apparates gehen aus der so genannten Leitzeichnung hervor. Die Anzahl, Größe und genaue Position der Apparatestutzen kann zu diesem Planungszeitpunkt nur abgeschätzt werden und muss im Rahmen des Detail Engineering verifiziert werden.
2. Festigkeitstechnische Auslegung: Bei der festigkeitstechnischen Auslegung der vorgesehenen Apparate steht die Berechnung der Wandstärken im Vordergrund. Dies geschieht in Deutschland anhand der entsprechenden Regelwerke. Die festigkeitstechnische Auslegung wird normalerweise erst nach Auftragserteilung, also im Rahmen des Detail Engineerings, durchgeführt.
3. Fertigungskonstruktion: Hier geht es um die detaillierte Konstruktion der Apparate unter Berücksichtigung aller Details wie Befestigungsvorrichtungen, Isolierhalter, Transportösen etc. Das Ergebnis sind die Fertigungszeichnungen und zugehörigen Stücklisten. Auch die Fertigungskonstruktion wird erst im Rahmen des Detail Engineerings vorgenommen.

In Abhängigkeit der Struktur und der vorhandenen Ressourcen des Anlagenbauers können die oben beschriebenen Konstruktionsschritte entweder selbst durchgeführt werden oder an Unterlieferanten als Leistung vergeben werden. Die verfahrenstechnische Auslegung liegt im Normalfall beim Anlagenbauer, da es sich gerade hierbei um sein spezielles Know-how handelt. In Einzelfällen kann jedoch auch die verfahrenstechnische Auslegung dem Unterlieferanten überlassen werden. Hersteller von z. B. Wärmetauschern oder Kolonnen verfügen hierzu über eigene Auslegungsprogramme, mit denen sich die erforderliche Wärmeaustausch-

		Datenblatt für **Kondensatbehälter 1**		Kennwort: **Musteranlage** Auftr. Nr.: 12345B Anlage: Musteranlage KKS-Nr.: M0 KNK20 BB010	
	Fachhochschule Osnabrück University of Applied Sciences				
1	Hersteller:		Typ:		
2	**Betriebs- und Auslegungsdaten**				
3	Betrieb, p_abs (norm/max/min):	0,58/0,69/0,34 bar, a	Wasserbad-Dampfumformer		
4	Betrieb, t (norm/max/min):	85/98/72 °C			
5					
6	Prüfdruck, p_ü	2 bar, ü			
7	Medium Nr.:	Dampf/Kondensat 1 A3.301/A6.104			
8	Dichte:	997 kg/m³			
9	Viskosität:	1 mPas			
10	pH-Wert:	-			
11	Durchsatz:	3.500 kg/h			
12	Nutz-/Gesamtvolumen:	8 m³			
13	Betriebsinhalt:	2,6 m³			
14	Füllhöhe (Max./Betr.):	1,5 m			
15					
16	Isolierstärke:	WI 100 mm			
17	Isolierhalter:	ja			
18	(nach AGI-Arbeitsblatt Q 153)		Wanddicke/ Werkstoffe:		
19			Mantel:	1.4571	
20			Boden:	1.4571	
21			Bodenform:	**Klöpperform**	
22			Deckel:	1.4571	
23			Deckelform:	**Klöpperform**	
24					
25	Konstruktion:				
26	Aufstellung:	stehend			
27		im Gebäude	Schrauben, außen	**Edelstahl A4-70**	
28		auf Beton			
29	Behälter, DxH/LxBxH:	1900x3370x mm			
30	Leergewicht:	16 kN			
31	Betriebsgewicht:	32 kN			
32	Notgewicht:	ca. 105 kN			
33					
34	Auslegung, p_ü	-1 ; +1 bar			
35	Auslegung, t	120°C			
36					
37	Ausführungsvorschriften:				
38	**Siehe techn. Spezifikation für Kondensatbehälter Nr. A1234**				
39	Gewährleistung:				
40	**Gemäß Bestellspezifikation Nr. B2345**				
41	Bemerkungen:				
42	Korrosionszuschlag:	0 mm			
43	Schweißnahtfaktor:	1			
44					
45					
46	geprüft	Meier	Meier	Meier	Schema Nr.:
47	Name	Mustermann	Mustermann	Mustermann	
48	Datum	10.06.2002	11.08.2002	12.12.2002	Zeichn.Nr.:
49	Rev. I Zeile	0 I	1 I	2 I 3 I	12345
	Blatt 1 von 2	Ordnungszahl: 11	Datei: musterdatei.doc, Dok. Nr.: 123456		

Abb. 2.6   Muster eines technischen Datenblattes für Kondensatbehälter – Seite 1

Fachhochschule Osnabrück University of Applied Sciences	Datenblatt für **Kondensatbehälter 1**	Kennwort: **Musteranlage** Auftr. Nr.: 12345B Anlage: Musteranlage KKS-Nr.: M0KNK20 BB010

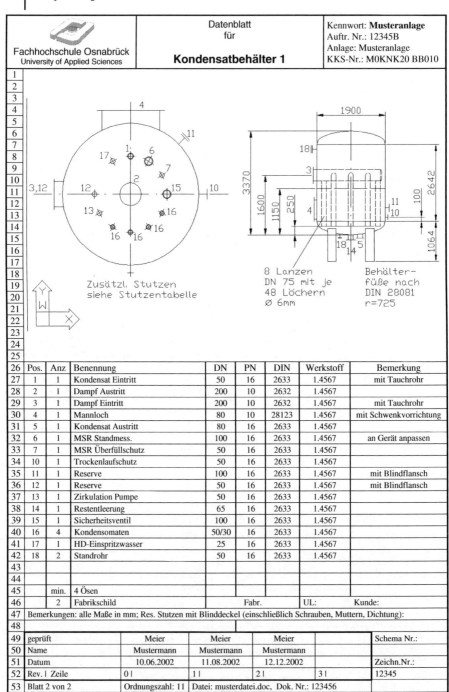

Pos.	Anz	Benennung	DN	PN	DIN	Werkstoff	Bemerkung
1	1	Kondensat Eintritt	50	16	2633	1.4567	mit Tauchrohr
2	1	Dampf Austritt	200	10	2632	1.4567	
3	1	Dampf Eintritt	200	10	2632	1.4567	mit Tauchrohr
4	1	Mannloch	80	10	28123	1.4567	mit Schwenkvorrichtung
5	1	Kondensat Austritt	80	16	2633	1.4567	
6	1	MSR Standmess.	100	16	2633	1.4567	an Gerät anpassen
7	1	MSR Überfüllschutz	50	16	2633	1.4567	
10	1	Trockenlaufschutz	50	16	2633	1.4567	
11	1	Reserve	100	16	2633	1.4567	mit Blindflansch
12	1	Reserve	50	16	2633	1.4567	mit Blindflansch
13	1	Zirkulation Pumpe	50	16	2633	1.4567	
14	1	Restentleerung	65	16	2633	1.4567	
15	1	Sicherheitsventil	100	16	2633	1.4567	
16	4	Kondensomaten	50/30	16	2633	1.4567	
17	1	HD-Einspritzwasser	25	16	2633	1.4567	
18	2	Standrohr	50	16	2633	1.4567	
min.	4 Ösen						
	2	Fabrikschild		Fabr.		UL:	Kunde:

Bemerkungen: alle Maße in mm; Res. Stutzen mit Blinddeckel (einschließlich Schrauben, Muttern, Dichtung):

geprüft	Meier	Meier	Meier		Schema Nr.:
Name	Mustermann	Mustermann	Mustermann		
Datum	10.06.2002	11.08.2002	12.12.2002		Zeichn.Nr.:
Rev. / Zeile	0 /	1 /	2 /	3 /	12345
Blatt 2 von 2	Ordnungszahl: 11	Datei: musterdatei.doc, Dok. Nr.: 123456			

Abb. 2.7 Muster eines technischen Datenblattes für Kondensatbehälter – Seite 2

fläche bzw. die Anzahl der Trennböden berechnen lassen. Die Aufgabe des Anlagenbauers beschränkt sich dann auf die Mitteilung der technischen Aufgabenstellung.

Die Fertigung der Apparate wird in der Regel an Unterlieferanten vergeben. Aber auch hier sind Ausnahmen möglich. Wenn der Anlagenbauer über eigene Fertigungskapazitäten verfügt oder entsprechende Tochtergesellschaften besitzt, wird er bestrebt sein deren Auslastung sicherzustellen.

Um den zeitlichen und finanziellen Aufwand zur Ermittlung der Beschaffungskosten für die Hauptkomponenten in Grenzen zu halten, hat sich das Einholen von „Vorab-Angeboten" bewährt. Dazu werden Vorab-Anfragen erstellt, aus denen die wichtigsten Angaben zum Liefer- und Leistungsumfang hervorgehen. Die Vorab-Anfragen bestehen aus einem Anschreiben, dem technischen Datenblatt und dem zugehörigen Mediendatenblatt. Dadurch verringert sich auch der Aufwand für die Erstellung der Angebote und es kann ein größerer Wettbewerb aufgebaut werden. Neben den technischen Angaben sind im Angebot des Apparatebauers noch einige wichtige kaufmännische und organisatorische Fragen im Vorfeld der eigentlichen Bestellung zu beantworten:

- Lieferzeit,
- Lastangaben,
- Angebotspreis,
- Preisbindung.

Die Lastangaben werden sehr frühzeitig für die Baustatik benötigt und sollten daher schon jetzt erfragt werden. Die Preisbindung gibt die Dauer der Gültigkeit des Preises an. Nach Vorliegen der Vorab-Angebote für die Hauptapparate erfolgt eine technische und kommerzielle Auswertung. Die sich daraus ergebenden Preise sind die Grundlage für die Ermittlung der Investition.

2.2.2.6 Layout

Im Rahmen der Projektierung wird lediglich die Aufstellungsplanung für die Hauptapparate und -rohrleitungen vorgenommen. Sie wird als Layout bezeichnet. Die detaillierte Aufstellungs- und Rohrleitungsplanung ist sehr aufwändig und kann erst nach Vorliegen der R&I-Zeichnungen, der Gebäudepläne und der Apparatezeichnungen im Rahmen des Detail Engineering erfolgen.

Üblicherweise genügen einfache Draufsichten und Seitenansichten als Aufstellungspläne für die Projektierungsphase. In den Abbildungen 2.8 und 2.9 ist das Layout einer Müllverbrennungsanlage von der Fa. Lurgi Energie und Entsorgung GmbH als Drauf- und Seitenansicht zu sehen.

Um dem Kunden einen besseren Eindruck von der geplanten Anlage zu verschaffen, können mit Hilfe entsprechender CAD-Systeme graphisch aufbereitete dreidimensionale Ansichten des Layouts erzeugt werden. Abbildung 2.10 zeigt eine derartige Darstellung. Mit leistungsstarken CAD-Systemen lassen sich bereits im frühen Planungsstadium eindrucksvolle Zeichnungen erstellen. Es lassen sich sogar „virtuelle Wanderungen" durch die geplante Anlage simulieren.

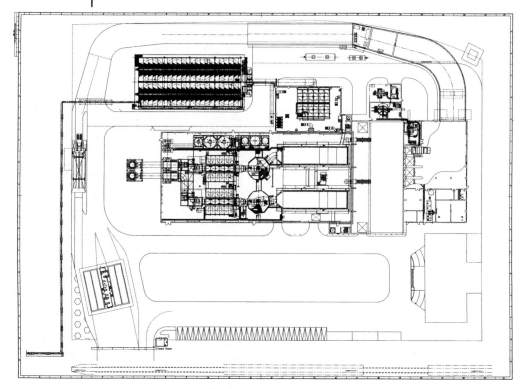

Abb. 2.8 Layout einer Müllverbrennungsanlage von der Fa. Lurgi Energie und Entsorgung GmbH (Draufsicht)

Zur Erstellung des Layouts müssen die mit der Aufstellungsplanung betrauten Verfahrensingenieure zunächst die Positionierung der Hauptaggregate vornehmen. Hierzu gehört viel Erfahrung. Teilweise treten widersprüchliche Forderungen auf, sodass entsprechende Kompromisse gefunden werden müssen.

Für den ersten Anlauf hat es sich bewährt, die Grundrisse der Hauptapparate in einem geeigneten Maßstab als Schablonen anzufertigen und so lange „hin und her zu schieben" bis sich die optimale Aufstellung ergibt. Bei der horizontalen Anordnung werden die Komponenten in der Regel in Hauptflussrichtung angeordnet, um unnötige Rohrleitungsführungen zu vermeiden. Die Pumpen werden wegen der $NPSH_A$-Problematik [39] normalerweise direkt neben den Komponenten angeordnet, aus denen die Pumpen ansaugen. Bei der vertikalen Anordnung müssen geodätische Aspekte wie Entleerungsmöglichkeiten und Minimierung der Anzahl der erforderlichen Pumpen berücksichtigt werden.

Aus dem Layout lässt sich der Raumbedarf der Anlage ermitteln. Dieser ist aus Kostengründen zu minimieren. Die Minimierung des Raumbedarfes sollte jedoch nicht so weit getrieben werden, dass die Zugänglichkeit der Aggregate oder die Sicherheit des Bedienpersonals beeinträchtigt wird.

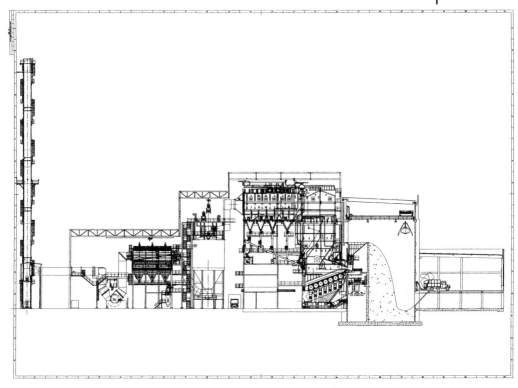

Abb. 2.9 Layout einer Müllverbrennungsanlage von der
Fa. Lurgi Energie und Entsorgung GmbH (Seitenansicht)

Mit Hilfe des Layouts kann ferner der Baupart bei entsprechenden Bauunternehmen angefragt werden.

2.2.3 Angebot

Das Angebot ist die Antwort des Anlagenbauers auf die Anfrage bzw. Ausschreibung des Betreibers. Vielfach enthalten die Anfrage- bzw. Ausschreibungsunterlagen bereits genaue Vorschriften über die Art und den Umfang des zu erstellenden Angebotes. Das Angebot umfasst üblicherweise zumindest die im Folgenden aufgeführten Angaben bzw. Unterlagen:

- Allgemeiner Teil: Einführung in das Projekt, Angabe von Eckdaten wie Projektname, Standort etc.
- Grundfließbild.
- Verfahrensfließbild: häufig mit so genannten Stoffstromleisten, die Angaben

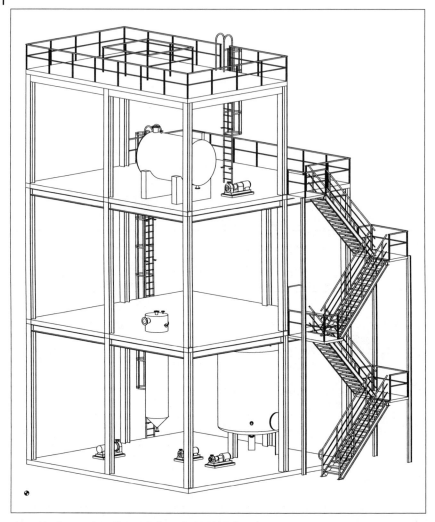

Abb. 2.10 Layout einer fiktiven Anlage als 3D/CAD-Ansicht

zum Volumenstrom, Zustandsgrößen etc. für die wesentlichen Stoffströme der Anlage enthalten.
- Layout.
- Verfahrensbeschreibung: verbale Beschreibung der Funktion und Betriebsweise der Anlage.
- Angabe Produkte und Reststoffe.
- Betriebsmittelverbräuche: Strom, Dampf, Chemikalien etc.
- Lieferumfang.
- Leistungsumfang.
- Optionen: zusätzliche Lieferungen und Leistungen.

- Lieferverzeichnis: technische Angaben wie z. B. Hauptabmessungen, Gewichte, Betriebsdaten, Isolierung, Leistungsaufnahme etc. zu den Hauptkomponenten.
- Kommerzieller Teil: kaufmännische Angaben.
- Rahmenterminplan.
- Preise.
- Preisbindung.

Bei ausschreibungspflichtigen Projekten bestehen zusätzliche Vorschriften hinsichtlich der Abgabe der Angebote. Hierzu gehören beispielsweise die genaue Festlegung der Abgabefrist, der Abgabeort, die Forderung nach Abgabe der Angebote in versiegelten Umschlägen etc.

2.2.3.1 Angebotspreis

Die grundlegende Zielsetzung des Anlagenbauers ist zunächst identisch mit derjenigen des Betreibers: Das Projekt soll einen möglichst hohen Gewinn für das Unternehmen ausschütten. Damit tut sich sofort der entscheidende Widerspruch auf. Ein hoher Gewinn für den Anlagenbauer hat einen hohen Angebotspreis zur Folge, was wiederum zu einer hohen Investition seitens des Betreibers führt und somit dessen Gewinn reduziert. Ein hoher Angebotspreis schmälert demnach die Erfolgsaussichten des Anlagenbauers, den Auftrag zur Ausführung zu erhalten.

Bevor die Gewinnmarge des Anlagenbauers festgelegt wird, müssen zunächst die mit dem Projekt verbundenen Kosten ermittelt werden. Die Beschaffungskosten für die Hauptkomponenten gehen aus den Vorab-Angeboten hervor. Gleiches soll für die Baumaßnahmen an dieser Stelle angenommen werden. Die Beschaffungskosten der im Folgenden aufgeführten Gewerke lassen sich in der Projektierungsphase nur schwer ermitteln:

- Armaturen,
- Rohrleitungen,
- Messtechnik,
- Leittechnik.

Während die Leittechnikkosten über ein Richtpreisangebot ermittelt werden können, lassen sich die Beschaffungskosten für die Armaturen, Rohrleitungen und Messtechnik ohne Detail Engineering nur abschätzen. Hierfür wird in der Literatur eine Reihe von Berechnungsmethoden zur Verfügung gestellt [7].

Des Weiteren müssen die mit den zu erbringenden Leistungen verbundenen Kosten ermittelt werden. Hierzu zählen u. a.:

- Engineering,
- Transportkosten,
- Montage,
- Inbetriebsetzung,
- Gutachterleistungen.

Die durch die oben genannten Leistungen verursachten Kosten können ebenfalls nur abgeschätzt werden. Auch hierfür werden in der Literatur entsprechende

Berechnungsmethoden bereitgestellt [7–8], sofern nicht betriebsinterne Methoden zu deren Ermittlung herangezogen werden.

Schließlich sind noch sonstige Kosten zu berücksichtigen:

- Reisekosten (insbesondere bei Auslandsprojekten),
- Versicherungskosten (z. B. Transport-, Baustellen-, Planungs-, Haftpflichtversicherungen etc.),
- Kursabsicherungskosten (zur Absicherung gegen Währungsrisiken),
- Avalen (Kosten für Bankbürgschaften),
- Overheads (Interne Kosten des Unternehmens),

In den so genannten Overheads sind üblicherweise die nicht projektbezogenen Kosten des Anlagenbauers enthalten. Hierzu zählen u. a. die Kosten der Zentralbereiche wie Personalabteilung, Rechenzentrum oder die Firmenleitung.

Sind alle Projektkosten bestimmt, muss die Gewinnmarge festgelegt werden. Hierbei handelt es sich um eine strategische Frage, die von den entsprechend entscheidungsbefugten Firmenmitgliedern beschlossen wird. In Einzelfällen kann auf einen Gewinn aus „politischen" Gründen ganz verzichtet werden. Eine zu niedrige Auslastung, die Behauptung des Marktanteils oder in Aussicht gestellte Folgeaufträge können als Ursache für diese Vorgehensweise in Frage kommen.

2.2.3.2 Optimierung

Stellt sich für eine gegebene verfahrenstechnische Lösung heraus, dass die Investition oder die Betriebskosten zu hoch ausfallen, so ist eine Optimierung der Verfahrenstechnik vorzunehmen. Die Vorgehensweise soll stark vereinfacht am Beispiel einer mehrstufigen Eindampfanlage erläutert werden.

Für die in Abbildung 2.11 schematisch dargestellte mehrstufige Eindampfanlage soll die optimale Stufenzahl im Hinblick auf die Minimierung der Herstellkosten bestimmt werden.

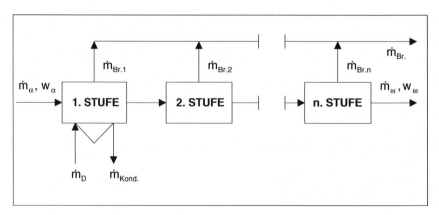

Abb. 2.11 schematische Darstellung einer mehrstufigen Eindampfanlage mit n Stufen

2.2.3 Angebot

Gegeben sind:
- Zulaufmassenstrom: 10 t/h
- Zulaufkonzentration (Salz): 8 Gew.-%
- Geforderte Endkonzentration der Sole: 35 Gew.-%
- Dampfkosten: 10 €/t
- Stromkosten: 0,04 €/kWh

Als vereinfachende Annahmen werden getroffen:

- Vernachlässigung der Wärmeverluste an die Umgebung.
- Die Verdampfungsenthalpien von Heizdampf und der einzelnen Brüden sind gleich (Vernachlässigung der Temperatur- und Druckabhängigkeiten).
- Die Enthalpiedifferenzen, die sich durch unterschiedliche Temperaturen der ein- und austretenden Ströme ergeben, sind gegenüber den Verdampfungsenthalpien vernachlässigbar klein.
- Die Investition lässt sich nach folgender Beziehung berechnen: $K_{Inv.} = K_1 + K_2\, n$, mit $K_1 = 10.000.000\, €$ und $K_2 = 600.000\, €/\text{Stufe}$.
- Der elektrische Leistungsbedarf berechnet sich nach: $P = P_1 + P_2\, n$, mit $P_1 = 75\, kW$ und $P_2 = 55\, kW/\text{Stufe}$.
- Der Salzgehalt im Brüden ist vernachlässigbar klein.

Zu berechnen sind:
- der austretende Solestrom und der insgesamt anfallende Brüdenmassenstrom,
- der benötigte Heizdampfmassenstrom,
- die optimale Stufenzahl für eine Betriebszeit von 5 Jahren mit jeweils 8000 Betriebsstunden,
- die Investition und die Betriebskosten bei der optimalen Stufenzahl und für den angegebenen Zeitraum.

Der erste Aufgabenteil lässt sich durch Aufstellung der Gesamtmassen- und Stoffbilanz um die mehrstufige Anlage berechnen. Die Massen- und Stoffbilanz bezogen auf Salz lauten:

$$\dot{m}_{Br.} = \dot{m}_\alpha - \dot{m}_\omega;\quad \dot{m}_\alpha w_\alpha = \dot{m}_\omega w_\omega$$

Aus der Stoffbilanz folgt für den austretenden Solestrom:

$$\dot{m}_\omega = \dot{m}_\alpha \frac{w_\alpha}{w_\omega} = 10\, t/h\, \frac{8}{35} = 2,28\, t/h$$

Mit der Gesamtbilanz folgt damit:

$$\dot{m}_{Br.} = \dot{m}_\alpha - \dot{m}_\omega = 7,71\, t/h$$

Unter den oben getroffenen Annahmen ergibt sich aus der Enthalpiebilanz um die erste Stufe:

$$\dot{m}_{Br.} = \dot{m}_D$$

Der Gesamtbrüdenstrom errechnet sich aus der Summe der in den einzelnen Stufen anfallenden Einzelbrüdenströme:

$$\dot{m}_{Br.} = \sum_{i=1}^{n} \dot{m}_{Br.i}$$

Ohne Wärmeverluste, mit konstanten Verdampfungsenthalpien und unter Vernachlässigung der fühlbaren Wärmeunterschiede wird durch die Kondensation der Brüden aus der vorherigen Stufe jeweils genausoviel an Brüden wie in der nächsten Stufe erzeugt. D. h., dass die einzelnen Brüdenströme den gleichen Wert annehmen bzw. der Gesamtbrüdenstrom sich aus dem Produkt aus Anzahl der Stufen und einem Einzelbrüdenstrom ergibt.

Da ein Einzelbrüdenstrom wiederum dem Heizdampfstrom entspricht, folgt schließlich:

$$\dot{m}_D = \frac{\dot{m}_{Br.}}{n}$$

Das bedeutet, dass der Heizdampfbedarf einer mehrstufigen Eindampfanlage sich umgekehrt proportional zur Stufenzahl verhält. Bei alleiniger Berücksichtigung der Heizdampfkosten wäre somit eine Anlage mit unendlich vielen Stufen optimal. Dass dieses Ergebnis im Widerspruch zur Investition steht, liegt auf der Hand. Daher soll im Folgenden die optimale Stufenzahl $n_{opt.}$ im Hinblick auf die Herstellkosten ermittelt werden.

Die gesamten Herstellkosten für den angegebenen Betriebszeitraum ergeben sich aus der Summe der Investition und der Betriebskosten.

$K_{Ges.} = K_{Inv.} + K_{Betr.}$

Die Beziehung zur Berechnung der Investition ist in der Aufgabenstellung gegeben:

$K_{Inv.} = K_1 + K_2 n$

Bei den Betriebskosten sind lediglich die Strom- und Heizdampfkosten zu berücksichtigen:

$K_{Betr.} = K_{Str.} + K_D$

Die Stromkosten gehen aus dem Produkt der spezifischen Stromkosten $k_{Str.}$, dem betrachteten Gesamtzeitraum ΔT und dem Leistungsbedarf P, der sich wiederum aus einem Fixanteil P_1 und einem stufenabhängigen Anteil P_2 zusammensetzt.

$K_{Str.} = k_{Str.} \Delta T\, P = k_{Str.} \Delta T\, (P_1 + P_2 n)$

Die Heizdampfkosten lassen sich analog aus den spezifischen Heizdampfkosten k_{HD}, dem Gesamtzeitraum ΔT und dem stufenabhängigen Heizdampfverbrauch berechnen:

$K_D = k_D \Delta T\, \dot{m}_D = k_D \Delta T\, \dfrac{\dot{m}_{Br.}}{n}$

Durch Einsetzen in die Gleichung für die Gesamtkosten ergibt sich schließlich:

$K_{Ges.} = K_1 + K_2 n + k_{Str.} \Delta T\, (P_1 + P_2 n) + k_D \Delta T\, \dfrac{\dot{m}_{Br.}}{n}$

Aus dieser Beziehung geht hervor, dass die von der Stufenzahl abhängigen Terme für die Investition und den Strom mit steigender Stufenzahl zunehmen. Lediglich die Heizdampfkosten nehmen mit steigender Stufenzahl ab. Die optimale Stufenzahl liefert die zu Null gesetzte Ableitung der Gesamtkosten nach der Stufenzahl.

$$\frac{dK_{Ges.}}{dn_{opt.}} = 0$$

Einsetzen und Ableiten der Gesamtkostenfunktion liefert nach entsprechender Umformung:

$$n_{opt.} = \sqrt{\frac{k_D \ \dot{m}_{Br.} \ \Delta T}{K_2 + k_{Str.} \ \Delta T \ P_1}}$$

Durch Einsetzen der in der Aufgabenstellung angegebenen Zahlenwerte erhält man ein aufgerundetes Ergebnis von 2 Stufen. Die zweite Ableitung zeigt, dass es sich um ein Minimum handelt. Die Investition für eine zweistufige Anlage ergibt sich zu 11.200.000,– € und die Betriebskosten betragen für den angegebenen Zeitraum 1.838.000,– €. Die Relation der Kosten zueinander offenbart den Grund für die niedrige Stufenzahl: Das Betriebskostenniveau ist recht niedrig. Erst bei steigenden Heizdampfkosten würde sich die Investition für weitere Stufen lohnen.

2.2.3.3 Vergabeverhandlungen

Von der Anfrage/Ausschreibung des Betreibers bis zur rechtskräftigen Bestellung können Jahre vergehen. Mögliche Gründe hierfür sind:

- genehmigungsrechtliche Probleme (falls die Genehmigungsplanung im Vorfeld der Vergabe gemacht wird),
- starker internationaler Wettbewerb,
- technische Unklarheiten,
- kaufmännische Probleme (z. B. Haftungsfragen),
- politische Verwicklungen bei der Vergabe öffentlicher Aufträge,

Häufig müssen die Angebote überarbeitet werden, weil sich bei der technischen Überprüfung der ersten Angebote günstigere Varianten ergeben. D. h. die Konkurrenz wird auf den gleichen technischen Stand gebracht.

Die eingehenden Angebote werden vom Betreiber sowohl technisch als auch kommerziell ausgewertet. In Abhängigkeit der Bewerbungskriterien scheiden dabei bereits einige Bewerber aus. Von den verbliebenen Anbietern wird häufig eine „engere Wahl" von ca. 3 bis 5 getroffen. Diese Anlagenbauer werden zu Vergabeverhandlungen (contract negotiations) eingeladen. In der Regel findet eine technische Präsentation des Anlagenbauers statt. Des Weiteren werden die kaufmännischen Details und noch offene Fragen diskutiert. Nach Klärung aller technischen und kaufmännischen Aspekte konzentriert sich die Vergabeverhandlung auf den Kaufpreis und den Fertigstellungstermin. Dabei kann der Fertigstellungstermin der Anlage von gleicher Bedeutung sein wie der Kaufpreis.

An dieser Stelle wird der Konflikt deutlich, in dem sich der Betreiber befindet:

Auf der einen Seite möchte er so schnell wie möglich bestellen, damit die Anlage rechtzeitig in Betrieb gehen kann. Andererseits möchte er den Kaufpreis möglichst weit herunterhandeln, was am besten durch langes Ausharren bei den Preisverhandlungen zu erreichen ist. Gelegentlich wird der Betreiber einen so genannten „Letter of Intent" (LOI) an den Anlagenbauer seiner Wahl richten. Dieser kündigt die Absicht des Betreibers zur Bestellung an und soll den Anlagenbauer veranlassen, mit der Planung zu beginnen. Da ein Letter of Intent in der Regel nicht rechtlich bindend ist, wird der Anlagenbauer es sich gründlich überlegen, ob er sich auf ein derartiges Risiko einlässt.

Aufgrund des bei mittleren und großen Projekten vorliegenden Preisniveaus wird von beiden Seiten ein erheblicher Aufwand bei den Preis- und Terminverhandlungen getrieben. Die Teilnehmer der Vergabeverhandlungen sind häufig in Verhandlungstechniken geschult [40]. In diesem Zusammenhang kann es auch vorkommen, dass eine so genannte „Personenpflege" (facilitating payments) erwartet wird.

Literatur

1 M. Kliche: Investitionsgüter – Positionsbestimmung und Perspektiven; Gabler Verlag
2 F. Scheuch: Investitionsgütermarketing – Grundlagen, Entscheidungen, Maßnahmen; Westdeutscher Verlag
3 P. Godefroid: Investitionsgütermarketing; Kiehl Verlag
4 C. A. Weiss: Die Wahl internationaler Markteintrittsstrategien – Eine transaktionskostenorientierte Analyse; Gabler Verlag, Wiesbaden
5 W. Frizt: Warentest und Konsumgüter-Marketing; Gabler Verlag, Wiesbaden
6 Heralt Schöne: Standortplanung, Genehmigung und Betrieb umweltrelevanter Industrieanlagen; Springer Verlag, Berlin
7 Herbert Kölbel, Joachim Schulze: Projektierung und Vorkalkulation in der chemischen Industrie; Springer-Verlag, Berlin
8 Hansjürgen Ullrich: Wirtschaftliche Planung und Abwicklung Verfahrenstechnischer Anlagen; Vulkan-Verlag, Essen
9 Gottfried Beckmann, Dieter Marx: Instandhaltung von Anlagen – Konzepte, Strategien, Planung; Deutscher Verlag für Grundstoffindustrie, Leipzig
10 Marko Zlokarnik: Scale up – Modellübertragung in der Verfahrenstechnik; Wiley-VCH Verlag, Weinheim
11 Klaus Sattler: Thermische Trennverfahren – Grundlagen, Auslegung, Apparate; Wiley-VCH Verlag, Weinheim
12 Ernst-Ulrich Schlünder, Franz Thurner: Destillation, Absorption, Extraktion; Georg Thieme Verlag, Stuttgart
13 S. Weiß, K.-E. Militzer, K. Gramlich: Thermische Verfahrenstechnik; Deutscher Verlag für Grundstoffindustrie, Leipzig
14 Manuel Jakubith: Chemische Verfahrenstechnik – Einführung in Reaktionstechnik und Grundoperationen; Wiley-VCH Verlag, Weinheim
15 Erwin Müller-Erlwein: Chemische Reaktionstechnik; Teubner Verlag, Stuttgart
16 R. W. Missen, C. A. Mims, B. A. Saville: Introduction to Chemical Reaction Engineering and Kinetics; Wiley-VCH Verlag, Weinheim
17 E. Fitzer, W. Fritz: Technische Chemie – Eine Einführung in die Chemische Teaktionstechnik; Springer Verlag, Berlin
18 K. Schürgerl: Bioreaktionstechnik – Grundlagen, Formalkinetik, Reaktorvolumen und Prozessführung (Band 1); Salle und Sauerländer Verlag
19 H. P. Schmauder: Methoden der Biotechnologie; G. Fischer Verlag
20 H. Diekmann, H. Metz: Grundlagen und Praxis der Biotechnologie; G. Fischer Verlag
21 Matthias Stieß: Mechanische Verfahrenstechnik Band 1 und 2; Springer Verlag, Berlin
22 Rolf Kruse: Mechanische Verfahrenstechnik – Grundlagen der Flüssigkeitsförderung

und der Partikeltechnologie; Wiley-VCH Verlag, Weinheim
23 U. Onken, A. Behr: Chemische Prozesskunde – Lehrbuch der Technischen Chemie Band 3; Georg Thieme Verlag, Stuttgart
24 R. Byron Bird, Warren E. Stewart, Edwin N. Lightfoot: Transport Phenomena; John Wiley & Sons, New York
25 J. D. Seader, E. J. Henley: Separation Process Principles; Wiley-VCH Verlag, Weinheim
26 Verein Deutscher Ingenieure: VDI-Wärmeatlas – Berechnungsblätter für den Wärmeübergang; VDI-Verlag, Düsseldorf
27 J. H. Perry: Chemical Engineers' Handbook; Mc Graw Hill Verlag, New York
28 Deutsche Chemische Gesellschaft und Gmelin-Institut für anorganische Chemie und Grenzgebiete: Gmelin Handbook for inorganic and organometallic chemistry (mehrbändiges Werk)
29 Jürgen Falbe, Manfred Regitz: Römpp – Chemie Lexikon; Georg Thieme Verlag, Stuttgart
30 Ullmann's Encyclopedia of Industrial Chemistry, 37 Bände; Wiley-VCH Verlag, Weinheim
31 Hans Günther Hirschberg: Handbuch Verfahrenstechnik und Anlagenbau – Chemie, Technik, Wirtschaftlichkeit; Springer Verlag, Berlin
32 Werner Schatt, Elke Simmchen, Gustav Zouhar: Konstruktionswerkstoffe des Maschinen- und Anlagenbaues; Deutscher Verlag für Grundstoffindustrie, Stuttgart
33 Ullrich Brill: Korrosion von Nickel, Cobalt und Nickel- und Cobalt Basislegierungen – Sonderdruck für Krupp VDM GmbH; Walter de Gruyter Verlag, Berlin
34 Ulrich Heubner u. a.: Nickelwerkstoffe und hochlegierte Sonderedelstähle – Sonderdruck für Krupp VDM GmbH; Expert Verlag
35 Ernst-Ulrich Schlünder, Evangelos Tsotsas: Wärmeübertragung in Festbetten, durchmischten Schüttgütern und Wirbelschichten; Georg Thieme Verlag, Stuttgart
36 Günther Cerbe, Hans-Joachim Hoffmann: Einführung in die Thermodynamik; Hanser Verlag, München
37 G. Vetter: Verdichter Handbuch; Vulkan Verlag, Essen
38 Karl Stephan, Franz Mayinger: Thermodynamik – Grundlagen und technische Anwendungen, Band 1 und 2; Springer Verlag, Berlin
39 Willi Bohl: Strömungsmaschinen – Band 1 und 2; Vogel Verlag, Würzburg
40 Roger Fisher, William Ury: Getting to Yes; Hutchinson Verlag, London

3
Vertrag

Der Kaufvertrag ist das wichtigste Dokument bei der Abwicklung eines Projektes. Für die Projektleitung stellt der Vertrag eine Art „Bibel" dar, dessen Inhalt ihr wohlbekannt sein sollte, denn er enthält z. B. alle wichtigen Angaben über die zu erbringenden Lieferungen und Leistungen. Sollte der Kunde darüber hinausgehende Forderungen stellen, ist es die Aufgabe der Projektleitung dies zu erkennen, die vertragliche Situation zu prüfen und entsprechende Mehrkosten zu fordern. Wird der Anlagenbauer unverschuldet behindert, so wird er versuchen ein so genanntes Claim, auf das in Kapitel 3.3.5 Änderungen/Claims näher eingegangen wird, durchzubringen.

Aber nicht nur die Projektleitung muss sich mit den vertraglichen Angelegenheiten auskennen. Auch die Projektingenieure sollten zumindest einige fundamentale Aspekte der Vertragsgestaltung beherrschen, da sie unter anderem an den Vergabeverhandlungen mit den Unterlieferanten beteiligt sind. Zwischen dem Anlagenbauer und den Unterlieferanten werden ebenfalls Kaufverträge abgeschlossen, allerdings auf einem niedrigeren Preisniveau. Darüber hinaus ist die Projektleitung auf entsprechende Informationen der Teammitglieder angewiesen. Wenn der Projektingenieur die Projektleitung nicht auf entsprechende Mehrforderungen, z. B. von Unterlieferanten, aufmerksam macht, kann sie nicht entsprechend reagieren.

Die eigentliche Vertragsgestaltung [1–2] obliegt naturgemäß entsprechend ausgebildeten und erfahrenen Kaufleuten und Juristen. Aufgrund der starken internationalen Ausrichtung des verfahrenstechnischen Anlagenbaus stellen die länderspezifisch differierenden Rechtssysteme eine außerordentliche juristische Herausforderung dar. Vor diesem Hintergrund hat die *Fédération Internationale des Ingénieurs-Conseils* (FIDIC) Musterverträge für die Abwicklung von Projekten entwickelt, die die Belange beider Vertragsparteien gleichberechtigt zu berücksichtigen versuchen [3–4]:

– Conditions of Contract for Works of Civil Engineering Construction,
– Conditions of Contract for Electrical and Mechanical Works.

Die Verträge sind im Internet unter www.FIDIC.org zu finden.

Der Kaufvertrag ist jedoch nur ein Teilaspekt der rechtlichen Situation. Der Vertrag bewegt sich nämlich innerhalb eines gesetzlichen Rahmens, in dem er quasi „schwimmt". Beim länderspezifischen Recht muss man wiederum zwischen stringentem und dispositivem Recht unterscheiden. Während das dispositive Recht durch Verträge individuell vereinbart werden kann, steht das stringente Recht über den Vertragsvereinbarungen. D. h. man kann in einem Vertrag zwar vereinbaren, dass giftige Abwässer in den Vorfluter eingeleitet werden dürfen. Dies widerspricht jedoch dem Wasserhaushaltsgesetz und ist somit dennoch rechtswidrig und auch strafbar.

Im Folgenden sollen die wichtigsten Kapitel, die üblicherweise in Kaufverträgen für verfahrenstechnische Anlagen enthalten sind, für den Ingenieur verständlich und auf seine Aufgaben und Verpflichtungen hin ausgerichtet erläutert werden. Es wird dabei davon ausgegangen, dass es sich um ein so genanntes „Pauschalpreisangebot" (lump-sum tender) handelt. D. h. die Anlage wird samt aller Lieferungen und Leistungen zu einem festen Verkaufspreis geliefert.

3.1
Allgemeiner Teil

3.1.1
Begriffsbestimmungen

Um Streitigkeiten zu vermeiden werden die wichtigen vertraglichen Begriffe in einer mehr oder weniger ausführlichen Auflistung definiert. In FIDIC Conditions of Contract for Works of Civil Engineering Construction findet sich eine ausführliche Auflistung der Begriffsbestimmungen in englischer Sprache. Zumindest die beiden Vertragsparteien sollten jedoch in diesem Vertragskapitel benannt werden:

– Firma ABC: wird nachfolgend Auftraggeber (AG) genannt.
– Firma XYZ: wird nachfolgend Auftragnehmer (AN) genannt.

Beim Auftraggeber (employer), vom Anlagenbauer auch als Kunde bezeichnet, handelt es sich in der Regel um den künftigen Betreiber der Anlage. Die Belange des Auftraggebers werden durch einen von ihm benannten Mitarbeiter, der in der englischen Vertragssprache schlicht als „Engineer" bezeichnet wird, gegenüber dem Auftragnehmer vertreten. Beim Auftragnehmer (contractor) handelt es sich um den Anlagenbauer. Sein Vertreter ist der Projektleiter (project manager).

3.1.2
Auftragsgrundlage

Hier werden die vertragsrelevanten Unterlagen benannt und gewichtet. Eine typische Formulierung lautet:
„Unter Ausschluss der Lieferbedingungen des Auftragnehmers gelten für den vorliegenden Auftrag in folgender Reihenfolge nur:

- die Bedingungen dieses Vertrags, seiner Anlagen und seiner eventuellen Nachtragsvereinbarungen,
- die Allgemeinen Liefer-und Leistungsbedingungen des Auftraggebers,
- das Angebot des Auftragnehmers vom 11. 11. 2002."

Mit einer derartigen Formulierung werden zunächst die allgemeinen Liefer- und Leistungsbedingungen des Anlagenbauers ausgeschlossen und nachfolgend diejenigen des Auftraggebers geltend gemacht. An dieser Stelle geht es bereits häufig um juristische Angelegenheiten mit möglicherweise weitreichenden Konsequenzen. Ein sehr kritisches Thema ist hier z. B. die Frage nach der so genannten „Haftung für entgangenen Gewinn oder Folgeschäden" (liability towards consequential loss or damage). Die möglichen Risiken, die mit diesem Kapitel verbunden sind, haben eine außerordentliche Tragweite und sollten daher nur von der Firmenleitung in Zusammenarbeit mit Juristen festgelegt werden. Ingenieuren sei von der Festlegung solcher Entscheidungen dringend abgeraten, zumal sie hierbei im Normalfall ohnehin ihre Kompetenzen überschreiten würden (siehe Kapitel 3.3.11 Unterschriftenregelung).

Die Formulierung „gelten in folgender Reihenfolge nur" legt eine Gewichtung der Dokumente fest. Sollte beispielsweise der Vertrag die Lieferung der Isolierungen enthalten, während im Angebot des Unterlieferanten die Isolierungen nicht als Lieferumfang aufgeführt sind, gelten die Festlegungen des Vertrags, da er vor dem Angebot aufgelistet ist. D. h. die Isolierungen sind zu liefern.

3.1.3
Festlegungen

In diesem Vertragsabschnitt können die vom Auftragnehmer zu beachtenden Gesetze, Verordnungen, Verwaltungsvorschriften, Werksspezifikationen und Normen, jeweils in der neuesten Fassung, aufgelistet werden:

- Bundes-Immissionsschutzgesetz,
- technische Anleitung zum Schutz gegen Lärm,
- Wasserhaushaltsgesetz mit den jeweiligen Verordnungen und Verwaltungsvorschriften,
- Chemikaliengesetz,
- Chemikaliengesetz (Gefahrstoffverordnung),
- Arbeitsstättenverordnung,
- Unfallverhütungsvorschriften (UVV),
- Druckbehälterverordnung,
- technische Regeln für Druckbehälter,
- technische Regeln für brennbare Flüssigkeiten,
- Firma ABC-Spezifikation für die Erstellung von R&I-Zeichnungen,
- Firma ABC-Spezifikation für die Erstellung der technischen Dokumentation,
- Firma ABC-Spezifikation für die E/MSR-Technik,
- Firma ABC-Spezifikation für Rohrleitungen,
- Firma ABC-Spezifikation für Behälter und Aggregate,

- Firma ABC-Spezifikation für Bauarbeiten,
- Firma ABC-Baustellenordnung.

Es ist offensichtlich, dass es dem Auftragnehmer schwer fallen muss, sämtliche Forderungen einer derartigen Auflistung einzuhalten. Dabei kann die bloße Kenntnis insbesondere der technischen Spezifikationen des Auftraggebers aufgrund des möglichen Umfangs bereits die ersten Probleme bereiten. Hinzu kommen mögliche Widersprüche innerhalb der aufgeführten Festlegungen. Um sich in solchen Fällen zu seinen Gunsten abzusichern, kann der Auftraggeber eine entsprechende Vertragspassage einsetzen:

„Bei Widersprüchen innerhalb dieses Vertrags oder zwischen diesem Auftrag und den oben aufgeführten Festlegungen gilt die jeweils weitergehende Bestimmung."

Darüber hinaus können vertragsrelevante Unterlagen wie z. B. Baustellenpläne, die vom Anlagenbauer zu berücksichtigen sind, in diesem Vertragsabschnitt aufgeführt werden. Hintergrund ist dabei häufig die Vermeidung von Claims.

Beispiel: Dem Vertrag ist kein Baustellenplan als Anlage beigefügt. Während der Aushubarbeiten stößt man auf erdverlegte Leitungen, die nicht versetzt werden sollen. Für den Anlagenbauer stellt dieser Umstand eine nicht durch ihn zu vertretende (Er konnte die Umstände nicht absehen, da sie nicht im Vertrag angegeben sind.) Behinderung dar, die mit entsprechenden Mehraufwendungen verbunden ist. Die Mehrkosten und auch den daraus resultierenden Terminverzug wird der Anlagenbauer in Form eines Claims gegenüber dem Auftraggeber geltend machen.

3.1.4
Personaleinsatz

Der Auftraggeber sucht sich vor dem Einsatz von nicht ausreichend qualifiziertem und ständig wechselndem Personal durch den Auftragnehmer zu schützen. Eine mögliche Formulierung ist:

„Der Auftragnehmer hat innerhalb von 14 Tagen nach Auftragserteilung ein Organigramm zu übergeben, in dem alle verantwortlichen Projektmitarbeiter benannt werden. Die dort benannten Personen müssen über einschlägige Erfahrungen und entsprechende Qualifikationen verfügen. Vom Auftragnehmer ist ein Projektleiter zu benennen, der die Koordination des Auftrages seitens des Auftragnehmers bis zu seiner vollständigen Erfüllung wahrnimmt. Der Auftraggeber behält sich vor, bei Vorliegen triftiger Gründe die Benennung des Projektleiters abzulehnen. Vom Auftragnehmer beabsichtigte personelle Änderungen sind mit dem Auftraggeber abzustimmen."

3.1.5
Unterlieferanten

In diesem Vertragsabschnitt geht es um die Auswahl der Unterlieferanten. Der Betreiber wünscht sich die qualitativ hochwertigsten Aggregate und Apparate, mit anderen Worten die „Rolls-Royce-Varianten". Dies steht in krassem Widerspruch zum Vorgehen des Anlagenbauers: Dieser versucht, die günstigsten Unterlieferanten mit der Lieferung der Anlagenteile zu beauftragen, da sich hieraus ein wesentlicher Bestandteil seines angestrebten Gewinns ergibt.

Der Betreiber kann dem Anlagenbauer nicht konkrete Unterlieferanten vorschreiben, da er ihm damit den Aufbau eines Wettbewerbs unmöglich macht. Im Falle einer solchen „Lieferantenvorschrift" (nominated sub-contractor) wird der Anlagenbauer sowohl Mehrkosten geltend machen als auch die Gewährleistung für die entsprechende Komponente ablehnen, denn schließlich trägt der Anlagenbauer die Verantwortung für die Erfüllung der technischen Projektanforderungen.

Somit bleibt dem Auftraggeber nur die Möglichkeit, die Auswahlmöglichkeit des Anlagenbauers einzuschränken. Durch die vertragliche Aufnahme einer Lieferantenliste (vendor list) können gezielt die so genannten Billiganbieter als Unterlieferanten ausgeschlossen werden. Der Anlagenbauer muss diesem Umstand natürlich bei der Festlegung des Angebotspreises entsprechend Rechnung tragen.

In der Praxis kommt es vor, dass der Auftraggeber sich das Recht zur Teilnahme am technischen Part der Vergabeverhandlungen mit den Unterlieferanten des Auftragnehmers vertraglich vorbehält. Dadurch entsteht dem Anlagenbauer ein erheblicher organisatorischer Mehraufwand, denn er muss die Termine für die Vergabeverhandlungen zusätzlich mit den Vertretern des Kunden abstimmen. Hinzu kommt der Umstand, dass die Kundenvertreter versuchen können, einen nicht erwünschten Unterlieferanten „technisch schlecht zu machen" oder zusätzliche Ausstattungswünsche zu äußern. Auch in diesem Fall ist die Kenntnis des Vertrags, insbesondere der technischen Spezifikationen, für die Vertreter des Anlagenbauers von großer Wichtigkeit. Erkennt der an der Vergabeverhandlung teilnehmende Projektingenieur des Anlagenbauers, dass über die Spezifikation hinausgehende Forderungen gestellt werden, muss er diesen Umstand aufzeigen und der Projektleitung mitteilen, damit diese ein entsprechendes Nachtragsangebot unterbreiten kann. Häufig zieht der Kundenvertreter daraufhin seine Forderungen zurück, denn er muss am Ende die dadurch entstehenden, in der Regel nicht berücksichtigten Mehrkosten für sein Unternehmen begründen.

3.1.6
Projektunterlagen

Die Organisation des Schriftverkehrs und der Projektunterlagen wird in guten Verträgen klar geregelt. Dabei werden die Anzahl der Kopien und die Anschriften genau festgelegt. Zusätzliche Festlegungen bzw. Forderungen können sein:

- Der Auftragnehmer fertigt von allen Besprechungen mit dem Auftraggeber Protokolle (minutes of meeting) an.
- Der Auftragnehmer fertigt vom technischen Schriftverkehr sowie vom technischen Teil der Besprechungen mit seinen Unterlieferanten Kopien an.
- Der Auftragnehmer erstellt einen monatlichen Projektfortschrittsbericht (progress report).

- Der Projektterminplan wird dem Auftraggeber in monatlich aktualisierter Form übergeben.

Von besonderer Wichtigkeit sind die so genannten „Prüfunterlagen" (contractor's drawings), die beim Auftraggeber eingereicht und von ihm freigegeben werden müssen. Bedenkt man die Fülle der Projektunterlagen, erkennt man den damit verbundenen organisatorischen Aufwand. Um den Anlagenbauer in der Abwicklung des Projektes nicht unnötig zu behindern und den eigenen Schriftverkehrsaufwand zu verringern, empfiehlt es sich, ein Terminlimit für die Freigabe der Prüfunterlagen vertraglich zu fixieren. D. h., dass die Prüfunterlagen ohne schriftlichen Einwand nach Ablauf einer Frist von z. B. zwei Wochen nach Erhalt der Prüfunterlagen seitens des Auftraggebers als freigegeben gelten.

3.2
Technischer Teil

3.2.1
Liefer- und Leistungsumfang des Auftragnehmers

Der Liefer- und Leistungsumfang (scope of supply) muss so detailliert wie möglich beschrieben werden, um Streitigkeiten zu vermeiden. Zunächst muss der Lieferumfang festgelegt werden. Hierzu können die Liefergrenzen (battery limits) beschrieben werden, wobei man sich damit begnügt zu sagen, dass der Auftragnehmer innerhalb dieser Liefergrenzen alles zu liefern hat, was einen ordnungsgemäßen Betrieb der Anlage sicherstellt. Als Liefergrenze findet man häufig „1 m vor Gebäude", d. h. der Anlagenbauer hat alles zu liefern, was sich innerhalb dieses Raumes befindet. Darüber hinaus kann eine Auflistung der Lieferungen in Form eines Lieferverzeichnisses in den Vertrag integriert werden. Hierzu kann das eventuell ergänzte Lieferverzeichnis aus dem Angebot des Anlagenbauers benutzt werden.

In der Regel umfasst der Lieferumfang des Auftragnehmers:
- Gebäude und Stahlbau,
- Heizungs-, Klima- und Lüftungstechnik (HKL) des Gebäudes,
- alle Anlagenkomponenten wie Behälter, Apparate (z. B.. Reaktoren, Wärmetauscher, Kolonnen etc.) und Aggregate (z. B. Rührwerke, Pumpen, Fördereinrichtungen etc.),
- Rohrleitungen und Armaturen samt aller Halterungen,
- Isolierungen und Begleitheizungen,
- Mess- und Regeltechnische Ausrüstung,
- Elektrische Ausrüstung (Motoren und Verkabelung),
- Leittechnische Ausrüstung.

Als zusätzliche Lieferungen können z. B. vereinbart werden:

- Bau der Zufahrtswege,
- Grünanlagen bzw. Außengestaltung,
- Beschilderung der Komponenten,
- Kennzeichnung der Rohrleitungen mit Banderolen,
- Ersatzteile für einen festgelegten Betriebszeitraum.

Eine typische Auflistung der Leistungen des Auftragnehmers beinhaltet folgende Punkte:

- Erstellung der für die Genehmigungsplanung erforderlichen Unterlagen,
- Vertretung der Anlagentechnik gegenüber den zuständigen Behörden,
- Vollständige Planung und Konstruktion der Anlage,
- Montage,
- Inbetriebsetzung,
- Durchführung der Leistungs- und Garantienachweise im Rahmen des Probebetriebs,
- Führung des Projektschriftverkehrs inkl. Erstellung der monatlichen Projektfortschrittsberichte und Aktualisierung der Terminpläne,
- Erstellung der vollständigen Anlagendokumentation gemäß Spezifikation,
- Schulung des Betriebspersonals des Auftraggebers.

Um einzelne Leistungen genauer festzulegen, können Kundenspezifikationen herangezogen oder Auflistungen von Unterlagen, die erstellt werden müssen, angelegt werden. Neben den üblichen Dokumenten, die ohnehin für die Abwicklung des Projektes erstellt werden müssen, können die Auflistungen zusätzliche Dokumente enthalten, die für den Betreiber von Interesse sind. Dies trifft insbesondere auf den Umfang der Dokumentation zu. Beispiele hierfür sind:

1. Beschreibung der Funktionspläne: Hierbei handelt es sich um eine verbale Beschreibung der Funktionspläne, die die Grundlage für die Erstellung des Leittechnikprogrammes darstellen. Mit der Erstellung dieser verbalen Beschreibung ist ein erheblicher Aufwand für den Anlagenbauer verbunden. Das gleiche Ergebnis lässt sich durch „systemtechnische Besprechungen" oder durch die Erstellung von „Pflichtenheften" erzielen (siehe Kapitel 4.5.3 Leittechnik).
2. Störfallbeschreibungen: Üblicherweise enthält das „Betriebshandbuch" (operation manual) eine Beschreibung der Störfälle und deren Beseitigung. Hinsichtlich des Umfanges und der Ausführlichkeit können jedoch stark differierende Vorstellungen zwischen Auftragnehmer und -geber bestehen. Verlangt z. B. der Kunde die Beschreibung von „Doppelfehlern", so ist hiermit ebenfalls ein erheblicher zusätzlicher Aufwand verbunden.
3. Vorgabe eines speziellen Dokumentationssystems: Die Betreiber verfügen immer häufiger über intelligente Dokumentationssoftware. Daher verlangen sie vom Auftragnehmer die Erstellung der Dokumentation mit dieser Software. Dies hat zur Folge, dass der Anlagenbauer die Software, sofern sie nicht bereits vorhanden ist, zusätzlich beschaffen muss. Hiermit können erhebliche Kosten verbunden sein.

Für die Auslegung der geplanten Anlage und den sich anschließenden Betrieb ist es zweckmäßig, Auslegungs- und Produktionsdaten vertraglich zu fixieren. Bei den Auslegungsdaten können Mediendatenblätter der Edukte herangezogen werden. Die Produktionsdaten werden hinsichtlich Menge und Qualität festgelegt. Bei der Produktionsmenge bzw. Kapazität wird häufig ein Bereich vereinbart, innerhalb dessen die Anlage betrieben werden kann. Die Festlegung der Produktqualität hängt vom Produkt selbst und von der gewünschten Produktfunktion ab. Mögliche Qualitätskriterien von gasförmigen oder flüssigen Produkten sind:

– Produktzusammensetzung (Konzentrationsangaben),
– Farbe,
– Fließverhalten (Viskosität),
– Temperatur und Druck,
– Dichte,
– Haltbarkeit.

Bei festen Produkten spielen häufig die Schüttguteigenschaften eine zusätzliche Rolle:

– Partikelform,
– Kornverteilung,
– Oberflächenbeschaffenheit (z. B. Porosität oder spezifische Oberfläche),
– Schüttwinkel,
– Schüttdichte.

Es sollte an dieser Stelle darauf hingewiesen werden, dass die wichtigsten Produkteigenschaften und die Anlagenkapazität in der Regel vertraglich zugesichert, d. h. garantiert werden müssen. Bei Nichteinhaltung greifen entsprechende Vertragsstrafen.

3.2.2
Liefer- und Leistungsumfang des Auftraggebers

Der Liefer- und Leistungsumfang des Auftraggebers kann stark unterschiedlich ausfallen. Konzerne verfügen teilweise über zahlreiche Tochterunternehmen (subsidiary), die einzelne Anlagengewerke herstellen. Zur Erhöhung der Konzerndeckung wird der Auftraggeber bestrebt sein, diese Anlagengewerke bei seinen Tochterunternehmen zu beschaffen. In solchen Fällen besteht die Möglichkeit, dass der Auftraggeber dem Anlagenbauer bestimmte Anlagenteile nach dessen Vorgaben beistellt.

Typische Leistungen des Auftraggebers sind:
- Einholung der behördlichen Genehmigung (Als Anlagenbetreiber ist der Auftraggeber automatisch Antragsteller.);
- die Beauftragung von Gutachtern;
- Bereitstellung der für die Planung notwendigen Unterlagen wie Geländepläne, Angaben über die Bodenbeschaffenheit etc.;
- Beistellung der Betriebsmittel für die Inbetriebsetzung;

- kostenlose Bereitstellung der Flächen für die Baustelleneinrichtung;
- kostenlose Gestellung von Strom und Wasser auf der Baustelle.

Aber auch bei den Leistungen können Arbeiten, die normalerweise dem Anlagenbauer überlassen sind, vom Auftraggeber übernommen werden. Verfügt der Betreiber z. B. über ein eigenes Analytiklabor am geplanten Standort, so wird er die für die Inbetriebsetzung benötigten Analysen selbst durchführen wollen.

Existieren Schnittstellen zwischen der neu zu errichtenden Anlage und bereits bestehenden Anlagen des Betreibers, müssen diese möglichst genau hinsichtlich ihrer Lage (Lagepläne) und Ausführung (Nennweiten, Nenndrücke, Rohrleitungsklassen, Flanschausführung, Mediendatenblätter etc.) beschrieben werden. Mögliche Schnittstellen sind:

- Versorgungsleitungen (Heizdampf, Trinkwasser, Prozesswasser, Druckluft, Edukte etc.),
- Entsorgungsleitungen (Abluft, Abwasser, Regenwasser etc.),
- Produktleitungen,
- leittechnische Schnittstelle (Falls es sich um eine Anlagenerweiterung handelt, die von einer dezentralen Warte betrieben wird und an eine übergeordnete, bereits bestehende Zentralwarte angeschlossen werden soll.),
- elektrische Schnittstellen (Hoch-, Mittel- und Niederspannungsstromversorgung),
- Zufahrtswege.

Bei anbindenden Rohrleitungen sollte die Gefällesituation zusätzlich angegeben werden, da der Anlagenbauer sonst nicht die Aufwendungen für eventuell erforderliche Entleerungseinrichtungen vorsehen kann. Handelt es sich um druckführende Leitungen, sollte zusätzlich die Absicherung angegeben werden, da mit dem Auslegungsdruck und der Auslegungstemperatur entsprechende Werkstoffe und damit Kosten verbunden sind. Auch diese Aspekte stellen Ansatzpunkte für mögliche Claims seitens des Anlagenbauers dar.

Die sicherste Variante, die Schnittstellen eindeutig darzustellen, ist eine Schnittstellenzeichnung anzufertigen. Abbildung 3.1 zeigt ein Beispiel für eine derartige Schnittstellenzeichnung. Daraus gehen die Lage und Abmessungen der anbindenden Rohrleitungen innerhalb einer Rohrleitungsbrücke hervor.

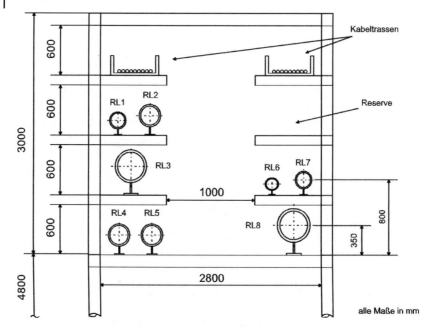

Rohrleitung	Nennweite DN	Nenndruck PN	Rohrklasse RK	Medium
RL1	50	10	A-115	Kühlsohle
RL2	100	10	A-116	Dampf
RL3	200	16	A-117	Produkt
RL4	100	25	A-118	Kühlwasser
RL5	100	10	A-118	VE-Wasser
RL6	25	16	A-119	Druckluft
RL7	50	10	A-120	Kondensat
RL8	200	16	A-121	Edukt

Abb. 3.1 Beispiel einer Schnittstellenzeichnung für anbindende Rohrleitungen in einer Rohrleitungsbrücke

3.3
Kaufmännischer Teil

3.3.1
Termine/Pönalen

Zunächst müssen die vertragsrelevanten Projekttermine spezifiziert werden. Typische Ecktermine sind:

– Abgabe der Genehmigungsunterlagen,
– Baubeginn,

- Beginn der Inbetriebsetzung,
- Übergabe des vorläufigen Betriebshandbuches,
- Beginn des Probebetriebs,
- Ende des Probebetriebs/Abnahme,
- Abgabe der Enddokumentation.

Die spezifizierten Termine können mit so genannten „Pönalen" (liquidated damages) belegt werden. Hierbei handelt es sich um eine Schadensersatzforderung des Auftraggebers gegenüber dem Auftragnehmer. Es ist einsichtig, dass dem Auftraggeber durch einen verspäteten Produktionsbeginn finanzieller Schaden entsteht. Durch die Pönale versucht er sich dagegen zu schützen. Eine mögliche Formulierung lautet:

„Kommt der Auftragnehmer durch schuldhafte Überschreitung des Termins „Ende Probebetrieb" in Verzug, so ist eine Vertragsstrafe zu zahlen. Die Vertragsstrafe beträgt 0,5 % des Auftragspreises für jede vollendete (alternativ: für jede angefangene) Kalenderwoche, für die die vereinbarte Frist überschritten wird, maximal jedoch 5 % des Auftragspreises."

Beispiel: Der Anlagenbauer überschreitet den Termin für das Ende des Probebetriebs durch eigenes Verschulden um einen Tag. Sieht der Vertrag die Formulierung „für jede vollendete Kalenderwoche" vor, so muss er keine Pönale zahlen. Erst nach Vollendung einer Woche wird eine Vertragsstrafe von 0,5 % des Auftragspreises fällig. Bei einem Auftrag in Höhe von 10 Millionen € sind das immerhin 50.000,– € für eine Woche. Die Formulierung „für jede angefangene Kalenderwoche" bewirkt die gleiche Schadensersatzforderung bereits nach einem Tag Terminverzug. Die Begrenzung der Pönale kommt dem Auftragnehmer entgegen. Die volle Pönale von 5 % des Auftrages, also 500.000,– €, kann erst nach einer Terminüberschreitung von 10 Wochen geltend gemacht werden. Weitergehende Schadensersatzansprüche sind demnach nicht möglich.

Wichtig ist in diesem Zusammenhang auch der Begriff „eigenes Verschulden". Die Vertragstermine sind aufgrund der Wettbewerbssituation stets eng gesteckt. Es darf also während der Abwicklung so gut wie nichts „schief gehen". Da dies insbesondere bei größeren Projekten schwer zu realisieren ist, wird die Projektleitung des Anlagenbauers stets darauf bedacht sein, dem Auftraggeber eine Behinderung (disruption) nachzuweisen. Das bedeutet, dass der Auftragnehmer die Terminüberschreitung nicht selbst verschuldet hat und somit der Schadensersatzanspruch erlischt. Dieser Vorgang wird als Terminclaim (claim in time) bezeichnet.

Der Engineer versucht sich durch Vertragspassagen in der folgenden Form vor solchen Terminclaims zu schützen:

„Der Auftragnehmer wird alle zumutbaren Anstrengungen unternehmen, um die zu erbringenden Leistungen so abzuwickeln, dass die pönalisierten Termine eingehalten werden.

Der Auftragnehmer ist verpflichtet, sich abzeichnende und von ihm zu vertretende Terminverzögerungen dem Auftraggeber sofort schriftlich mitzuteilen. Sind die pönalisierten Termine durch Verschulden des Auftragnehmers nur unter

Aufwendung von Mehrkosten einzuhalten, so hat der Auftragnehmer entsprechende Maßnahmen einzuleiten und den gesamten Mehraufwand zu tragen."

Der zweite Absatz ermöglicht es dem Engineer, den Anlagenbauer bei sich abzeichnenden Terminverzögerungen aufzufordern, den Personaleinsatz zu erhöhen. Die damit verbundenen Mehrkosten gehen zu Lasten des Auftragnehmers.

Tritt eine Behinderung durch „höhere Gewalt" (act of god) – international auch „Force Majeur" genannt – auf, so ist keine der beiden Vertragsparteien als Verursacher der Verzögerung bzw. Behinderung anzusehen. Typische Beispiele für Behinderungen durch höhere Gewalt sind Schäden oder Störungen während der Bauphase durch Unwetter oder Erdbeben. In diesen Fällen müssen die Termine einvernehmlich angepasst werden. Keine der Vertragsparteien kann Kosten geltend machen.

3.3.2
Gewährleistungen/Vertragsstrafen

Hier werden die Garantien (garanty) bzw. Gewährleistungen (warranty), die die Anlage zu erfüllen hat, vertraglich fixiert. In diesem Zusammenhang wird häufig auch der Begriff „zugesicherte Eigenschaften" (design warranties) benutzt. Zunächst wird die Garantie selbst beschrieben und anschließend die Dauer der Garantie, die als „Gewährleistungsfrist" bezeichnet wird, festgelegt. Schließlich können für einzelne Garantien Vertragsstrafen vereinbart werden.

Meistens werden die in Kapitel 3.2.1 Liefer- und Leistungsumfang des Auftragnehmers aufgeführten Leistungsmerkmale herangezogen. Die wichtigsten Leistungsmerkmale werden mit einer Vertragsstrafe belegt. Im Folgenden sind einige Beispiele aufgeführt:

1. Kapazität: Bei Unterschreitung der garantierten Produktionsleistung zahlt der Auftragnehmer dem Auftraggeber um jeweils 1 m^3/h je 1 % des Auftragswertes bis zu maximal 5 m^3/h entsprechend 5 % des Auftragswertes.
2. Stromverbrauch: Bei Überschreitung des garantierten elektrischen Energieverbrauches zahlt der Auftragnehmer dem Auftraggeber je kWh/h Mehrverbrauch 4.000,– € als einmaligen Ausgleich.
3. Heizdampfverbrauch: Bei Überschreitung des Dampfverbrauches zahlt der Auftraggnehmer dem Auftraggeber den durchschnittlichen jährlichen Mehrverbrauch für die Dauer von 24.000 Betriebsstunden. Als Preisstand für den Heizdampf gilt der Preis von 6,– €/t$_{Heizdampf}$.
4. Verfügbarkeit: Wird die garantierte Arbeitsverfügbarkeit nicht erreicht, zahlt der Auftragnehmer dem Auftraggeber für die Unterschreitung der Arbeitsverfügbarkeit von 98 % für jeden vollen Prozentpunkt einen Betrag von 80.000,– €. Die Zahlung ist begrenzt auf 240.000,– €. Erreicht die vom Auftragnehmer zu liefernde Anlage nicht mindestens eine Arbeitsverfügbarkeit von 94 %, so steht dem Auftraggeber neben dem Recht auf Nachbesserung wahlweise das Recht zur Minderung zu.

Weitere Garantien können sein:
- Garantie der Schallemissionen (in Deutschland nach der Arbeitsstättenverordnung und den Unfallverhütungsvorschriften),
- Garantie für Korrosionsbeständigkeit,
- Garantie für Beschichtungen (z. B. Ausschluss von Blasenbildung bei gummierten Apparaten und Rohrleitungen),
- Garantien für die anfallenden Reststoffe hinsichtlich Menge und Eigenschaften.

Hinsichtlich der Gewährleistungsfrist wird häufig eine allgemeingültige Gewährleistungsdauer (liability period) für alle zugesicherten Eigenschaften der Anlage festgelegt. Gewährleistungsfristen liegen typischerweise im Bereich von zwei Jahren. Darüber hinaus können einzelnen Garantien separate Fristen zugewiesen werden. Bei der Korrosionsgarantie werden z. B. Gewährleistungsfristen von bis zu fünf Jahren gefordert.

Im Zusammenhang mit den Gewährleistungsfristen ist deren Beginn von großer Bedeutung. Üblicherweise ist der Gewährleistungsbeginn an die Abnahme bzw. den Abschluss des erfolgreichen Probebetriebes gekoppelt. Hierdurch entsteht häufig ein Konflikt mit den Verträgen des Anlagenbauers mit seinen Unterlieferanten.

Die Unterlieferanten möchten, dass die Gewährleistungsfrist ihrer Lieferung mit deren erfolgreicher Inbetriebsetzung beginnt. Bedenkt man, dass zwischen dem Beginn der Inbetriebsetzung und dem erfolgreichen Abschluss des Probebetriebes mehrere Monate vergehen können, wird deutlich, dass eine Gewährleistungslücke für den Anlagenbauer entsteht. D. h. die Gewährleistungen einzelner Anlagenteile können vor dem Ende seiner Gewährleistungsverpflichtung gegenüber dem Betreiber ablaufen. Daher wird der Anlagenbauer bestrebt sein, den Gewährleistungsbeginn seiner Unterlieferanten an die Abnahme der Gesamtanlage zu koppeln oder eine entsprechend längere Gewährleistungsfrist von seinen Unterlieferanten zu fordern. Beide Vorhaben sind gleichermaßen schwierig durchzusetzen. Der Unterlieferant wird zu Recht argumentieren, dass er – sofern seine eigene Lieferung einwandfrei ist – keine Schuld trägt an einer möglicherweise durch ein anderes Aggregat verschuldeten Verzögerung der Abnahme der Gesamtanlage.

3.3.3
Mängel/Abnahme

Bei den Mängeln unterscheidet man zwischen „offene Mängel" (patent defects) und „versteckte Mängel" (latent defects). Offene Mängel zeigen sich im Rahmen der Prüfungen (inspections and testing). Der Auftraggeber sichert sich zunächst das Recht zur Teilnahme an den Prüfungen vertraglich ab:

„Der Auftraggeber ist berechtigt, im Rahmen der Projektabwicklung an allen Prüfungen teilzunehmen bzw. eigene Prüfungen zu veranlassen, um eine auftragsgerechte Erfüllung zu prüfen. Der Auftragnehmer wird den Auftraggeber rechtzeitig von allen geplanten Prüfungen unterrichten und dem Auftraggeber Gelegenheit zur Teilnahme geben."

In der Praxis finden häufig so genannte „Begehungen" statt, an denen der Engineer des Betreibers und die Projektleitung des Anlagenbauers teilnehmen. Es handelt sich dabei um Rundgänge nach der abgeschlossenen Montage. Dabei zeigt der Engineer die in seinen Augen vorhandenen Mängel auf: z. B. unzugängliche Armaturen, nicht einsehbare Messtechnik, fehlende Ausrüstungsteile, qualitativ minderwertig ausgeführte Arbeiten etc. Aus der Begehung resultiert eine Mängelliste, die es abzuarbeiten gilt. Dabei unterscheidet man zwischen kleinen und großen Mängeln. Während die kleinen Mängel normalerweise kurzfristig zu beheben sind oder vom Auftraggeber „geduldet" werden, ist mit den großen Mängeln ein entsprechend großer zeitlicher und finanzieller Aufwand verbunden. Zu deren Beseitigung werden häufig Fristen zwischen Auftragnehmer und Auftraggeber festgelegt.

Weitere Mängel ergeben sich im Rahmen der Inbetriebsetzung: z. B. nicht einwandfrei funktionierende Regelungen oder Steuerungen, defekte Aggregate, nicht ausreichende Förderhöhen von Pumpen etc. Auch hier werden entsprechende Mängellisten erstellt und Vereinbarungen zu deren Beseitigung gemacht. Die Vereinbarungen sind von besonderer Bedeutung, da sie Einfluss auf den wichtigen Zeitpunkt der Abnahme haben können.

Eine mögliche Formulierung zur Beseitigung von Mängeln ist:

„Der Auftragnehmer ist verpflichtet, Mängel oder Unvollständigkeiten an seinen Lieferungen und Leistungen unverzüglich, für den Auftraggeber kostenlos, zu beseitigen. Die Mängelbeseitigung erfolgt in Abstimmung mit dem Auftraggeber unter Berücksichtigung der betrieblichen Belange. Gerät der Auftragnehmer mit seiner Pflicht zur Mängelbeseitigung in Verzug oder liegt ein dringender Fall vor, ist der Auftraggeber berechtigt, den Mangel selbst zu beseitigen oder durch Dritte beseitigen zu lassen und Ersatz aller dafür erforderlichen Aufwendungen einschließlich Transport, Arbeits- und Materialkosten vom Auftragnehmer zu verlangen."

Versteckte Mängel sind Fehler oder Schäden, die sich während der Montage und Inbetriebsetzung nicht feststellen lassen. Sie treten erst nach erfolgter Abnahme während des regulären Betriebs der Anlage durch den Betreiber auf. Sofern die versteckten Mängel nicht auf fehlerhafte Bedienung durch das Betriebspersonal zurückzuführen sind, muss der Anlagenbauer diese im Rahmen seiner Gewährleistungsverpflichtungen (defects liability) auf eigene Kosten beseitigen. Bei entsprechend geschickter Vertragsgestaltung mit seinen Unterlieferanten wird der Anlagenbauer diese Mängel und auch die damit verbundenen Kosten allerdings an die Unterlieferanten „weiterreichen".

Die Abnahme der Anlage (tests on completion/acceptance) ist einer der wichtigsten Meilensteine in der Abwicklung eines Projektes. Sie markiert das offizielle Ende des Projektes aus Sicht des Anlagenbauers, mit Ausnahme der vereinbarten Restarbeiten zur Beseitigung noch vorhandener Mängel sowie der möglicherweise noch ausstehenden Enddokumentation. Des Weiteren sind mit der Abnahme in der Regel drei wichtige Ereignisse verknüpft:

1. Beginn des Gewährleistungszeitraumes;
2. auslösendes Ereignis für die letzte oder vorletzte Rate/Zahlung (Je nachdem, ob für die Abgabe der Enddokumentation oder sonstige Leistungen eine weitere Zahlung vereinbart wurde.);
3. Festlegung der Terminpönale (soweit diese fällig wird).

Die Abnahme wird mit einem von beiden Parteien unterzeichneten Abnahmeprotokoll (test certificate) besiegelt. Die Voraussetzungen für die Abnahme werden im Vertrag detailliert beschrieben. Dabei sind mindestens zwei Bedingungen vom Auftragnehmer zu erfüllen:

1. vollständige und mängelfreie Erbringung aller Lieferungen und Leistungen,
2. erfolgreiche Absolvierung des Probebetriebes/Garantielaufs.

Beim Garantielauf sind je nach Anlagentyp und -größe unterschiedliche Begriffe gebräuchlich:

– 24-Stunden Testlauf,
– 100-Stunden Garantielauf,
– Garantiebetrieb/Garantiefahrt,
– Probebetrieb.

Unterschiede ergeben sich vor allem durch die vertraglich vereinbarte Dauer (1 Tag bis 6 Wochen) und die zu erbringenden Leistungen. In jedem Fall sind die zugesicherten Eigenschaften und Betriebsgarantien wie Kapazität, Produktqualität, Betriebsmittelverbräuche etc. im Rahmen der Garantiefahrt nachzuweisen. Bei den langandauernden Probebetrieben werden darüber hinaus alle Betriebszustände wie An- und Abfahren, Minimal-, Normal- und Maximallast etc. vorgeführt. Störungen müssen protokolliert werden. Treten mehrere Betriebsstörungen oder ein schwerwiegender Stillstand auf, so kann der Kunde eine Wiederholung des Probebetriebs verlangen. Bedenkt man die zusätzlichen Kosten für die damit verbundene verlängerte Inbetriebsetzung sowie die dadurch in aller Regel anstehende Terminpönale, so erklärt sich leicht der enorme Druck auf das Inbetriebsetzungspersonal.

3.3.4
Preise/Zahlungsbedingungen/Bürgschaften

Die Bezahlung einer Anlage erfolgt üblicherweise in Form von Raten (installments). Aufgrund der Höhe der Beträge spielen die Zeitpunkte für die Zahlung der einzelnen Raten eine wichtige Rolle, denn die mit einer frühzeitigen Zahlung einer größeren Rate verbundenen Zinseinnahmen können das Ergebnis eines Projektes erheblich beeinflussen.

Im Vertrag werden die Regularien der Zahlungen schriftlich fixiert. Zunächst müssen die Anzahl und Höhe der Raten festgelegt werden. An die Ratenzahlungen sind dann Zahlungsbedingungen, die so genannten „auslösenden Ereignisse" (conditions of payment), zu knüpfen. Der Auftraggeber wird dem Auftragnehmer natürlich nur dann größere Zahlungen zukommen lassen, wenn dieser auch entsprechende Leistungen erbracht hat. Der Auftraggeber wird darüber hinaus vom

Tab. 3.1 Raten und auslösende Ereignisse

Nr.	Betrag €	Prozentsatz %	Auslösendes Ereignis
1	500.000,–	5	Eingang der vorbehaltlosen Auftragsbestätigung des Auftragnehmers.
2	500.000,–	5	Nach schriftlicher Bestätigung durch den Auftraggeber, dass die Unterlagen für den Genehmigungsantrag vollständig vorliegen.
3	1.000.000,–	10	Eingang der Werkstoffe für die Hauptkomponenten im Werk der Unterlieferanten gegen Nachweis.
4	2.000.000,–	20	Abschluss der Baumaßnahmen.
5	2.000.000,–	20	Anlieferung der Hauptkomponenten und Montagebeginn.
6	2.000.000,–	20	Montageende.
	500.000,–	5	Beginn des Probebetriebes.
	1.000.000,–	10	Abnahme.
	500.000,–	5	Übergabe der vom Auftraggeber freigegebenen Enddokumentation.

Auftragnehmer so genannte Bürgschaften (bonds) zu seiner Absicherung verlangen. Eine fiktive Ratenfolge ist in Tabelle 3.1 mit den zugehörigen auslösenden Ereignissen dargestellt.

Die Raten sind vom Auftragnehmer schriftlich anzufordern (applications for payment) und mit entsprechenden Belegschreiben als Anlagen zu versehen. Der Vertrag sieht dann vor, innerhalb welcher Frist und auf welche Bank die Zahlungen zu erfolgen haben, sofern der Auftraggeber keine Einwände erhebt. Wenn der Auftraggeber die Zahlungsfrist ohne Vorliegen berechtigter Einwände überschreitet, so steht dem Auftragnehmer die Zahlung der daraus resultierenden Zinsverluste (loss of interest) zu.

Da die auslösenden Ereignisse häufig an die technische Abwicklung geknüpft sind, sollten auch die Projektingenieure angehalten werden, die Projektleitung auf deren Erreichen aufmerksam zu machen.

Teilweise erfolgen größere Zahlungen, obwohl noch entsprechende Leistungen durch den Auftragnehmer zu erbringen sind. Dies trifft insbesondere auf die erste und letzte Rate zu. Um sich zu schützen, verlangt der Auftraggeber vom Auftragnehmer die Hinterlegung von Bankbürgschaften. An die erste Rate ist häufig eine so genannte Anzahlungsbürgschaft und an die letzte eine Gewährleistungsbürgschaft geknüpft. Dazu muss der Auftragnehmer bei seiner Bank eine solche Bürgschaft, die auch Avalkredit genannt wird, beantragen. Bei Einräumung eines Avalkredits erfolgen keine Zahlungen. Vielmehr bürgt oder garantiert die betreffende Bank im Auftrag des Anlagenbauers dem Betreiber gegenüber, dass der Bankkunde (Anlagenbauer) seine Verbindlichkeiten begleichen wird. Geht der Anlagenbauer beispielsweise kurz nachdem die erste Rate gezahlt wurde in Konkurs, so kann der Auftraggeber die Bankbürgschaft für die nicht erbrachten Leistungen einfordern. Gleiches gilt für der Gewährleistungsbürgschaft, wenn der

Anlagenbauer nach erfolgter Abnahme seinen Gewährleistungsverpflichtungen nicht nachkommt.

Hinweis: Die Zahlungsbedingungen sind neben dem Kaufpreis häufig wichtiger Bestandteil der Vergabeverhandlungen.

3.3.5
Änderungen/Claims

Auf den durch den globalen Wettbewerb bedingten immensen Kostendruck wurde bereits hingewiesen. Die damit verbundene schlechte Preisqualität der Projekte führt dazu, dass praktisch keine Reserven für unvorhergesehene Beschaffungen oder Leistungen im Angebotspreis enthalten sind. Unvorhergesehene Kosten, die sich selbst bei sorgfältigster Planung praktisch nie ganz vermeiden lassen, schmelzen die Gewinnmarge – sofern überhaupt vorhanden – dahin. Aus einem „schwarzen" wird unvermittelt ein „roter" Auftrag. Vor diesem Hintergrund ist ein nachhaltiges so genanntes Claims-Management dringend erforderlich.

Der Betreiber bzw. Kunde ist Claims gegenüber in der Regel negativ eingestellt, obwohl diese in beide Richtungen, also auch zu seinen Gunsten gestellt werden können. Der Betreiber geht davon aus, dass im Kaufpreis alle Lieferungen und Leistungen für die Beschaffung der Anlage enthalten sind. Zusätzliche Kosten sind nicht vorgesehen und müssen vom Engineer gegenüber der Geschäftsleitung des Betreiberunternehmens gerechtfertigt werden. Daher enthalten viele Verträge lediglich Änderungspassagen, Claims werden nicht erwähnt.

An dieser Stelle sollte der Unterschied zwischen „Änderungen" (variations) und Claims erläutert werden. Im Rahmen der Projektbesprechungen werden von den Vertretern des Auftraggebers bzw. vom Engineer häufig Wünsche geäußert. Der Projektleiter muss prüfen, ob diese Wünsche dem vertraglich vereinbarten Liefer- und Leistungsumfang entsprechen. Wenn dies nicht der Fall ist, gilt es zunächst den Kunden auf diesen Tatbestand aufmerksam zu machen. Anschließend muss dem Auftraggeber ein so genanntes „Nachtragsangebot" unterbreitet werden. Darin sind die Kosten für die zusätzlichen Lieferungen oder Leistungen aufgeführt. Wichtig ist, dass der Auftraggeber, sofern er seine Forderungen nicht zurückzieht, die zusätzlichen Kosten auch autorisiert, d. h. schriftlich bestellt.

Man unterscheidet bei Änderungen zwischen:
1. Mehrungen (additions): Zusätzliche Lieferungen oder Leistungen, die vertraglich nicht spezifiziert sind. Beispiele: zusätzliche oder größere Apparate oder Rohrleitungen, zusätzliche Leistungen wie die Übernahme von Arbeiten, die ursprünglich zum Liefer- und Leistungsumfang des Auftraggebers gehörten.
2. Minderungen (omissions): Lieferungen oder Leistungen, die im Vertrag enthalten sind und aufgrund bestimmter Umstände in der Abwicklung entfallen. Beispiel: Aufgrund eines finanziellen Engpasses beim Auftraggeber soll eine komplette Teilanlage, die für den Betrieb der Anlage nicht zwingend erforderlich ist, aus dem Lieferumfang entfallen.
3. Änderungen (alterations): Es handelt sich um Änderungen der Ausrüstungsteile

oder Leistungen. Beispiel: Im Rahmen des Genehmigungsverfahrens stellt sich heraus, dass ein Behälter, der ursprünglich in Doppelwandausführung vorgesehen war, nunmehr einfach ausgeführt werden kann.

Claims sind Forderungen, die sich aus Behinderungen ergeben, die der Antragsteller des Claims nicht selbst zu vertreten hat. Man unterscheidet zwei Formen von Claims:

1. Kostenclaims
2. Terminclaims

Beispiel 1: Während der Montagephase ändert der Engineer die Position für die Aufstellung eines Montagekrans, da dieser den sonstigen Betrieb des Standortes in irgendeiner Weise behindern würde. Der Baustelleneinrichtungsplan war bereits vor Monaten zwischen Engineer und der Projektleitung des Anlagenbauers einvernehmlich abgestimmt worden. Daraus ging die Position für die Aufstellung des Montagekrans hervor. Während der weiteren Montage zeigt sich, dass sich einige Anlagenkomponenten wegen der geänderten Kranaufstellung nicht in die Anlage einbringen lassen. Es muss ein zusätzlicher Kran aufgestellt werden. Der Anlagenbauer wird dies als unverschuldete Behinderung ansehen und für den zusätzlichen Montagekran Mehrkosten in Form eines Kostenclaims sowie einen Terminverzug in Form eines Terminclaims geltend machen.

Beispiel 2: Während der Elektromontage bricht der Winter mit Temperaturen deutlich unter null Grad ein. Dadurch wird der Kabelzug unmöglich gemacht. Der Anlagenbauer wird ein Terminclaim aufstellen, das die Dauer der witterungsbedingten Behinderung umfasst. Da es sich um höhere Gewalt handelt, die auch der Auftraggeber nicht zu vertreten hat, können keine Mehrkosten im Sinne eines Kostenclaims gefordert werden.

Beispiel 3: Während der Komponentenmontage stellt sich heraus, dass die realen Abmessungen der gelieferten Komponente eines Unterlieferanten nicht mit den Maßen der Aufstellungszeichnung übereinstimmen. Die Komponente kann daher nicht montiert werden. Da eine Neuanfertigung mit den korrekten Maßen aus terminlichen Gründen nicht in Frage kommt, entschließt sich der Anlagenbauer die Fundamente zu ändern. Die damit verbundenen Kosten wird er als Kostenclaim gegenüber dem Unterlieferanten geltend machen. Ein Terminclaim gegenüber dem Auftraggeber ist in diesem Falle nicht möglich, da dieser nicht für die Unterlieferanten des Auftragnehmers verantwortlich zu machen ist.

Beispiel 4: Aufgrund eines Terminverzuges auf der Baustelle ruft der Anlagenbauer die großen Behälter erst einen Monat nach dem vereinbarten Auslieferungstermin ab. Wurde keine kostenlose Lagerung für diesen Zeitraum im Vertrag mit dem Behälterlieferanten vereinbart, wird dieser die mit der Lagerung der Behälter verbundenen Kosten gegenüber dem Anlagenbauer einfordern.

Beispiel 5: Der Hauptvertrag sieht vor, dass die leittechnische Ausrüstung zum Liefer- und Leistungsumfang des Auftraggebers bzw. des Betreibers gehört. Der Betreiber hat einen eigenen Unterlieferanten mit Lieferung der leittechnischen Hardware sowie der Erstellung des Leitprogramms beauftragt. Während der

Inbetriebsetzung stellt sich heraus, dass einige Funktionsabläufe der Anlage falsch programmiert wurden. Als Ursache werden fehlerhafte Angaben im Pflichtenheft des Anlagenbauers identifiziert. Der Unterlieferant wird zunächst sowohl ein Kostenclaim für diese Programmänderungen als auch ein Terminclaim wegen des damit verbundenen Zeitverzuges gegenüber seinem Auftraggeber aufstellen. Da der Betreiber nicht als Verursacher der Behinderung angesehen werden kann, leitet dieser die Kostenclaims an den verantwortlichen Anlagenbauer weiter. Das Terminclaim dient dem mit der Leittechniklieferung beauftragten Unterlieferanten, um sich vor seiner eigenen Terminpönale gegenüber dem Auftraggeber zu schützen. Wird der pönalisierte Endtermin für die Abnahme der Anlage durch diese Behinderung überschritten, kann der Auftraggeber keine Pönaleforderungen an seinen Unterlieferanten durchsetzen. Sehr wohl aber wird ihm dies gegenüber dem Anlagenbauer gelingen.

Beispiel 6: Während der Betonbauarbeiten meldet der Bauleiter der Projektleitung, dass ein Fundament um einen Meter versetzt gegossen wurde. Nach Prüfung der von der Projektleitung freigegebenen Schalpläne stellt man fest, dass es sich tatsächlich um einen Fehler der beauftragten Baufirma handelt. Nach entsprechender Prüfung auf der Baustelle und Rücksprache mit der Baufirma beschließen beide Parteien, dass eine Änderung der Fundamente sowohl zu kosten- als auch zu zeitintensiv ist. Daraufhin stellt die Projektleitung des Anlagenbauers gegenüber der Baufirma ein Claim auf. Dieses Kostenclaim enthält sämtliche Mehrkosten, die mit der Versetzung eines Fundamentes verbunden sind. Hierzu gehören insbesondere die Planungskosten für die Änderung sämtlicher anbindenden Rohrleitungen und die zusätzlichen Beschaffungs- und Änderungskosten für die Rohrleitungen, die bereits bestellt sind. Die zusätzliche Möglichkeit ein Terminclaim unterzubringen hängt vom Vertragsverhältnis zwischen Anlagenbauer und Baufirma ab. Handelt es sich bei der Baufirma um einen Unterlieferanten, ist ein Terminclaim gegenüber dem Auftraggeber nicht möglich. Der Betreiber wird das Terminclaim mit der Begründung zurückweisen, dass der Anlagenbauer für die Auswahl seiner Unterlieferanten selbst verantwortlich ist. Für deren Fehler kann der Auftraggeber nicht verantwortlich gemacht werden. Wenn es sich bei der Baufirma um einen Konsortialpartner (member of consortium) des Anlagenbauers handelt, müssen beide Parteien als gleichberechtigte Parteien das Leid der anstehenden Terminpönale teilen. Gehört der Baupart schließlich zum Liefer- und Leistungsumfang des Auftraggebers, wird der Anlagenbauer ein durch diese Behinderung entstandenes Terminclaim aufstellen und durchsetzen können.

Um ein Claim durchsetzen zu können, empfiehlt sich die Durchführung der folgenden Schritte:

– Ursache des Claims/Behinderung (cause),
– Rechtfertigung auf Basis des Vertrags (justification),
– Ermittlung der Kosten bzw. des Zeitverzuges (evaluation),
– Verhandlung und Festlegung des Claims (substantiation).

Zunächst muss die Behinderung und dessen Verursacher aufgezeigt werden. Anschließend muss die Vertragsgrundlage zitiert werden. Dann erfolgt eine Aufstellung der mit der Behinderung verbundenen Kosten bzw. Zeiten. Kosten für zusätzliche Leistungen sind häufig als Stundensätze im Vertrag verankert, damit derjenige, der das Claim aufstellt, keine erhöhten Stundensätze fordern kann. Dabei wird in der Regel zwischen Ingenieurs- und Montagestundensätzen unterschieden. Schließlich muss das Claim verhandelt und die gefundene Vereinbarung schriftlich niedergelegt werden.

Das größte Problem bei der Durchsetzung von Claims ist die psychologische Situation insbesondere für die Projektleitung des Anlagenbauers. Diese steckt eigentlich grundsätzlich in einer fast unlösbaren Konfliktsituation. Einerseits ist die Projektleitung an einem guten Ergebnis des Projektes seinem Arbeitgeber und auch sich selbst gegenüber interessiert, denn die Projektleitung ist bei einigen Unternehmen als Anreiz für einen hohen Einsatz prozentual am Projektergebnis beteiligt. Daher wird die Projektleitung versuchen, möglichst viele und hohe Claims durchzusetzen. Andererseits wünscht sich die Projektleitung und auch der Anlagenbauer einen zufriedenen Kunden, damit dieser wieder bei ihm Anlagen bestellt und ihn auch anderen Betreibern gegenüber weiterempfiehlt. Wenn die Projektleitung den Auftraggeber ständig mit Mehrungen und Claimsforderungen, die der Betreiber verschuldet haben soll, quasi belästigt, führt dies automatisch zu einem unzufriedenen Kunden.

Die Lösung kann nur in einer klaren vertraglichen Situation sowie einer eindeutigen Dokumentation des Projektverlaufes liegen. Wenn es gelingt, die kritische Frage nach dem Verursacher der Behinderung durch Vorlage eindeutiger Belege bzw. Dokumente zu klären und der Vertrag das Prozedere und die Kosten für Mehrungen und Behinderungen klar festlegt, darf es nicht zu einem Disput oder einer Missstimmung kommen.

3.3.6
Kündigung/Sistierung

Die meisten Verträge enthalten einen Paragraphen zur Kündigung (termination) und Sistierung (suspension) in der Art des nachfolgend aufgeführten Beispiels:

„Der Auftraggeber kann diesen Vertrag bis zur Vollendung des Werkes jederzeit kündigen. In diesem Fall wird der Auftraggeber dem Auftragnehmer die bis zum Kündigungstermin nachweislich erbrachten Lieferungen und Leistungen sowie nachweislich nicht mehr abwendbare Kosten aus eingeleiteten Produktionsmaßnahmen und Aufträgen mit Unterlieferanten vergüten.

Der Auftraggeber ist jederzeit berechtigt, die Abwicklung des Auftrages zu sistieren. Der Auftragnehmer verpflichtet sich, die Arbeiten auf der Baustelle und die Anlage gegen Beschädigung und Verlust für die Dauer der Sistierung zu sichern. Sofern die Sistierung den Zeitraum von zwei Wochen nicht überschreitet, können keine Mehrkosten vom Auftragnehmer geltend gemacht werden. Bei einer länger andauernden Sistierung werden die für die Sicherung der Baustelle sowie für die Wiederaufnahme der Arbeiten verursachten Kosten zum Vertragspreis hinzugefügt."

Im Falle einer solchen vertraglichen Vereinbarung kann der Auftraggeber das

Projekt entweder komplett kündigen oder sistieren bzw. unterbrechen. Die Gründe für eine Kündigung bzw. eine Unterbrechung sind vielfältig. In der Regel handelt es sich um grundsätzliche Probleme des Betreibers wie z. B. Insolvenz, kriegerische Auseinandersetzungen im Land der Anlagenerrichtung, politische Veränderungen etc..

Im Falle einer Kündigung müssen die erbrachten Leistungen und Lieferungen des Anlagenbauers erstattet werden. Diese müssen allerdings nachgewiesen werden, was bei den Lieferungen aufgrund vorhandener Rechnungen der Unterlieferanten normalerweise leicht fällt. Bei den Leistungen müssen die Planungsstunden nachgewiesen werden. Alternativ kann der Planungsstand anhand der fertiggestellten Dokumente aufgezeigt werden. Bei einer Kündigung des Auftrages wird der Anlagenbauer auch alle Aufträge an Unterlieferanten kündigen. Ist das Vormaterial schon eingetroffen oder befinden sich die Komponenten bereits in der Fertigung, so lassen sich die hiermit verbundenen Kosten nicht mehr abwenden. Der Auftraggeber muss auch diese Kosten tragen.

Die Passage zur Sistierung ist auftraggeberfreundlich. Sie ermöglicht es dem Auftraggeber, eine zweiwöchige Unterbrechung des Projektes vom Auftragnehmer zu fordern, ohne dass dieser mit der Unterbrechung verbundene Mehrkosten geltend machen kann. Erst bei einer längeren Unterbrechung müssen die Mehrkosten getragen werden. Der Anlagenbauer wird versuchen, ähnliche Vertragsvereinbarungen mit seinen Unterlieferanten auszuhandeln. Gelingt ihm dies, so sind seitens der Unterlieferanten keine Kostenforderungen zu befürchten.

Das Hauptproblem bei einer Sistierung liegt in der Weiterbeschäftigung des eingesetzten Personals. Je nach Projektphase sind die beteiligten Projektingenieure, Monteure oder das Inbetriebsetzungspersonal ohne sinnvolle Beschäftigung. Eine Weiterbeschäftigung in der Hoffnung auf eine Fortsetzung des Projektes ist riskant. Die Beschäftigten können auch schlecht alle in Zwangsurlaub geschickt werden. Der Einsatz bei einem anderen Projekt ist, sofern überhaupt vorhanden, ebenfalls schwierig. Ingenieure müssen sich erst in das neue Projekt einarbeiten, und Monteure sowie Betriebspersonal müssen an den neuen Standort versetzt werden. Die Entscheidung über das Vorgehen bei einer Sistierung obliegt daher der Unternehmensleitung des Auftragnehmers.

3.3.7
Versicherungen

In diesem Vertragskapitel müssen die Versicherungsarten und die Versicherungsnehmer festgelegt werden. Typische Versicherungsarten für verfahrenstechnische Projekte sind:

1. Montageversicherungen: Montageversicherungen decken die Risiken während der Montagephase ab. Neben unfallbedingten Schäden an Personen und Ausrüstungsgegenständen kann z. B. das Feuerrisiko während der Bauzeit eingeschlossen werden. Der Abschluss einer Montageversicherung gehört häufig zum Leistungsumfang des Auftraggebers.

2. Transportversicherungen: Die Risiken des Transportes von Materialien und Komponenten zur Baustelle trägt normalerweise der Auftragnehmer. Sofern er dieses Risiko nicht an seine Unterlieferanten weitergibt, wird der Anlagenbauer am Abschluss einer Transportversicherung interessiert sein. Das Transportrisiko hängt maßgeblich von den Entfernungen und den eingesetzten Transportmitteln ab.
3. Planungsversicherungen: Anlagenbauer können sich mit dieser Versicherungsart gegen Planungsfehler absichern. Der Auftraggeber ist an einer Planungsversicherung nicht interessiert, da die Planungsverantwortung beim Anlagenbauer liegt und der ordnungsgemäße Betrieb der Anlage bereits im Kapitel Gewährleistungen/Garantien vertraglich festgelegt ist. Da sich die mit Planungsfehlern verbundenen Risiken einerseits nur sehr schwer abschätzen lassen und andererseits erhebliche Schäden durch fehlerhafte Planung entstehen können, sind die Kosten für Planungsversicherungen entsprechend hoch.
4. Währungsversicherungen: Bei vielen Projekten sind die Auftraggeber ausländische Unternehmen und die Zahlung der Raten erfolgt aus Sicht des Anlagenbauers in der entsprechenden Auslandswährung. Da nicht alle Währungen so stabil sind wie die europäische, kann es zu Verlusten aufgrund von Währungsschwankungen kommen. Der Anlagenbauer kann sich durch Abschluss einer Währungsversicherung dagegen schützen.

In Abhängigkeit der Versicherungsart müssen zusätzliche Festlegungen getroffen werden:

- Welche Vertragspartei schließt die jeweilige Versicherung ab?
- Dauer der Versicherung,
- Festlegung eines Selbstbehaltes,
- Versicherungsort,
- Versicherungshöhe,
- Versicherungsleistungen im Schadensfall,
- Festlegung der Versicherungsprämien etc.

Es sollte an dieser Stelle erwähnt werden, dass viele Aspekte des Versicherungswesens durch gesetzliche Bestimmungen bzw. durch allgemeine Versicherungsbedingungen geregelt werden [5–6].

3.3.8
Geheimhaltung

Die Informationen und Unterlagen eines Projektes unterliegen in aller Regel der Geheimhaltung bzw. müssen vertraulich behandelt werden (confidential). Die vertrauliche Behandlung von Projektinformationen liegt dabei im Interesse sowohl des Betreibers als auch des Anlagenbauers. Beide wollen ihr Know-how vor der Konkurrenz schützen. Hierzu eignet sich eine Vertragspassage in etwa wie folgt:

„Auftragnehmer und Auftraggeber werden die im Rahmen dieses Vertrags erlangten Informationen und Unterlagen vertraulich behandeln. Zur Weitergabe an

Dritte sind Auftraggeber und Auftragnehmer nur mit Zustimmung des jeweils anderen Vertragspartners berechtigt. Veröffentlichungen, öffentliche Mitteilungen oder Pressemitteilungen über das Projekt bedürfen der Zustimmung des Auftraggebers.

Dritte im Sinne dieser Regelung sind jedoch nicht Mitarbeiter der Vertragspartner, berufsmäßige Berater und Sachverständige, die von den vertraulichen Informationen und Unterlagen zur Durchführung dieses Vertrags Kenntnis haben müssen. Auftragnehmer und Auftraggeber werden die vorgenannten Personen zur Geheimhaltung verpflichten.

Ausgenommen von dieser Regelung sind Informationen, die aufgrund von Rechtsvorschriften, rechtlichen Anordnungen, behördlichen Regelungen, rechtskräftigen gerichtlichen Entscheidungen oder im Rahmen von Genehmigungs- und Gerichtsverfahren offengelegt werden müssen."

3.3.9
Salvatorische Klausel

Die so genannte salvatorische Klausel lautet:

„Sollte eine Bestimmung dieses Auftrages unwirksam sein oder werden, so bleiben die übrigen Bestimmungen gültig. Die unwirksame Bestimmung ist durch eine wirksame Bestimmung zu ersetzen, die möglichst weitgehend den mit der unwirksamen Bestimmung angestrebten Zweck erreicht."

Zwischen den jeweils geltenden gesetzlichen Bestimmungen und Paragraphen eines Projektvertrags kann es zu Widersprüchen kommen. Außerdem können die gesetzlichen Regelungen vom Gesetzgeber womöglich während der Projektlaufzeit geändert werden. Damit in solchen Fällen nicht das gesamte Vertragswerk angefochten werden kann, legt man mit der salvatorischen Klausel fest, dass nur die mit Widersprüchen behaftete Passage angepasst werden muss.

3.3.10
Inkrafttreten

Eine typische Formulierung zum Inkrafttreten des Auftrages lautet:

„Die kurze vorbehaltlose schriftliche Auftragsbestätigung des Auftrages – ohne Textwiederholung – ist die Annahme dieses Auftrages."

Besonderer Bedeutung kommt dabei dem Wort „vorbehaltlos" zu. In der Praxis kommt es immer wieder vor, dass der Auftragnehmer eben keine vorbehaltlose Auftragsbestätigung (confirmation of order) erstellt. Die Gefahr, dass Vorbehalte gemacht werden, ist besonders groß, wenn strittige Aspekte nicht hinlänglich ausgehandelt wurden.

Beispiel: Während der Vertragsverhandlungen war die Lieferung der Anlagenbeschilderung immer wieder ein strittiger Punkt. Die Beschilderung war im Angebot des Anlagenbauers nicht enthalten und somit auch nicht im Preis berücksichtigt. Der Betreiber bestand auf der Lieferung der Anlagenbeschilderung zum bereits mehrfach heruntergehandelten Kaufpreis. In der letzten Vertragsverhandlung konnte keine eindeutige Einigung erzielt werden. Der Betreiber schickt dem Anlagenbauer den Auftrag in der Annahme zu, dass dieser wohl einlenken werde. Der Anlagenbauer nimmt den Auftrag zwar schriftlich an, macht jedoch einen Vorbehalt hinsichtlich der Anlagenbeschilderung. Wenn der Auftraggeber hierauf nicht reagiert, wird das als stillschweigendes Einverständnis angesehen. Das bedeutet, dass der Anlagenbauer für die Lieferung der Beschilderung zusätzliche Kosten im Sinne einer Mehrung geltend machen wird.

Erwähnenswert ist auch der Hinweis „ohne Textwiederholung". Damit schützt sich der Verfasser des Vertragswerkes vor „kleinen" Änderungen, die die andere Vertragspartei zu ihren Gunsten einbringt, und zwar in der Hoffnung, dass dies nicht auffällt. Die Gefahr kleine Änderungen zu übersehen ist tatsächlich groß, denn beim wiederholten Lesen desselben Dokumentes wird man bekanntlich „blind".

Im Normalfall werden die einzelnen Seiten des Vertrags von entsprechend befugten Vertretern (z. B. der Engineer des Betreibers und der Projektleiter des Anlagenbauers) geprüft und von beiden abgezeichnet, was als Paraphieren bezeichnet wird. Damit sind nachträgliche Änderungen nicht mehr ohne weiteres möglich. Die eigentlichen Unterschriften im Auftrag bzw. in der Auftragsbestätigung leisten ebenfalls entsprechend befugte Vertreter der beiden beteiligten Unternehmen bzw. Parteien. Die Legitimierung geht aus betriebsinternen Unterschriftenregelungen hervor. Bei größeren Beträgen, die bei den hier besprochenen Projekten vorliegen, sind üblicherweise eine oder mehrere Unterschriften von Prokuristen oder der Geschäftsleitung erforderlich (siehe Kapitel 3.3.11 Unterschriftenregelungen).

Bedenkt man die Größenordnung der Geldbeträge einerseits und den hohen Einsatz der beteiligten Mitarbeiter andererseits, versteht es sich eigentlich von selbst, dass nach der Vertragsunterzeichnung ein kleiner Sektumtrunk stattfindet.

3.3.11
Unterschriftenregelungen

Einleitend sei eindringlich darauf hingewiesen, außerordentlich vorsichtig mit dem Unterzeichnen von Dokumenten zu sein! Im allerschlimmsten Fall muss der Unterzeichner mit seinem persönlichen Vermögen für die Folgen einer fehlerhaft angebrachten Unterschrift aufkommen. D. h. im Klartext, dass der Unterzeichner eine Beschaffung, bei der er seine Kompetenzen überschritten hat, vom eigenen Sparkonto begleichen muss, was in Anbetracht der üblichen Summen im Anlagenbaugeschäft unweigerlich zum privaten Ruin führen muss.

Die juristischen Regelungen im Zusammenhang mit Unterschriften sind sehr komplex. Hinzu kommen üblicherweise betriebsinterne Unterschriftenregelungen, die zu beachten sind.

Zunächst muss die Gesellschaftsform des Unternehmens berücksichtigt werden. Bei großen Firmen handelt es sich häufig um Aktiengesellschaften (AGs). Die Geschäftsführung wird vom Vorstand wahrgenommen, deren Mitglieder einen Vorsitzenden wählen. Gesellschaften mit beschränkter Haftung (GmbHs) haben einen oder mehrere Geschäftsführer (member of executive board). Bei größeren

Unternehmen sind oft mehrere GmbHs oder/und AGs in einer so genannten Verbundgesellschaft zusammengefasst. Die Vorstandsmitglieder und Geschäftsführer verfassen ihren Schriftverkehr in der „Ich-Form" und unterzeichnen ohne Zusatz. Sie können einzelnen Personen zur Wahrnehmung von Firmeninteressen mehr oder weniger weitreichende Rechte übertragen. Hierzu gehören insbesondere die Prokura bzw. die Handlungsvollmacht. Im Handelsgesetzbuch (HGB) sind z. B. die Kompetenzen eines Prokuristen (§ 49) und eines Handlungsbevollmächtigten (§ 54) geregelt. Danach sind Prokuristen grundsätzlich zu allen Arten von gerichtlichen und außergerichtlichen Geschäften und Rechtshandlungen ermächtigt, die der Betrieb eines Handelsgewerbes mit sich bringt, z. B.

- An- und Verkäufe,
- Einstellung und Entlassung von Personal,
- Aufnahme von Darlehen,
- Wechsel begeben,
- Zahlungen entgegennehmen,
- Prozesse führen.

Was Prokuristen nicht möglich ist bzw. den Geschäftsführern überlassen bleibt, ist z. B.

- Veräußerung und Belastung von Grundstücken,
- Änderung der Firma,
- Veräußerung des Unternehmens,
- Erteilung von Prokura,
- Jahresabschluss unterzeichnen.

Geschäftsführer und Prokuristen eines Unternehmens sind im Handelsregister aufgeführt. Prokuristen unterzeichnen Dokumente dabei mit dem Zusatz „ppa" (per procura) neben ihrem Namen.

Ein Handlungsbevollmächtigter unterscheidet sich vom Prokuristen im Wesentlichen dadurch, dass er/sie nur solche Geschäfte und Rechtshandlungen vornehmen darf, die der Betrieb eines derartigen Gewerbes gewöhnlich mit sich bringt. D. h. er/sie darf nicht plötzlich einen Zirkus kaufen, wenn der Betrieb mit Wärmetauschern handelt. Ein weiterer wesentlicher Unterschied ist u. a., dass der Handlungsbevollmächtigte kein Personal einstellen oder entlassen darf.

Neben den gesetzlichen Festlegungen haben die Firmen meistens noch eigene Unterschriftenregelungen. Darin ist vor allem die Höhe der Beträge von Bestellungen und Verkäufen geregelt.

Beispiel: Ein einzelner Handlungsbevollmächtigter darf bis zu einem Betrag von 200.000,- € bestellen oder verkaufen. Bei höheren Beträgen müssen zwei Handlungsbevollmächtigte unterzeichnen. Ab einem Betrag von 500.000,- € ist die Unterschrift eines Prokuristen erforderlich. Oberhalb von 1.000.000,- € muss die Geschäftsführung unterzeichnen.

Als Berufseinsteiger darf man eigentlich überhaupt nichts unterschreiben! Man muss immer zum Vorgesetzten gehen und sich eine Unterschrift holen. Je nach Verlauf der Karriere bekommt man Handlungsvollmacht erteilt. Die Projektleiter

z. B. haben häufig Handlungsvollmacht und unterzeichnen daher mit „i. V.". Die Handlungsvollmacht kann dabei auf das jeweilige Projekt, für das der betreffende Projektleiter gerade verantwortlich ist, beschränkt werden.

Der Zusatz „i. A." steht für „im Auftrag". In der Regel dürfen i. A.-Unterzeichnende keine vertragsrelevanten Dokumente unterzeichnen.

Literatur

1 William J. Hirsch: The Contracts Management Deskbook; American Management Association, New York
2 Ralph C. Hoeber et al.: Contemporary Business Law – Principles and Cases; McGraw Hill Verlag, New York
3 L. Rushbrooke: Working with FIDIC – A Practical Approach to its Use in the Middle East; Chartered Institute of Building, London
4 Gosta Westring: Balance of Power in the FIDIC Contract with Special Emphasis on the Powers of the Engineer; International Construction Law Review
5 Hans Rudolf Sangenstedt: Der Architekten- und Ingenieurvertrag; Schriftenreihe Architekten und Ingenieure, erhältlich beim Gerling Versicherungskonzern
6 Thomas Noebel: Die Baustellenverordnung (BaustellV.); Schriftenreihe Architekten und Ingenieure; erhältlich beim Gerling Versicherungskonzern

4
Abwicklung

Die Abwicklungsphase des Projektes (project execution) schließt unmittelbar an die Auftragserteilung an. Im Vergleich zu den anderen Projektphasen ist die Abwicklung mit dem größten Aufwand verbunden. Hierfür ist im Wesentlichen das so genannte „Detail Engineering" verantwortlich. Weitere wesentliche Bestandteile der Projektabwicklung sind die Beschaffung und Montage sowie die Inbetriebsetzung der Anlage. Abgeschlossen wird ein Projekt – mit Ausnahme des bereits erwähnten Betreibermodells – mit dem vertraglich spezifizierten Garantie- oder Probelauf. Bei erfolgreichem Abschluss des Garantielaufs wird die Abnahme der Anlage erteilt. Damit beginnt die Gewährleistungszeit, in der auftretende Mängel von einer Serviceabteilung, sofern vorhanden, abgewickelt werden.

Die oben genannten Abwicklungsphasen sollen, soweit möglich, chronologisch in den folgenden Kapiteln behandelt werden. Dabei wird kein Wert auf eine vollständige Darstellung aller denkbaren Planungsaktivitäten gelegt. Vielmehr sollen die prinzipiellen Vorgehensweisen anhand von Beispielen vermittelt werden, die in der verfahrenstechnischen Praxis immer wieder vorkommen. Besondere Betonung wird dabei auf den stark interdisziplinären Charakter und die Teamfähigkeit im Rahmen der Projektabwicklung gelegt.

Der Umfang bzw. die Komplexität der Detail Engineering Aktivitäten hängt, wie in Kapitel 1.2 Projekt dargestellt, im Wesentlichen von der Projektart und -größe ab.

4.1
Projektorganisation

Bevor mit der eigentlichen ingenieursmäßigen Abwicklung des Projektes begonnen werden kann, muss die Projektstruktur festgelegt werden. Die beiden wesentlichen Ziele, die dabei verfolgt werden, sind:

- Abwicklung des Projektes in der vorgegebenen Zeit und vertraglich geforderten Qualität,
- Einhaltung oder besser noch Unterschreitung der in der Vorkalkulation vorgegebenen Projektkosten.

Spätestens bei mittelgroßen Projekten müssen hierzu entsprechende Strukturen geschaffen werden, um eine zeitliche und qualitative Optimierung der Arbeitsabläufe zu ermöglichen.

4.1.1
Projektstrukturen

Bei der Planung und Abwicklung eines Projektes muss eine Vielzahl von Arbeiten ausgeführt werden. Diese Arbeiten werden im Zusammenhang mit der Projektorganisation als „Aktivitäten" bezeichnet. Mit Aktivitäten sind sowohl planerische Arbeiten gemeint, deren Ergebnis ein Dokument ist, als auch körperliche Aktivitäten z. B. während der Montage (Erd-, Beton- und Maurerarbeiten; Aufladen, Transport und Abladen; Ausrichten und Montieren; Schweißen, Kleben, Löten und Verschrauben etc.) und Inbetriebsetzung (Reinigungsarbeiten, Bedienung der Maschinen, Kontrollen etc.).

Um die Fülle der Aktivitäten im Planungsbereich zu verdeutlichen, ist in Tabelle 4.1 bis 4.4 eine Auswahl von zu erstellenden Projektdokumenten bzw. Planungsaktivitäten aufgeführt. Die einzelnen Aktivitäten bzw. Dokumente können durch Nummern gekennzeichnet und übergeordneten Planungspaketen zugeordnet werden. Damit ergibt sich eine Strukturierung des Projektes.

Erschwerend kommt der Umstand hinzu, dass sich viele Dokumente nicht unabhängig voneinander bearbeiten lassen. Bei der Erstellung solcher Dokumente muss eine zeitliche Abfolge beachtet werden.

Beispiel 1: Rohrleitungsisometrien können erst dann erstellt werden, wenn die Rohrleitungspläne vorliegen.

Beispiel 2: Rohrleitungspläne wiederum lassen sich nur bei Vorliegen des Layouts, der Rohrleitungs- und Instrumentenfließbilder sowie der Rohrtrassenpläne erstellen.

Beispiel 3: Die Nennweiten in den Rohrleitungs- und Instrumentenfließbildern setzen die Durchführung der hydraulischen Auslegung voraus.

Schließlich können sich bei der Erstellung neuer Dokumente rückwirkend Änderungen für bereits erstellte Dokumente ergeben, die wiederum Voraussetzung für die Erstellung der neuen Dokumente sind.

Beispiel: Die Rohrleitungsplanung setzt zwar das Vorhandensein der Rohrleitungs- und Instrumentenfließbilder voraus. Vielfach lassen sich jedoch die Stellen für Entleerungs- und Entlüftungsarmaturen erst nach der Rohrleitungsplanung festlegen. Außerdem kann die Rohrleitungsplanung offenlegen, dass zusätzliche Entleerungen oder Entlüftungen erforderlich sind. Damit müssen rückwirkend die entsprechenden Rohrleitungs- und Instrumentenfließbilder überarbeitet werden.

Neben der großen Anzahl von Aktivitäten und deren oben erläuterter „Verzahnung" muss die Zeitabhängigkeit der Aktivitätendichte berücksichtigt werden. In Abbildung 4.1 ist die Aktivitätendichte über der Laufzeit eines fiktiven Projektes dargestellt.

Deutlich zu erkennen sind die drei Peaks im Aktivitätsverlauf. Der erste Peak befindet sich im Zeitraum des Detail Engineerings und ist im Wesentlichen auf die

Tab. 4.1 Aktivitäten in der Projektabwicklung (Teil 1)

Planungs-nummer	Dokument	Arbeitspaket
1.1	**Projekt-Management**	Projekt-Management
1.1.01	Projekt-Handbuch	Projekt-Management
1.1.02	Ordnersystematik	Projekt-Management
1.1.03	Projektfortschrittsbericht	Projekt-Management
1.1.04	Interne Berichte	Projekt-Management
1.1.05	Lieferantenliste	Projekt-Management
1.1.06	Liste der technischen Spezifikationen	Projekt-Management
1.1.07	Projekt-Organisationsplan	Projekt-Management
1.1.08	Claim-Abwicklungsrichtlinie	Projekt-Management
1.1.09	Dokumentenliste (Zeichnungsverzeichnis)	Projekt-Management
1.1.10	Formblatt Dokumentenverteilung	Projekt-Management
1.2	**Angebotserstellung**	Angebotserstellung
1.2.01	Kaufmännische Angebotsbedingungen	Angebotserstellung
1.2.02	Kaufmännische Auftragsbedingungen	Angebotserstellung
1.2.03	Kundenspezifikationen	Angebotserstellung
1.2.04	Schnittstellenliste	Angebotserstellung
1.3	**Projekt-Kalkulation**	Projekt-Kalkulation
1.3.01	Kostenermittlung / Projektierungsphase	Projekt-Kalkulation
1.3.02	Engineering-Stunden (eigen)	Projekt-Kalkulation
1.3.03	Auftragsrisikoliste	Projekt-Kalkulation
1.3.04	Vorkalkulation (detailliert)	Projekt-Kalkulation
1.3.05	Angebotsanalyse	Projekt-Kalkulation
1.4	**Projektsteuerung**	Projektsteuerung
1.4.01	Projekt-Strukturplan	Projektsteuerung
1.4.02	Gesamtterminplan	Projektsteuerung
1.4.03	Rahmennetzplan	Projektsteuerung
1.4.04	Ablaufplan Qualitätskontrollen	Projektsteuerung
1.4.05	Personaleinsatzplanung	Projektsteuerung
1.4.06	Projekt-Controlling	Projektsteuerung
1.5	**Rechnungsprüfung**	Rechnungsprüfung
1.6	**Qualitätssicherung**	Qualitätssicherung
1.6.01	QS-Plan Komponenten	Qualitätssicherung
1.6.02	QS-Plan Rohrleitungen	Qualitätssicherung
1.6.03	Prüfanweisungen	Qualitätssicherung
1.6.04	Schweißplan	Qualitätssicherung
1.7	**Dokumentation**	Dokumentation
1.7.01	Anlagendokumentation	Dokumentation
1.7.02	Qualitätsdokumentation	Dokumentation
1.7.03	Materialzeugnis	Dokumentation
1.7.04	Prüfdiagramm	Dokumentation
1.7.05	Sicherheitsventil-Einstellprotokoll	Dokumentation
1.7.06	TÜV-Abnahmeprotokoll	Dokumentation
1.7.07	TÜV-Vorprüfunterlagen	Dokumentation
1.7.08	ZfP-Protokoll	Dokumentation
1.7.09	Wärmebehandlungsprotokoll	Dokumentation
1.7.10	Genehmigungsdokumentation	Dokumentation

Tab. 4.2 Aktivitäten in der Projektabwicklung (Teil 2)

Planungs-nummer	Dokument	Arbeitspaket
1.7.11	Montageunterlagen	Dokumentation
1.7.12	Inbetriebnahmeunterlagen	Dokumentation
1.7.13	Schulungsunterlagen	Dokumentation
1.7.14	Instandhaltungsdokumentation	Dokumentation
1.7.15	End-Dokumentation	Dokumentation
1.7.16	Betriebshandbuch	Dokumentation
2.1	**Genehmigungsplanung**	Genehmigungsplanung
2.1.01	Probendokumentation	Genehmigungsplanung
2.1.02	Flächeneigenschaftskarte	Genehmigungsplanung
2.1.03	Entsorgungs-/Verwertungsnachweis	Genehmigungsplanung
2.1.04	Entsorgungsantrag	Genehmigungsplanung
2.10	**Maschinen- und Apparatetechnik**	Maschinen- und Apparatetechnik
2.10.01	Maschinenzeichnungen/Stücklisten	Maschinen- und Apparatetechnik
2.10.02	Techn. Bestellspezifikation für Maschinen u. Apparate	Maschinen- und Apparatetechnik
2.10.03	Verschleißteillisten	Maschinen- und Apparatetechnik
2.10.04	Ersatzteillisten	Maschinen- und Apparatetechnik
2.10.05	Reparaturanleitung	Maschinen- und Apparatetechnik
2.10.06	Schmierstofflisten/Schmiermittelliste	Maschinen- und Apparatetechnik
2.10.07	Schmieranleitung/Schmierplan	Maschinen- und Apparatetechnik
2.10.08	Sonderwerkzeuglisten	Maschinen- und Apparatetechnik
2.10.09	Leitzeichnungen für Einrichtungen	Maschinen- und Apparatetechnik
2.10.10	Fertigungszeichnungen für Apparate	Maschinen- und Apparatetechnik
2.10.11	Gesamtzeichnungen (Übersichtszeichnung)	Maschinen- und Apparatetechnik
2.11	**Rohrleitungstechnik**	Rohrleitungstechnik
2.11.01	Rohrleitungsklasse	Rohrleitungstechnik
2.11.02	Projektvorschrift Rohrleitungstechnik	Rohrleitungstechnik
2.11.03	Rohrleitungsberechnung	Rohrleitungstechnik
2.11.04	Rohrleitungsplan	Rohrleitungstechnik
2.11.05	Rohrtrassenplan	Rohrleitungstechnik
2.11.06	Isometrische Rohrleitungszeichnungen	Rohrleitungstechnik
2.11.07	Rohrleitungsstückliste	Rohrleitungstechnik
2.11.08	Liste der Rohrhalterungen	Rohrleitungstechnik
2.11.09	Zeichnungen der Rohrhalterungen	Rohrleitungstechnik
2.12	**Isolierung und Oberflächenschutz**	Isolierung und Oberflächenschutz
2.12.01	Liste der Isolierungen	Isolierung und Oberflächenschutz
2.12.02	Dämmungs-Ausführungszeichnungen (Wärme, Kälte, Schall)	Isolierung und Oberflächenschutz

Tab. 4.3 Aktivitäten in der Projektabwicklung (Teil 3)

Planungs-nummer	Dokument	Arbeitspaket
2.2	**Aufstellungsplanung**	Aufstellungsplanung
2.2.01	Aufstellungsplan/Layout	Aufstellungsplanung
2.2.02	Gebäudezeichnung	Aufstellungsplanung
2.2.03	Belastungsplan	Aufstellungsplanung
2.2.04	Fundamentplan	Aufstellungsplanung
2.2.05	Kabel-Trassenplan	Aufstellungsplanung
2.2.06	Flucht- und Rettungswegeplan	Aufstellungsplanung
2.2.07	Ex-Zonenplan	Aufstellungsplanung
2.3	**Verfahrenstechnik**	Verfahrenstechnik
2.3.01	Verfahrenstechnische Berechnungen	Verfahrenstechnik
2.3.02	Grundfließbild mit Grund- und Zusatzinformation	Verfahrenstechnik
2.3.03	Verfahrensfließbild mit Grund- und Zusatzinformation	Verfahrenstechnik
2.3.04	Verfahrensbeschreibung	Verfahrenstechnik
2.3.05	Bilanzierung (Volllast, Teillast)	Verfahrenstechnik
2.4	**Sicherheitstechnik**	Sicherheitstechnik
2.4.01	Absicherungskonzept Druck/Temperatur	Sicherheitstechnik
2.4.02	Brandschutzplan	Sicherheitstechnik
2.4.03	Störfallbetrachtung	Sicherheitstechnik
2.4.04	Katalog Sicherheitsmaßnahmen	Sicherheitstechnik
2.5	**Systemtechnik**	Systemtechnik
2.5.01	RI-Fließbilder	Systemtechnik
2.5.02	Betriebsmittelliste/Kühlmittelliste	Systemtechnik
2.5.03	Komponentenliste	Systemtechnik
2.5.04	Armaturenliste	Systemtechnik
2.5.05	Pumpenkennlinien	Systemtechnik
2.5.06	Druckverlustberechnungen	Systemtechnik
2.5.07	Technisches Datenblatt	Systemtechnik
2.5.08	Funktionsbeschreibungen/Steuerungen und Regelungen	Systemtechnik
2.5.09	Funktionspläne	Systemtechnik
2.5.10	Lageplan elektrische Verbraucher	Systemtechnik
2.5.11	Lageplan Messstellen	Systemtechnik
2.6	**E-MSR-Technik**	E-MSR-Technik
2.6.01	E-Verbraucherliste	E-MSR-Technik
2.6.02	Aufstellungsplan Schaltanlagen	E-MSR-Technik
2.6.03	Installationsplan Kommunikationseinrichtung	E-MSR-Technik
2.6.04	Kabelliste	E-MSR-Technik
2.6.05	Technische Spez. E-Technik	E-MSR-Technik
2.6.06	Erdungsplan	E-MSR-Technik
2.6.07	Stromlaufpläne	E-MSR-Technik
2.6.08	Beleuchtungsübersichtsplan	E-MSR-Technik
2.6.09	Elektroinstallationsplan	E-MSR-Technik
2.6.10	Klemmleistenplan	E-MSR-Technik
2.6.11	Unterverteilerplan	E-MSR-Technik

Tab. 4.4 Aktivitäten in der Projektabwicklung (Teil 4)

Planungs-nummer	Dokument	Arbeitspaket
2.6.13	Messstellenliste	E-MSR-Technik
2.6.14	Mechanischer Messaufbau (Hook-ups)	E-MSR-Technik
2.6.15	Kabelliste	E-MSR-Technik
2.6.16	Technische Spezifikation für leittechnische Ausrüstung	E-MSR-Technik
2.6.17	Bestellspezifikation für die leittechnische Ausrüstung	E-MSR-Technik
3.1	**Projekt-Einkauf**	Projekt-Einkauf
3.1.01	Materialbedarfsmeldung	Projekt-Einkauf
3.1.02	Liste der anzufragenden Firmen	Projekt-Einkauf
3.1.03	Verhandlungsprotokoll	Projekt-Einkauf
3.1.04	Besprechungsprotokoll	Projekt-Einkauf
3.1.05	Kaufmännischer Angebotsvergleich	Projekt-Einkauf
3.1.06	Bestellung	Projekt-Einkauf
3.1.07	Lieferanmahnung	Projekt-Einkauf
3.1.08	Mängelrüge	Projekt-Einkauf
3.1.09	Expediting – Besuchsbericht/Kurzbericht	Projekt-Einkauf
3.1.10	Fortschrittsbericht von Lieferanten	Projekt-Einkauf
3.1.11	Abnahmeprotokolle	Projekt-Einkauf
3.1.12	Dokumentationscheckliste	Projekt-Einkauf
3.2	**Versand**	Versand
3.2.01	Frachtbrief	Versand
3.2.02	Versandanzeige/Lieferschein	Versand
3.2.03	Ausfuhrerklärung	Versand
3.2.04	Zollrechnung	Versand
3.2.05	Versicherungszertifikat	Versand
3.2.06	Verpackungsplan	Versand
3.3	**Montage**	Montage
3.3.01	Montageterminplan	Montage
3.3.02	Personaleinsatzplanung	Montage
3.3.03	Baustelleneinrichtungsplan	Montage
3.3.04	Einlagerungsvorschriften	Montage
3.3.05	Montageanleitung	Montage
3.3.06	Tagesbericht	Montage
3.3.07	Wareneingangskontrollbericht	Montage
3.3.08	Abweichungsmeldung	Montage
3.3.09	Montageendabnahmeprotokoll	Montage
3.3.10	Mängelpunktliste	Montage
3.3.11	As-built Darstellung in Montagedokumenten	Montage
3.4	**IBS**	IBS
3.4.02	Inbetriebsetzungsterminplan	IBS
3.4.03	Maschinen-Probelaufprotokoll	IBS
3.4.04	Probebetriebsprotokoll	IBS
3.4.05	Abschlussprotokoll des Probebetriebs	IBS
3.4.06	Prüfprotokoll Betriebsparameter	IBS
3.4.07	Inbetriebsetzungs-Tagebuch	IBS

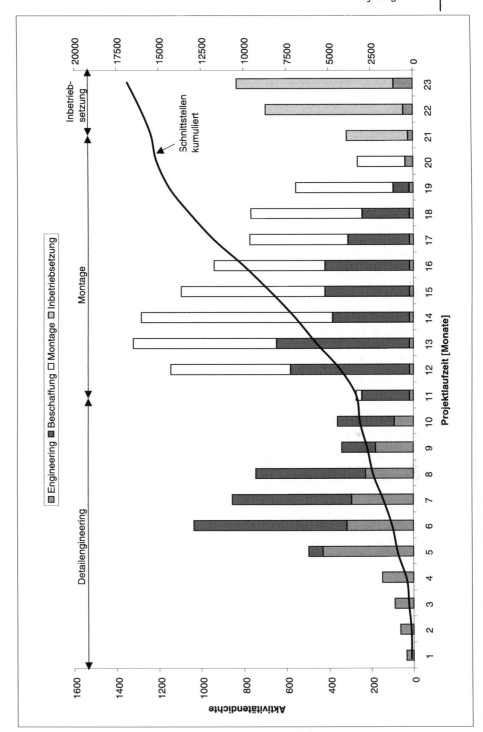

Abb. 4.1 Verlauf der Aktivitätendichte in Abhängigkeit der Projektlaufzeit

nach etwa 6 Monaten Projektlaufzeit anstehenden zahlreichen Beschaffungsaktivitäten zurückzuführen. Nachdem die Hauptbestellungen getätigt worden sind, fällt die Aktivitätendichte wieder deutlich ab. Im zweiten Projekthalbjahr konzentrieren sich die Aktivitäten auf das Rohrleitungsengineering, die Restbestellungen und das Expediting, auf das in Kapitel 4.3 Komponentenbeschaffung eingegangen wird. Der signifikante Aktivitätenanstieg nach etwa einem Jahr resultiert aus der beginnenden Montage. Nach Überschreiten des Montagepeaks fällt die Aktivitätendichte wieder bis auf ein Minimum ab. In dieser Zeit werden Restarbeiten der Montage abgewickelt und die bevorstehende Inbetriebsetzung vorbereitet. Schließlich steigt die Zahl der Aktivitäten am Ende des Projektes, also während der Inbetriebsetzung und des Garantielaufs wieder deutlich an. Die genaue Abfolge und Höhe der Peaks hängt von der Projektgröße und -laufzeit ab.

Den einzelnen Aktivitäten müssen Personen, die man im Rahmen des Projektmanagements als „Ressourcen" bezeichnet, zugeordnet werden. Um die oben genannten Ziele der Projektorganisation zu erreichen, muss die Summe der auszuführenden Aktivitäten mit so wenig Ressourcen wie möglich durchgeführt werden. Mit anderen Worten: Der Personalaufwand ist zu minimieren. Der zeitliche Verlauf der Schnittstellendichte verdeutlicht, dass ein zeitlich stark schwankender Personalbedarf im Laufe eines Projektes entsteht.

Die Vielzahl, zeitliche Abfolge und Verzahnung der Aktivitäten setzt ein gutes Projektmanagement zwingend voraus. Hierzu existieren unterschiedliche Varianten [1–5], von denen die aus Sicht des Autors wichtigsten beiden im Folgenden erläutert werden sollen.

1. Stabsmanagement: Das Unternehmen ist in verschiedene Abteilungen aufgeteilt, die einzelne Planungspakete durchführen können. Für die Abwicklung eines Projektes wird ein Projektleiter benannt, der für die Termine und Kosten verantwortlich ist. Zur Durchführung der Aktivitäten seines Projektes muss sich der Projektleiter mit den jeweiligen Abteilungsleitern abstimmen. Die Weisungsbefugnis gegenüber den Projektingenieuren liegt bei den Abteilungsleitern. Diese Form des Projektmanagements wird häufig bei Projekten kleinerer bis mittlerer Größe eingesetzt.
2. Autonomes Management: Dem Projektleiter wird ein Team von Mitarbeitern zugeteilt, das sich ausschließlich mit der Abwicklung dieses einen Projektes befasst. Die Weisungsbefugnis gegenüber den Projektingenieuren liegt beim Projektleiter. Diese Form des Projektmanagements kommt in der Regel bei mittleren und großen Projekten zum Tragen.

Beide Managementvarianten haben Vor- und Nachteile. Als Hauptnachteil des Stabsmanagements ist die interne Konfliktsituation des Projektleiters zu bezeichnen. Er trägt zwar die eigentliche Verantwortung für das Projekt, hat aber keine direkte Zugriffsmöglichkeit auf Personal. Der Projektleiter ist auf den guten Willen der Abteilungsleiter angewiesen. Vorteile ergeben sich allerdings bei der gleichzeitigen Abwicklung von mehreren Projekten sowie in der besseren Auslastung der Mitarbeiter. Beim autonomen Management sind die Verhältnisse eindeutiger. Durch die direkte Zuteilung der Mitarbeiter zum jeweiligen Projekt ergibt sich eine klare Identifikation des Teams mit dem Projekt. Das Hauptproblem liegt in der gleichmäßigen Auslastung der Beteiligten.

Neben den Managementvarianten können separate oder gemeinsame Abteilungen für die Projektierung und die Abwicklung existieren. Auch hier ergeben sich Vor- und Nachteile.

1. Separate Abteilungen für die Projektierung und die Abwicklung: Die Projektierungsabteilung ist praktisch ausschließlich für die Akquisition der Aufträge verantwortlich. Ihre Hauptaufgaben sind daher das Basic Engineering und die Vorkalkulation. Die Abwicklungsabteilung übernimmt das Projekt lediglich im Falle der Auftragserteilung und ist daher für das Detail Engineering, die Beschaffung, Montage und Inbetriebsetzung verantwortlich. Es werden unterschiedliche Projektleiter für die Projektierung bzw. Abwicklung eingesetzt.
2. Gemeinsame Projektierung und Abwicklung: Der mit der Projektierung betraute Projektleiter führt diese Funktion auch im Falle der erfolgreichen Akquisition weiter. Das Projektteam ist somit für sämtliche Aktivitäten im Rahmen der Projektierung und Abwicklung zuständig.

Zunächst erscheint die gemeinsame Projektierung und Abwicklung als die vorteilhaftere Variante. Es treten praktisch keine Schnittstellenprobleme bzw. Informationsverluste bei der Übergabe von der Projektierungs- an die Abwicklungsabteilung auf. Der Kunde kennt den Projektleiter aus der Projektierungsphase und muss sich nicht an ein „neues Gesicht" gewöhnen. Der Projektleiter wird im eigenen Interesse darauf achten, dass die verfahrenstechnischen, terminlichen und kommerziellen Vorgaben aus der Projektierung sich auch in der Abwicklung einhalten lassen.

Dem stehen jedoch einige Nachteile gegenüber: Insbesondere erfahrene Projektleiter wissen um die möglichen Unwägbarkeiten bzw. Risiken im Ablauf eines Projektes und neigen daher dazu, entsprechende Sicherheitsreserven sowohl bei den Kosten als auch bei den Terminen zu fordern. Dies führt zu einer Verschlechterung der Angebote gegenüber der Konkurrenz. Das Risiko, den Auftrag zu verlieren, ist somit größer. Bei getrennten Projektierungs- und Abwicklungsabteilungen wird der Projektleiter der Projektierung eher dazu neigen, Preisnachlässe und Kompromisse bei den Terminvereinbarungen einzugehen. Er wird schließlich an den erfolgreichen Akquisitionen gemessen. Die gemeinsame Projektierung und Abwicklung setzen zudem ein höheres Qualifikationsniveau der beteiligten Mitarbeiter voraus. Sie müssen quasi alle Aktivitäten eines Projektes beherrschen.

Welche der oben beschriebenen Organisationsvarianten zum Tragen kommt, wird von der jeweiligen Unternehmensführung festgelegt.

Die Projektstruktur und die beteiligten Mitarbeiter gehen aus dem so genannten Organigramm hervor. In Abbildung 4.2 ist beispielhaft ein Organigramm mit autonomer Projektorganisation dargestellt.

Mit Ausnahme des Abteilungsleiters der Abwicklung sind alle dargestellten Mitarbeiter ausschließlich mit einem Projekt betraut. Müssen gleichzeitig mehrere Projekte abgewickelt werden, so werden ähnlich zusammengesetzte Projektteams organisiert. Im oben dargestellten Organigramm sind drei Hierarchieebenen zu

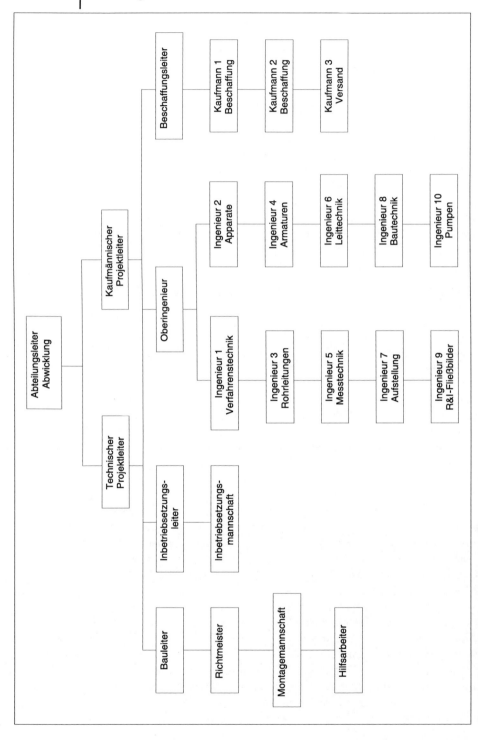

Abb. 4.2 Beispiel eines Organigramms mit autonomer Projektorganisation

erkennen. Der Abteilungsleiter untersteht im Normalfall der Geschäfts- oder Geschäftsbereichsleitung und hat die Ergebnisse aller in der Abwicklung befindlichen Projekte zu vertreten. Die Projektleitung übernehmen bei diesem Beispiel zwei Personen, die das Ergebnis ihres Projektes gegenüber dem Abteilungsleiter zu vertreten haben. Der kaufmännische und technische Projektleiter sind gleichberechtigt, was eine entsprechende Kommunikationsfähigkeit voraussetzt. Während der technische Projektleiter im Wesentlichen für die Einhaltung der technischen Spezifikationen, die Projektkoordination, den Projektschriftverkehr sowie die Termin- und Fortschrittskontrollen zuständig ist, liegen Aufgaben wie die Vertragsgestaltung, der Einkauf, das Controlling, die Berichterstattung gegenüber der Geschäftsleitung in der Regel im Verantwortungsbereich des kaufmännischen Projektleiters.

Der Projektleitung unterstehen der Bauleiter, Inbetriebsetzungsleiter, Oberingenieur und Beschaffungsleiter. Diese koordinieren wiederum die Aktivitäten der Projektingenieure und Projektarbeiter. Die Projektingenieure sind schließlich für die Abarbeitung der einzelnen Planungspakete verantwortlich.

4.1.2
Systematiken

Um die in Kapitel 4.1.1 Projektstrukturen erwähnte Vielzahl an Dokumenten bzw. Aktivitäten beherrschen zu können, bedienen sich die Unternehmen im Bereich des Anlagenbaus zahlreicher Systematiken. Auch hier soll anhand von drei Beispielen das Prinzip dieser Systematiken dargelegt werden.

4.1.2.1 Projekthandbuch

Um eine professionelle Projektierung und Abwicklung von Projekten zu gewährleisten, verfügen Anlagenbauer über so genannte „Projekthandbücher". In einem Projekthandbuch sind sämtliche im Rahmen eines Projektes durchzuführenden Aktivitäten und damit auch zu erstellenden Dokumente nach einem betriebsinternen System geordnet. Das Projekthandbuch spiegelt somit die Projektstruktur wider. Die Projektleitung muss zu Beginn eines neuen Projektes ein auf dieses Projekt zugeschnittenes Projekthandbuch anlegen. In der Praxis heißt es, diejenigen Planungspakete zu löschen, welche für das vorliegende Projekt nicht auszuführen sind. Es ist nämlich selten, dass wirklich alle angebotenen Aktivitäten in einem Auftrag enthalten sind.

Häufig ist mit dem Projekthandbuch eine Ordnungsystematik verknüpft. Damit ist entweder eine Verzeichnisstruktur für Rechnerdateien oder eine Systematik für die Bezeichnung von Aktenordnern gemeint. In beiden Fällen soll das Ablegen und der Zugriff von Dokumenten für die am Projekt beteiligten Mitarbeiter erleichtert werden. In den Tabellen 4.5 und 4.6 ist ein Beispiel für ein Ordnersystem wiedergegeben. Die Nummern entsprechen dabei jeweils einem Aktenordner.

Tab. 4.5 Ordnersystem (Teil 1)

ORDNERSYSTEM
(MUSTER)

Ordner-Nr.	Ordnerpaket	Ordner - Nr.	Ordnerpaket
1	**Projektunterlagen**	**5**	**Aufstellungsplanung**
1.1.1	Angebote	5.1.1	Aufstellung (Änderungsexemplar)
1.2.1	Schriftverkehr	5.3	Gebäudeplanung
1.3.1	Vertrag	5.3.1.1	Vorgaben
1.4	Spezifikationen	5.3.1.2	Vorgaben
1.4.1	Allgemein	5.3.3.1	Ausführung
1.4.2	Gebäude/Stahlbau	5.3.3.2	Ausführung
1.4.3	Rohrleitungen	5.4.1	Sonstiges
1.4.4	E-Technik		
1.4.5	Leittechnik		
1.5.1	Anfragen	**6**	**Komponenten**
		6.1.1	Behälter
		6.3.1	Silos
2	**Genehmigungsunterlagen**	6.4.2	Wärmetauscher
2.1.1	Verfahrenstechnik	6.5.1	Kühlturm
2.1.2	Verfahrenstechnik	6.6.1	Pumpen
2.2.1	Aufstellung	6.7.1	Rührwerke
2.2.2	Aufstellung	6.8.1	Trockner
2.3.1	Antrag	6.9.1	Dosieranlage
2.3.2	Antrag	6.10.1	E-Motoren
3	**Verfahrenstechnik**	**7**	**Rohrleitungen**
3.1.1	Bilanzierung	7.1.1	Schriftverkehr
3.1.2	Verfahrensbeschreibung	7.2.1	Rohrleitungspläne
3.2.1	Verfahrensschemata	7.3.1	Isometrien/Listen
3.2.2	Mediendatenblätter	7.4.1	Sonstiges
3.3	Sonstiges		
		8	**E/MSR-Technik**
4	**Systemtechnik**	8.1.1	Schriftverkehr
4.1.1	R&I/Systembeschreibung/Listen (Änderungsexemplar)	8.2.1	Funktionspläne
4.1.2	R&I/Systembeschreibung/Listen	8.3.1	Anfragespezifikation Messtechnik
4.3.1	Auslegung	8.4.1	Sonstiges
4.4.1	Datenblätter + Anfragespezifikation (Änderungsexemplar)		
4.5.1	Datenblätter + Anfragespezifikation		
4.6.1	Sonstiges	**9**	**Montage/IBS**
		9.1.1	Montageplanung
		9.2.1	IBS-Planung

Tab. 4.6 Ordnersystem (Teil 2)

ORDNERSYSTEM
(MUSTER)

Ordner-Nr.	Ordnerpaket	Ordner - Nr.	Ordnerpaket
10	**Anfragen**	**12**	**Organisation**
10.1.1	Engineering	12.1.1	Kalkulation
10.2.1.1	Stahlbehälter	12.2.1	Termine
10.2.3	Gummierung	12.3.1	Personal
10.4.1	Silos		
10.5.1	Wärmetauscher		
10.6.1	Kühlturm	**13**	**Enddokumentation**
10.7.2	Kreiselpumpen	13.1.1	Allgemeines
10.7.3	Vakuumpumpen	13.1.2	Betriebshandbuch
10.7.4	Dosierpumpen	13.1.3	Qualitätsdokumentation
10.8.1	Rührwerke	13.1.4	As-built-Dokumentation
10.9.1	Trockner	13.1.5	Instandhaltungsanweisungen
10.10.1	Dosieranlage	13.1.6	Ersatzteillisten
10.11.1.1	Armaturen	13.1.7	Verschleißteillisten
10.11.1.2	Armaturen	13.1.8	Schmiermittellisten
10.11.2	Rohrleitungen	13.1.9	Technische Dokumentation
10.12.1	Montage		
10.15.1	MSR-Technik		
10.17.1	Isolierung		
10.52.1	Sonstiges		
11	**Schriftverkehr**		
11.1	Kunde		
11.1.1.1	Kunde – Firma (Briefe/Faxe)		
11.1.1.2	Kunde – Firma (Briefe/Faxe)		
11.1.2.1	Firma – Kunde (Briefe/Faxe/Notizen)		
11.1.2.2	Firma – Kunde (Briefe/Faxe/Notizen)		
11.1.3.1	Besprechungsberichte		
11.1.3.2	Besprechungsberichte		
11.1.4.1	Fortschrittsberichte		
11.2.1	Intern		
11.3.1	Sonstige		

4.1.2.2 Schriftverkehrssystem

Bei mittleren und großen Projekten werden im Rahmen der Projektierung und Abwicklung oft Hunderte oder gar Tausende von Briefen, Faxen, Besprechungsberichten, Aktennotizen etc. zwischen dem Auftragnehmer und dem Auftragnehmer sowie den Unterlieferanten ausgetauscht. Natürlich hat sich auch das Versenden von elektronischer Post längst verbreitet. Bei wichtigen Dokumenten wird man allerdings auf den postalischen Weg aus Gründen der einfacheren Nachweisbarkeit im Streitfall wohl nicht verzichten.

Um auch hier die Übersichtlichkeit und einen schnellen Zugriff gewährleisten zu können, ist die Einführung eines Schriftverkehrssystems zweckmäßig. Dabei erhält jedes ein- bzw. ausgehende Schreiben eine fortlaufende Dokumentennummer. Die Dokumentennummer kann dabei wiederum mit dem Ordnersystem oder der Systematik des Projekthandbuches verknüpft sein.

Die eingehende Projektpost landet zunächst auf dem Schreibtisch bzw. im Rechner des Projektleiters. Dieser entscheidet, in welche Ordnerkategorie das Original abgelegt wird und wer eine Kopie des Schreibens bzw. ein „Forward" der E-Mail erhält. Der ausgehende Schriftverkehr wird ebenfalls kategorisiert.

Beispiel: Der gesamte ausgehende Schriftverkehr wird in einem EDV-Verzeichnis mit der Bezeichnung „Projektname Schriftverkehr" abgelegt. Innerhalb dieses Verzeichnisses befinden sich so viele Unterverzeichnisse wie Firmen mit denen ein Schriftverkehr besteht. Die Namen der Unterverzeichnisse decken sich dabei mit den jeweiligen Firmenbezeichnungen. Innerhalb dieser Unterverzeichnisse befinden sich jeweils drei weitere Unterverzeichnisse, die „Briefe", „Faxe" und „Besprechungsberichte" genannt sind. In diesen Verzeichnissen werden die einzelnen Dokumente abgelegt, wobei diese folgendermaßen benannt werden: FIRMENNAME-001B.DOC. Nach dem Firmennamen folgt eine fortlaufende, dreistellige Nummer, die es ermöglicht bis zu 999 Briefe zu versenden. Der Buchstabe „B" steht für Brief. Für Faxe bietet sich der Kennbuchstabe „F" und für Besprechungsberichte „M" an, da Besprechungsberichte auf Englisch „minutes of meeting" heißen.

Durch eine so geartete Systematik kann die Projekthistorie zu einem bestimmten Thema sehr einfach aufbereitet werden: Wenn z. B. ein Unterlieferant behauptet, er habe ein bestimmtes technisches Detail in der Bestellungsphase nicht mitgeteilt bekommen, kann das entsprechende Schriftstück durch Vorgabe von Stichwörtern oder des Zeitraums, in dem das Schreiben erstellt worden ist, im Suchmodus des EDV-Systems einfach gefunden werden. Das langwierige manuelle Durchsuchen von Aktenordnern entfällt.

4.1.2.3 Änderungsdienst

Änderungen bereits vorhandener Projektdokumente werden als Revisionen bezeichnet. Der Ersterstellung wird üblicherweise die Revisionsnummer 0 zugeordnet. Bei jeder Änderung wird dann hochgezählt. Um welche Revision es sich handelt, geht aus der Revisionszeile des jeweiligen Dokumentes hervor. Die akribische Verfolgung von Änderungen und damit Revisionen ist von großer Bedeutung für die Abwicklung von Projekten, was anhand der beiden nachfolgenden Beispiele verdeutlicht werden soll.

Beispiel 1: Während der Projektabwicklung teilt ein Unterlieferant dem für die Anlagenapparate zuständigen Projektingenieur mit, dass es aus fertigungstechnischen Gründen besser sei, die Pratzen eines Wärmetauschers 15 cm höher anzubringen. Nach kurzem Überlegen gibt der Projektingenieur dem Unterlieferanten sein Einverständnis. Der Unterlieferant ändert die Fertigungszeichnung und schickt diese als Revision 1 an den Anlagenbauer. Dieser heftet die geänderte Fertigungszeichnung ordnungsgemäß ab und vergisst, dem Kollegen, der für die Aufstellungsplanung zuständig ist, eine Kopie zu geben. In der Aufstellungsplanung wurde daher mit der Revision 0 der Wärmetauscherzeichnung konstruiert. Bleibt die neue Revision unbemerkt, so kommt es bei der Montage zur Katastrophe. Der Wärmetauscher kann nicht in der vorgesehenen Höhe eingebracht werden. Proteste beim Unterlieferanten nützen dann nichts. Der Unterlieferant kann nämlich nachweisen, dass er die Änderung in Form einer neuen Revision dem Anlagenbauer mitgeteilt und dieser die Änderung auch genehmigt hat. Ein solches Missgeschick führt in aller Regel zu erheblichen Mehrkosten, da nachträgliche Änderungen am Stahl- oder Betonbau aufwändig sind. Des Weiteren kann wegen der zusätzlichen Arbeiten ein Terminverzug entstehen, der wiederum Kosten in Form einer Terminpönale nach sich zieht.

Beispiel 2: Bei der Beschaffung der Rohrleitungen besteht meistens ein Terminproblem. Mit der Rohrleitungsplanung kann erst begonnen werden, wenn diverse andere Planungspakete fertig gestellt sind, z. B. die Rohrleitungs- und Instrumentenfließbilder und die Aufstellungsplanung der Komponenten. Erschwerend kommt der erhebliche Zeitaufwand hinzu, der mit der Rohrleitungsplanung verbunden ist. Daher müssen die Rohrleitungen zu einem Zeitpunkt angefragt werden, bei dem die Rohrleitungsplanung noch nicht vollständig abgeschlossen ist. In diesem Beispiel werden die Rohrleitungen mit den ersterstellten Materialauszügen, also Revision 0 angefragt. Der mit der Rohrleitungsplanung betraute Projektingenieur teilt dem für die Beschaffung verantwortlichen Kaufmann mit, dass die Revision 0 etwa 70 % der Rohrleitungen enthält. Im Verlauf der Vergabeverhandlungen mit den Unterlieferanten werden mehrfach geänderte Materialauszüge mit neuen Revisionsnummern entsprechend dem aktuellen Stand der Rohrleitungsplanung an den Einkäufer übergeben. Der Bestellung liegt schließlich aufgrund eines Missverständnisses zwischen dem Einkäufer und dem Rohrleitungsingenieur die Revision 1 zugrunde, die etwa 75 % der Rohrleitungen umfasst. Der Rohrleitungsingenieur geht davon aus, dass die Bestellung auf Basis der Materialauszüge Revision 2 erfolgte und somit 95 % der Rohrleitungen berücksichtigt. Beim Abschluss mit dem Unterlieferanten freut sich die Projektleitung über den günstigen Beschaffungspreis, der deutlich unter der Preisvorgabe aus der Projektvorkalkulation liegt. Am Ende des Projektes macht der Rohrleitungslieferant jedoch erhebliche Mehrkostenforderungen geltend. Diese können auch nicht abgewendet werden, da der Rohrleitungslieferant nachweisen kann, dass sein Angebotspreis auf Basis der Revision 1 beruhte und somit lediglich 75 % der Rohrleitungen berücksichtigte. Die Revision 2 mit 95 % der Rohrleitung hat er erst nach der Auftragserteilung erhalten. Somit kann der Rohrleitungslieferant die zusätzlichen 25 % der Rohrleitungen als Mehrung behandeln und einen entsprechend hohen Preis fordern. Dem Anlagenbauer bleibt nichts anderes übrig, als die Mehrkostenforderung so gut es geht zu verhandeln und die bis dahin günstige Projektprognose für die Rohrleitungen deutlich nach unten zu korrigieren.

4.1.3
Kostenverfolgung

Die Projektleitung ist der Unternehmensleitung gegenüber verpflichtet, einen monatlichen Auftragsbericht während der Projektlaufzeit zu erstellen. Hierin ist der Stand der Abwicklungsarbeiten, die Terminsituation sowie der aktuelle Kostenstand darzustellen. Meistens enthält der Auftragsbericht eine Prognose, in der sich abzeichnende technische, kaufmännische oder terminliche Probleme aufgezeigt werden sollen.

Wesentlich ist dabei die begleitende Kostenkalkulation. Die begleitende Kostenkalkulation vergleicht die tatsächlichen Kosten mit den Kostenvorgaben aus der Projektvorkalkulation. Zeichnen sich deutliche Abweichung ab, so ist dies Anlass einen entsprechenden Alarm auszulösen. Wenn die Projektleitung z. B. einen deutlichen Terminverzug im Auftragsbericht signalisiert, ist zu prüfen, ob es nicht besser ist, durch eine Aufstockung des Projektpersonals die bevorstehende Terminpönale abzuwenden.

Die Projektverfolgung berücksichtigt auch die Ergebnisse des Claims Managements. Die Ergebnisse bereits abgeschlossener Nachtragsverhandlungen über Mehrungen, Minderungen oder Claims fließen direkt in die begleitende Kostenkalkulation. Über noch ausstehende Mehrungen, Minderungen oder Claims werden Prognosen erstellt. Dabei muss die Wahrscheinlichkeit abgeschätzt werden, mit der die Mehrkostenforderungen durchzusetzen sind.

Um den Auftragsbericht erstellen zu können, muss zunächst der aktuelle Abwicklungsstand evaluiert werden. Dazu finden regelmäßige Projektbesprechungen statt, an der alle oder die wichtigsten Projektmitarbeiter beteiligt sind. Die Projektmitarbeiter müssen der Projektleitung über ihr jeweiliges Aufgabenpaket berichten. Dabei werden sie angehalten, auch sich abzeichnende Fehlentwicklungen aufzuzeigen.

Der Auftragsbericht dient der Unternehmensführung als Kontrollinstrument. Risiken sollen frühzeitig erkannt werden, um entsprechende Gegenmaßnahmen einleiten zu können. Häufig verfügen die Unternehmen über eine so genannte Controlling-Abteilung. Die Controller prüfen die Auftragsberichte und geben der Geschäftsleitung entsprechende Mitteilungen. Bei Bedarf beraten sie sich mit der Projektleitung, um entsprechende Maßnahmen einzuleiten [3].

Dabei wird die Konfliktsituation deutlich, in der sich die Projektleitung befindet: Natürlich fällt es der Projektleitung, aber auch den Projektmitarbeitern nicht leicht, Fehlentwicklungen im eigenen Projekt bzw. Aufgabenbereich zu melden, bedeutet dies doch, dass man seinen Vorgesetzten womöglich die eigenen Fehler präsentiert. Andererseits kann man Fehlentwicklungen auch nicht ewig „vertuschen". Wichtig ist daher die Einsicht, dass es günstiger ist, Fehlentwicklungen frühzeitig und schonungslos offen zu legen. Ansonsten beraubt man sich selbst der Möglichkeit, positive Kursänderungen vornehmen zu können. Am Ende eines Projektes zählt das Abschlussergebnis und nicht die Zwischenstände.

4.1.4
Terminplanung/Terminverfolgung

Wie bereits erwähnt, setzt sich der Abwicklungsprozess im Anlagenbau aus einer großen Anzahl von Einzelvorgängen zusammen. Der Beginn vieler Vorgänge ist erst möglich, wenn vorausgehende Aktivitäten mit einem bestimmten Ergebnis abgeschlossen sind. Diese Ergebnisse werden in der Terminplanung als „Ereignisse" bezeichnet.

In der Planungsphase sind Berechnungen, Erstellungen von Spezifikationen, Zeichnungen, Vergabeverhandlungen etc. die wesentlichen Vorgänge. Die Fertigstellung einer Unterlage oder Berechnung ist das Ereignis, auf die ein anderer Vorgang aufbauen kann. In der Montagephase stellen die physische Verfügbarkeit bestimmter Ausrüstungen und der Abschluss von Montagetätigkeiten die Ereignisse dar. Die zwangsläufige Abfolge von Vorgängen ist somit charakteristisch für den gesamten Abwicklungszeitraum.

Die Planung der Projektabläufe und ihre verständliche Darstellung sind die wesentlichen Ziele der Terminplanung bzw. Ablaufplanung [6–8]. Klare und realisierbare Ablaufpläne sind eine wesentliche Voraussetzung für den Gesamterfolg von Projekten im Bereich des verfahrenstechnischen Anlagenbaus. Terminüberschreitungen lassen nicht nur die Terminpönale wirksam werden, sondern führen darüber hinaus aufgrund der verlängerten Projektdauer zu einer direkten Erhöhung der Personalkosten.

Zur Darstellung von Terminplänen (time schedule) werden überwiegend so genannte „Gantt-Pläne" erstellt. Die Aktivitäten werden untereinander aufgelistet. Durch die Angabe von Beginn und Ende der jeweiligen Aktivität ergibt sich der Zeitraum, der für die Erledigung der Aktivität erforderlich ist. Der Zeitraum wird in Form eines horizontalen Zeitbalkens dargestellt.

Für die Erstellung von Terminplänen werden entsprechende EDV-Programme eingesetzt (z. B. „Microsoft Project"). Dabei kann auch die Ressourcenplanung vorgenommen werden. Den einzelnen Aktivitäten lassen sich Personen und der zeitliche Aufwand für die Abarbeitung zuordnen. Somit kann die Software die Auslastung der Projektmitarbeiter ermitteln.

Für jede Projektphase werden eigene detaillierte Terminpläne erstellt. Die Erstellung eines Gesamtterminplans mit allen Aktivitäten ist aufgrund der Papierformat-Begrenzung normalerweise nicht möglich. Im Folgenden sind die wichtigsten Terminpläne aufgelistet:

- Terminplan für die Projektierungsphase,
- Terminplan für das Detail Engineering,
- Terminplan für die Komponentenbeschaffung,
- Terminplan für den Baupart,
- Terminplan für den Montageablauf,
- Terminplan für die Rohrleitungsfertigung und -montage,
- Terminplan für die E/MSR-Technik,
- Terminplan für die Inbetriebsetzung.

Diesen Detail-Terminplänen ist der so genannte „Rahmenterminplan" übergeordnet. Der Rahmenterminplan enthält nur die wesentlichen, d. h. vertraglich fixierten bzw. pönalisierten Ecktermine, sowie Beginn und Ende der Projektabschnitte. Die Abbildungen 4.3, 4.4 und 4.5 zeigen Beispiele für einen Rahmenterminplan, einen Terminplan für die Komponentenbeschaffung und einen Terminplan für die Inbetriebsetzung.

4.2
Genehmigungsplanung

Die behördliche Genehmigung (authority approval) stellt den Bau und Betrieb von verfahrenstechnischen Anlagen auf eine gesicherte Rechtsgrundlage. Die berechtigten Interessen der Allgemeinheit – das ist die Öffentlichkeit im Allgemeinen, die Nachbarn der zu errichtenden Anlage im Speziellen und die Mitarbeiter des Betreibers – sowie die Belange des Anlagenbetreibers werden im Genehmigungsverfahren geprüft.

Soll eine neue Anlage errichtet und betrieben werden, muss zunächst geprüft werden, ob eine behördliche Genehmigung erforderlich ist, und wenn ja, nach welchem Gesetz [9]. Die gesetzlichen Vorschriften (statutory regulations) und Auflagen sind in Abhängigkeit des jeweiligen Landes stark unterschiedlich. In den hochentwickelten Industrienationen sind die gesetzlichen Bestimmungen in der Regel sehr komplex [10].

In Deutschland sind die beiden wichtigsten Gesetze für die Genehmigung von Anlagen im Bereich des verfahrenstechnischen Anlagenbaus das Bundes-Immissionsschutzgesetz (BImschG) und das Wasserhaushaltsgesetz (WHG). Da das Wasserrecht, zumindest was die zugehörigen so genannten Allgemeinen Verwaltungsvorschriften anbelangt, länderspezifisch geregelt ist, sollen der Aufbau von Umweltgesetzen und die prinzipielle Vorgehensweise bei der Antragstellung am Beispiel einer Anlage, die nach dem Bundes-Immissionsschutzgesetz zu genehmigen ist, erläutert werden.

4.2.1
Genehmigungsverfahren

Das Bundes-Immissionsschutzgesetz [11] besteht zur Zeit aus 27 Rechtsverordnungen (BImschV), die jeweils in Paragraphen untergliedert sind. Das Ziel des Gesetzes besteht darin, Mensch und Umwelt vor schädlichen oder unzumutbaren Immissionen, die sich als Folge von Emissionen ergeben, zu schützen.

- Emissionen sind die von einer Anlage ausgehenden Luftverunreinigungen, Geräusche, Erschütterungen, Licht, Wärme, Strahlen etc.
- Immissionenen sind die auf Mensch und Umwelt einwirkenden Luftverunreinigungen, Geräusche, Erschütterungen, Licht, Wärme, Strahlen, etc.

4.2 Genehmigungsplanung | 105

Fachhochschule Osnabrück FB WuV		Rahmenterminplan	Bearbeiter: M.Mustermeier Datum: 05.04.02
		1995 / 1996 / 1997	
Pos.	Vorgangsname	J F M A M J J A S O N D J F M A M J J A S O N D J F M A M J J A S O N D	
3.	**Detailengineering**		
3.1	Paket Verfahrenstechnik		
3.2	Paket Systemtechnik		
3.3	Paket Aufstellungsplanung		
3.4	Paket Komponenten		
3.5	Paket Rohrleitungen		
3.6	Paket E/MSR-Technik		
4.	**Komp. (Anfr./Best./Lief.)**		
4.1	Aggregate		
4.2	Pumpen		
4.3	Wärmetauscher		
4.4	Behälter		
4.5	Teilanlagen		
4.6	Rohrleitungen		
4.7	Messgeräte		
5.	**Montage**		
5.1	Gebäude		
5.2	Baustelleneinrichg./Beg. Anl.		
5.3	Komponenten		
5.4	Rohrleitungen		
5.5	Messgeräte		
5.6	Verkabelung		
5.7	HKL		
5.8	Haustechnik		
6.	**Inbetriebnahme/Probebetrieb**		
6.1	Kalte Inbetriebnahme		
6.2	Warme Inbetriebnahme		
6.3	Probebetrieb		
6.4	Abnahme		

Abb. 4.3 Beispiel eines Rahmenterminplans

4 Abwicklung

| Fachhochschule Osnabrück FB WuV | Terminplan Komponentenbeschaffung | Bearbeiter: M.Mustermeier Datum: 05.04.02 |
|---|---|---|ира

Vorgang	Zeit (Wochen)
	1 2 3 4 5 6 7 8 9 10 11 12 13 14 15 16 17 18 19 20 21 22 23 24 25 26 27 28 29 30 31 32
Erstellung der technischen Spezifikationen	
Anfragen	
Angebotsauswertung	
Vergabeverhandlungen	
Bestellung	
Abgabe Fertigungszeichnungen	
Freigabe der Fertigungszeichnungen	
Fertigung / Expediting	
Abnahme (Druckprobe)	
Abrufbereitschaft	
Montage	

Abb. 4.4 Beispiel eines Terminplans für die Komponentenbeschaffung

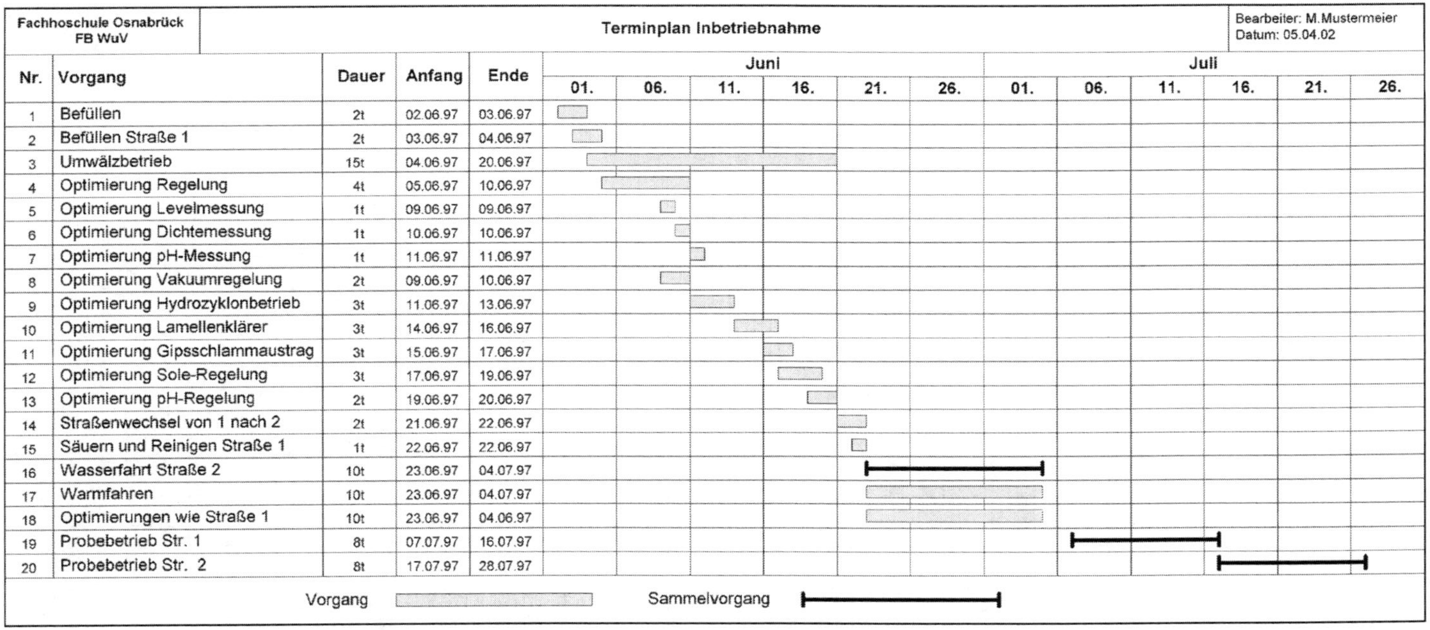

4.2 Genehmigungsplanung | 107

Fachhochschule Osnabrück FB WuV				Terminplan Inbetriebnahme	Bearbeiter: M. Mustermeier Datum: 05.04.02

Nr.	Vorgang	Dauer	Anfang	Ende	Juni	Juli
					01. 06. 11. 16. 21. 26.	01. 06. 11. 16. 21. 26.
1	Befüllen	2t	02.06.97	03.06.97		
2	Befüllen Straße 1	2t	03.06.97	04.06.97		
3	Umwälzbetrieb	15t	04.06.97	20.06.97		
4	Optimierung Regelung	4t	05.06.97	10.06.97		
5	Optimierung Levelmessung	1t	09.06.97	09.06.97		
6	Optimierung Dichtemessung	1t	10.06.97	10.06.97		
7	Optimierung pH-Messung	1t	11.06.97	11.06.97		
8	Optimierung Vakuumregelung	2t	09.06.97	10.06.97		
9	Optimierung Hydrozyklonbetrieb	3t	11.06.97	13.06.97		
10	Optimierung Lamellenklärer	3t	14.06.97	16.06.97		
11	Optimierung Gipsschlammaustrag	3t	15.06.97	17.06.97		
12	Optimierung Sole-Regelung	3t	17.06.97	19.06.97		
13	Optimierung pH-Regelung	2t	19.06.97	20.06.97		
14	Straßenwechsel von 1 nach 2	2t	21.06.97	22.06.97		
15	Säuern und Reinigen Straße 1	1t	22.06.97	22.06.97		
16	Wasserfahrt Straße 2	10t	23.06.97	04.07.97		
17	Warmfahren	10t	23.06.97	04.07.97		
18	Optimierungen wie Straße 1	10t	23.06.97	04.06.97		
19	Probebetrieb Str. 1	8t	07.07.97	16.07.97		
20	Probebetrieb Str. 2	8t	17.07.97	28.07.97		

Vorgang Sammelvorgang

Abb. 4.5 Beispiel eines Terminplans für die Inbetriebsetzung

Emissionen sind z. B. die gas- oder dampfförmigen Abgaben von Kaminen an die Umgebungsluft. Unter Immissionen sind die schädlichen Einwirkungen auf die Menschen und Umwelt zu verstehen. Immissionen sind dabei nicht nur Gase und Dämpfe, sondern auch die Einwirkung von Schall bzw. Lärm, wie die 8. BImschV: „Rasenmäherlärm-Verordnung" und die 18. BImschV: „Sportanlagenlärmschutzverordnung" belegen. Des Weiteren werden in der 26. BImschV: „Verordnung über elektromagnetische Felder" Maßnahmen zum Schutz vor dem so genannten „Elektrosmog" aufgeführt.

Die Frage, ob eine geplante Anlage genehmigungsbedürftig ist, klärt die 4. BimschV: „Verordnung über genehmigungsbedürftige Anlagen". Im Anhang dieser Verordnung befindet sich eine tabellarische Auflistung verschiedener Anlagentypen, die genehmigungspflichtig sind. Die Anlagentypen sind dabei in zwei Spalten unterteilt. In der ersten Spalte stehen die Anlagen, bei denen das förmliche Genehmigungsverfahren erforderlich ist. In der zweiten Spalte sind die Anlagentypen aufgeführt, bei denen das so genannte vereinfachte Genehmigungsverfahren genügt. Die Zuordnung in die jeweilige Spalte hängt dabei maßgeblich von der Anlagengröße bzw. Kapazität ab. Beim vereinfachten Verfahren entfallen eine Reihe von Vorschriften des vollen Genehmigungsverfahrens, z. B. die öffentliche Bekanntmachung und der Erörterungstermin.

Das förmliche Verfahren beginnt mit der Antragstellung durch den künftigen Betreiber. Dem Antrag sind sämtliche Unterlagen, Zeichnungen, Erläuterungen etc. beizufügen, welche die Behörden für die Prüfung der Genehmigungsvoraussetzungen benötigen. Die zuständige Genehmigungsbehörde (Bezirksregierung bzw. Staatliches Umweltamt) leitet Kopien des Antrages an die vom Antrag betroffenen Behörden weiter. Hierzu können die im Folgenden aufgeführten Umweltbehörden gehören:

- Baubehörde (baurechtliche Vorschriften),
- Naturschutzbehörde (naturschutzrechtliche Vorschriften),
- Wasserbehörde (wasserrechtliche Vorschriften),
- Arbeitsschutz- und Arbeitssicherheitsbehörden,
- Umweltbehörden etc.

Parallel zur Beteiligung anderer Behörden hat eine öffentliche Bekanntmachung des Vorhabens zu erfolgen. Hierzu bedient sich die Immissionsschutzbehörde ihres amtlichen Veröffentlichungsblattes sowie der örtlichen Tageszeitungen, die im Bereich des Standortes der Anlage verbreitet werden. Antrag und eingereichte Unterlagen sind danach einen Monat lang zur Einsicht auszulegen. Durch die frühzeitige Beteiligung der Öffentlichkeit soll die Akzeptanz der geplanten Anlage durch die Bevölkerung gesteigert werden. Einwände gegen das Projekt können allerdings von jedermann erhoben und müssen innerhalb der Auslegungszeit plus zwei Wochen danach in schriftlicher Form eingereicht werden.

Beim Erörterungstermin werden die Interessen und Argumente der Beteiligten vorgetragen. Im Streitfall versucht die Behörde zu schlichten. Die Entscheidung über die Erteilung einer Genehmigung liegt schließlich bei der zuständigen Behörde. Dabei richten sich die Behörden wiederum nach den so genannten Allgemeinen Verwaltungsvorschriften. Diese Verwaltungsvorschriften sollen den zuständigen Behörden als Anleitung für die Durchsetzung der Gesetze dienen. Beim Bundes-Immissionsschutzgesetz handelt es sich um die „Technische Anleitung Luft" (TA Luft) und die „Technische Anleitung Lärm" (TA Lärm). In der TA Luft findet sich beispielsweise ein Nomogramm zur Berechnung von Schornsteinhöhen. Danach können die Behörden prüfen, ob der geplante Schornstein hoch genug ausgeführt wird.

Die Genehmigungsbehörde ist verpflichtet, für die Durchführung des Genehmigungsverfahrens eine Frist von sieben Monaten beim förmlichen und drei Monaten beim vereinfachten Verfahren einzuhalten. Dabei hat die Behörde die Möglichkeit, Nebenbestimmungen in die Genehmigung zu integrieren. Z. B. kann sie dem Betreiber die Auflage erteilen, die Anlage mit einem neuartigen Filtersystem auszuführen.

4.2.2
Antragsunterlagen

Zur Vereinfachung des Behördenengineerings (engineering for official permits) nach dem Bundes-Immissionsschutzgesetz hat das Niedersächsische Ministerium für Wirtschaft, Technologie und Verkehr zusammen mit dem Niedersächsischen Umweltministerium sowie der Vereinigung der Niedersächsischen Industrie- und Handelskammern einen Leitfaden für Antragsteller verfasst. Hierzu gehört ein Datenträger, der Muster- und Antragsformulare enthält.

Zur Abstimmung der Antragsunterlagen empfiehlt sich eine frühzeitige Kontaktaufnahme mit der zuständigen Bezirksregierung. Dabei lässt sich das Inhaltsverzeichnis des Genehmigungsantrages abstimmen. Der Genehmigungsantrag muss in jedem Fall enthalten:

- die Angabe des Namens und des Wohnsitzes oder Sitzes des Antragstellers;
- die Angabe, ob eine Genehmigung, eine Änderungsgenehmigung, eine Teilgenehmigung oder ein Vorbescheid beantragt wird;
- die Angabe des Standortes der Anlage, bei ortsveränderlicher Anlage die Angabe der vorgesehenen Standorte;
- Angaben über Art und Umfang der Anlage;
- die Angabe, zu welchem Zeitpunkt die Anlage in Betriebe genommen werden soll.

Dem Antrag sind Unterlagen beizufügen, die zur Prüfung der Genehmigungsvoraussetzungen erforderlich sind. Die Unterlagen müssen Angaben enthalten über:

- die zum Betrieb erforderlichen technischen Einrichtungen einschließlich der Nebeneinrichtungen, die aus betriebstechnischen Gründen in einem räumlichen Zusammenhang errichtet und betrieben werden sollen;
- das vorgesehene Verfahren einschließlich der erforderlichen Daten zur Kenn-

zeichnung des Verfahrens, wie Angaben zu Art und Menge der Einsatzstoffe, der Zwischen-, Neben- und Endprodukte sowie der anfallenden Reststoffe;
- mögliche Nebenreaktionen und Produkte bei Störungen im Verfahrensablauf;
- Art und Ausmaß der Emissionen, die voraussichtlich von der Anlage ausgehen werden, die Art, Lage und Abmessungen der Emissionsquellen, die räumliche und zeitliche Verteilung der Emissionen sowie über die Austrittsbedingungen;
- die vorgesehenen Maßnahmen zum Schutz vor schädlichen Umwelteinwirkungen, insbesondere zur Verminderung der Emissionen, sowie zur Messung von Emissionen und Immissionen;
- die vorgesehenen Maßnahmen zum Schutz der Allgemeinheit und der Nachbarschaft vor sonstigen Gefahren, erheblichen Nachteilen und erheblichen Belästigungen;
- die vorgesehenen Maßnahmen zur Verwertung der Reststoffe oder zur Beseitigung als Abfälle;
- die vorgesehenen Maßnahmen zum Arbeitsschutz.

Im Folgenden ist ein typisches Inhaltsverzeichnis für einen Genehmigungsantrag dargestellt:

1. Antragsformulare
2. Auswirkungen auf die Umwelt
   - 2.1. Luft
   - 2.2. Wasser
   - 2.3. Produkte und Reststoffe
   - 2.4. Lärm
   - 2.5. Sicherheit
3. Topographische Karte
4. Anlagen- und Betriebsbeschreibung
   - 4.1 Konzept der Anlage
   - 4.2 Angaben über Einsatzstoffe, Produkte und Reststoffe
   - 4.3 Vorratshaltung der Betriebsstoffe
   - 4.4 Energieversorgung
   - 4.5 Angaben zum Arbeitsschutz
   - 4.6 Betriebsstörungen
5. Fließbilder
6. Entsorgung der Reststoffe
7. Bestätigung des Betriebsrats
8. Aufstellungspläne
9. Bauvorlagen
   - 9.1 Lagepläne
   - 9.2 Baubeschreibung
     - 9.2.1. Gründung
     - 9.2.2. Bauart und Baustoffe
     - 9.2.3 Schallschutz/Wärmeschutz
     - 9.2.4 Brandschutzkonzept
     - 9.2.5 Verkehrs- und Rettungswege

9.3 Entwässerungsantrag mit Grundstücksentwässerung
10. Sicherheitsanalyse
11. Schallgutachten

Beim Kapitel „Auswirkungen auf die Umwelt" müssen im Wesentlichen die Emissionen aufgezählt und beschrieben werden. Hier bieten sich die im Basic Engineering bereits erstellten Mediendatenblätter an.

Die eigentliche Verfahrenstechnik geht in diesem Beispiel aus Kapitel 4 „Anlagen- und Betriebsbeschreibung" hervor. Darin ist der Aufbau und die Funktionsweise der geplanten Anlage verbal zu beschreiben. Auch hier bietet es sich an, die Verfahrensbeschreibung aus der Angebotserstellung heranzuziehen. An dieser Stelle sollte erwähnt werden, dass die verfahrenstechnische Industrie teilweise enorme Anstrengungen unternimmt, um schädliche Emissionen zu vermeiden. Hierzu gehört an erster Stelle das Verfahrenskonzept [12]. Vorrang hat dabei die Vermeidung von Emissionen. Lassen sich Emissionen nicht vermeiden, sind sie zu minimieren und möglichst so umzuwandeln, dass eine Wiederverwertung möglich ist. Reststoffe, die sich nicht vermeiden lassen, müssen als Abfall entsprechend gelagert bzw. entsorgt werden [13]. Vor diesem Hintergrund hat sich der Begriff des Produktionsintegrierten Umweltschutzes geprägt [14]. Die Bemühungen bzw. Entwicklungen in diesem Bereich haben dazu geführt, dass die vom Gesetzgeber geforderten Grenzwerte teilweise deutlich unterschritten werden. Zusätzlich werden erhebliche Anstrengungen im Bereich der Sicherheitstechnik unternommen. Zur Vermeidung schädlicher Emissionen im Stör- oder Schadensfall werden von vielen Unternehmen betriebsinterne Sicherheitsvorschriften erlassen, die die gesetzlichen Auflagen übersteigen.

Besonderer Wert wird auf die Vorratshaltung der Betriebsstoffe gelegt. Hierzu gibt das Wasserhaushaltsgesetz entsprechende Auflagen vor. Zunächst muss die Wassergefährdungsklasse bestimmt werden. Diese geht aus den so genannten DIN-Sicherheitsdatenblättern hervor, die dem Genehmigungsantrag beizulegen sind. Demnach hat z. B. 30-prozentige Salzsäure eine Wassergeführungsklasse von 1, was mit „schwach wassergefährdend" gleichbedeutend ist. Zusammen mit der Angabe der Menge, die gelagert werden soll, ergibt sich dann die Wassergefährdungsstufe. Das Wasserhaushaltsgesetz bzw. die zugehörigen allgemeinen Verwaltungsvorschriften legen die anlagentechnischen Auflagen sowie die Prüfvorschriften anhand der Wassergefährdungsstufe fest. Die üblichen gesetzlichen Auflagen zur technischen Ausführung von Lageranlagen für wassergefährdende Stoffe sind:

- Aufstellung der Behälter in einer Wanne: alternativ kann eine doppelwandige Ausführung des Lagerbehälters gewählt werden.
- Die Wanne muss so groß bemessen sein, dass der gesamte Behälterinhalt im Falle einer Beschädigung aufgefangen werden kann. Das Prinzip der kommunizierenden Röhren wird dabei anerkannt. D. h. der Behälter kann sich nicht weiter entleeren, als bis zum Niveauausgleich mit der Auffangwanne. Das Auffangvolumen ist entsprechend zu dimensionieren und anhand des Layouts zu dokumentieren.
- Lagerbehälter und Wanne müssen medienbeständig ausgeführt sein, was anhand entsprechender Prüfbescheinigungen nachzuweisen ist.

- Die Wanne oder der Doppelwandbehälter sind mit einem Leckagemelder auszustatten. Im Falle einer Leckage spricht eine Warnleuchte und ein Signalhorn an. Zusätzlich hat eine Alarmmeldung in der Warte zu erfolgen.
- Der Behälter ist mit einer örtlichen Füllstandsanzeige auszustatten, um ein Überfüllen zu vermeiden.
- Die Befüllung ist so vorzunehmen, dass ein Überfüllen ausgeschlossen werden kann. Falls nicht, muss möglicherweise auch der Bereich, in dem die Befüllung erfolgt, entsprechend als Wanne ausgeführt werden.

Im Genehmigungsantrag ist die Einhaltung dieser Auflagen zu beschreiben. Hinsichtlich der „Angaben zum Arbeitsschutz" werden Maßnahmen wie das Tragen von Schutzkleidung oder die Lage von Notduschen beschrieben. Die erforderliche Schutzkleidung geht wiederum aus den DIN-Sicherheitsdatenblättern für die jeweiligen Chemikalien hervor. Die Abbildungen 4.6, 4.7, 4.8, 4.9 und 4.10 zeigen die DIN-Sicherheitsdatenblätter für 30%ige Salzsäure.

Als Fließbilder können die Verfahrensfließbilder aus dem Basic Engineering herangezogen werden. Je nach Behörde müssen gewisse Änderungen wie z. B. eine Stoffstrom- oder Komponentenleiste vorgenommen werden. Gleiches gilt für die Aufstellungspläne: Normalerweise genügt es, das Layout des Basic Engineering beizufügen.

Bei der „Entsorgung der Reststoffe" kommt es ganz wesentlich auf den so genannten Entsorgungsnachweis an. Hierzu muss ein entsprechender Vertragsabschluss z. B. mit dem Betreiber einer Sondermülldeponie nachgewiesen werden. Daraus geht hervor, dass der Deponiebetreiber sich verpflichtet, die Abfälle der geplanten Anlage abzunehmen. Hierzu benötigt der Deponiebetreiber wiederum eine eigene Betriebserlaubnis.

Um eine Bestätigung des Betriebsrates (Kapitel 7) zu erhalten, muss das Anlagenkonzept vorgestellt werden. Dabei werden vor allem die Arbeitsbedingungen in der geplanten Anlage hinterfragt.

Im Kapitel 9 „Bauvorlagen" des Beispielantrages müssen die Unterlagen zur Erlangung der baurechtlichen Genehmigung beigebracht werden. Berührungspunkte mit Verfahrensingenieuren ergeben sich hier vor allem beim „Brandschutzkonzept" und bei den „Verkehrs- und Rettungswegen". Beim Brandschutzkonzept wird zunächst die Frage nach der Brandlast gestellt. Es gilt die Menge und Art an brennbaren Materialien zu ermitteln. Wenn die Anlagenapparate und -rohrleitungen überwiegend metallisch sind, stellt die Verkabelung die größte Brandlast einer verfahrenstechnischen Anlage dar. Die Ermittlung der Kabelmenge ist jedoch nach Abschluss des Basic Engineerings nur schwer möglich. Anhand der E-Verbraucherlisten und Anlagengröße kann die Kabelmenge und damit die Brandlast zumindest abgeschätzt werden. Aus der Brandlast ergibt sich unter anderem die bei einem Brand anfallende Löschwassermenge. Damit ergibt sich wiederum das Volumen des erforderlichen Feuerlöschwasser-Auffangbeckens. Wenn der Anlagenboden ohnehin schon als Wanne ausgeführt ist, kann auf ein zusätzliches Feuerlöschwasser-Auffangbecken eventuell verzichtet werden. Zur Kennzeichnung der Rettungswege genügt es in der Regel, die Rettungswege im vorhandenen Layout des Basic Engineerings einzutragen.

Sicherheitsdatenblatt   MERCK

Gemäß EG-Richtlinie 91/155/EWG
08.2001 aus CD-ROM 2001/2 D

1. Stoff- / Zubereitungs- und Firmenbezeichnung

Bezeichnung des Stoffes oder der Zubereitung

Artikelnummer: 101514
Artikelbezeichnung: Salzsäure 30% Ultrapur

Angaben zum Hersteller / Lieferanten

Firma: Merck KGaA * 64271 Darmstadt * Deutschland * Tel: +49 (0)6151 72-0
Auskunftgebender Bereich: USF/GEN P * Tel: +49 6151/722775 * Fax: +49 6151/726433
Notrufnummer: +49 (0)6151/72112 * Telefax: +49 (0)6151/72-7780

2. Zusammensetzung / Angaben zu Bestandteilen

Wässrige Lösung.

Gefährliche Inhaltstoffe:

Bezeichnung nach EG-Richtlinien: Salzsäure
Gefahrensymbole: C   R-Sätze: 34-37
EG-Index-Nr.:   017-002-01-X   Verursacht Verätzungen. Reizt die Atmungsorgane.
CAS-Nr.:   7647-01-0   Gehalt: 30 %

3. Mögliche Gefahren

Verursacht Verätzungen. Reizt die Atmungsorgane.

4. Erste-Hilfe-Maßnahmen

Nach Einatmen: Frischluft. Arzt hinzuziehen.
Nach Hautkontakt: Mit reichlich Wasser abwaschen. Abtupfen mit Polyethylenglycol 400.
Kontaminierte Kleidung sofort entfernen.
Nach Augenkontakt: Mit reichlich Wasser bei geöffnetem Lidspalt ausspülen(min.10 Min.). Sofort Augenarzt hinzuziehen.
Nach Verschlucken: Viel Wasser trinken lassen, Erbrechen vermeiden (Perforationsgefahr!). Sofort Arzt hinzuziehen. Magenspülung.

5. Maßnahmen zur Brandbekämpfung

Geeignete Löschmittel:
Auf Umgebung abstimmen.

Besondere Gefahren:
Nicht brennbar. Bei Kontakt mit Metallen kann sich Wasserstoffgas bilden (Explosionsgefahr!). Durch Umgebungsbrand Entstehung gefährlicher Dämpfe möglich. Im Brandfall kann entstehen: Chlorwasserstoff.

Spezielle Schutzausrüstung bei der Brandbekämpfung:
Aufenthalt im Gefahrenbereich nur mit geeigneter Chemieschutzkleidung und umluftunabhängigem Atemschutzgerät.

Sonstige Hinweise:
Entweichende Dämpfe mit Wasser niederschlagen. Eindringen von Löschwasser in Oberflächengewässer oder Grundwasser vermeiden.

Abb. 4.6   DIN-Sicherheitsdatenblatt der Fa. Merck KGaA, Darmstadt für 30%ige Salzsäure (Teil 1)

MERCK Sicherheitsdatenblatt

08.2001 aus CD-ROM 2001/2 D Gemäß EG-Richtlinie 91/155/EWG

Artikelnummer: 101514
Artikelbezeichnung: Salzsäure 30% Ultrapur

6. Maßnahmen bei unbeabsichtigter Freisetzung

Personenbezogene Vorsichtsmaßnahmen:
Dämpfe/Aerosole nicht einatmen. Substanzkontakt vermeiden.

Umweltschutzmaßnahmen:
Nicht in Kanalisation gelangen lassen.

Verfahren zur Reinigung / Aufnahme:
Mit flüssigkeitsbindendem Material z.B. Chemizorb aufnehmen. Der Entsorgung zuführen. Nachreinigen.

Zusätzliche Hinweise:
Unschädlichmachen: Mit verd. Natronlauge oder Aufwerfen von Kalk, Kalksand oder Soda neutralisieren.

7. Handhabung und Lagerung

Handhabung:
Keine weiteren Anforderungen.

Lagerung:
Dicht verschlossen. An gut belüftetem Ort. Lagertemperatur: ohne Einschränkungen.

Zusammenlagerungshinweise:
Keine Metallbehälter.

8. Expositionsbegrenzung und persönliche Schutzausrüstungen

Grenzwerte für den Arbeitsschutz

MAK Chlorwasserstoff:
5 ml/m^3 bzw. 7.6 mg/m^3, Schwangerschaft: Gruppe C

Persönliche Schutzausrüstung:

Atemschutz: erforderlich bei Auftreten von Dämpfen/Aerosolen.

Augenschutz: erforderlich

Handschutz: erforderlich

Körperschutzmittel sind in ihrer Ausführung in Abhängigkeit von Gefahrstoffkonzentration und -menge arbeitsplatzspezifisch auszuwählen. Die Chemikalienbeständigkeit der Schutzmittel sollte mit deren Lieferanten abgeklärt werden.

Andere Schutzmaßnahmen: säurefeste Schutzkleidung.

Angaben zur Arbeitshygiene:
Kontaminierte Kleidung sofort wechseln. Vorbeugender Hautschutz. Nach Arbeitsende Hände und Gesicht waschen.

Abb. 4.7 DIN-Sicherheitsdatenblatt der Fa. Merck KGaA, Darmstadt für 30%ige Salzsäure (Teil 2)

MERCK Sicherheitsdatenblatt	08.2001 aus CD-ROM 2001/2 D	Gemäß EG-Richtlinie 91/155/EWG
Artikelnummer:	101514	
Artikelbezeichnung:	Salzsäure 30% Ultrapur	

9. Physikalische und chemische Eigenschaften

Form:	flüssig		
Farbe:	farblos		
Geruch:	stechend		
pH-Wert	(20 °C)	< 1	
Viskosität dynamisch		1.74	mPa*s
Schmelztemperatur		-50	°C
Siedetemperatur	(1013 hPa)	~ 90	°C
Zündtemperatur			nicht anwendbar
Flammpunkt			nicht anwendbar
Explosionsgrenzen untere			nicht anwendbar
obere			nicht anwendbar
Dampfdruck	(20 °C)	21.8	hPa
Relative Dampfdichte		nicht verfügbar	
Dichte	(20 °C)	1.15	g/cm^3
Löslichkeit in			
Wasser	(20 °C)	löslich	

10. Stabilität und Reaktivität

Zu vermeidende Bedingungen
Erhitzung.

Zu vermeidende Stoffe
Aluminium, Amine, Carbide, Hydride, Fluor, Alkalimetalle, Metalle, Kaliumpermanganat, starke Laugen, Salze von Halogensauerstoffsäuren, konz. Schwefelsäure, Halbmetall-Wasserstoffverbindungen, Halbmetall-Oxide, Aldehyde, Sulfide, Lithiumsilicid, Vinylmethylether.

Gefährliche Zersetzungsprodukte
bei Brand: siehe Kapitel 5.

Weitere Angaben
ungeeignete Werkstoffe: Metalle, Metallegierungen.

Abb. 4.8 DIN-Sicherheitsdatenblatt der Fa. Merck KGaA, Darmstadt für 30%ige Salzsäure (Teil 3)

MERCK Sicherheitsdatenblatt	08.2001 aus CD-ROM 2001/2 D	Gemäß EG-Richtlinie 91/155/EWG

Artikelnummer: 101514
Artikelbezeichnung: Salzsäure 30% Ultrapur

11. Angaben zur Toxikologie

Akute Toxizität

LC_{50} (inhalativ, Ratte): 3124 ppm(V) /1 h (bezogen auf Reinsubstanz) .

Subakute bis chronische Toxizität

Für die toxikologisch bestimmende Komponente gilt:
Ein Risiko der Fruchtschädigung braucht bei Einhaltung des Arbeitsschutz-Grenzwertes nicht befürchtet zu werden.

Weitere toxikologische Hinweise

Stark ätzende Substanz.
Nach Einatmen von Dämpfen: Reizerscheinungen an den Atemwegen.
Nach Hautkontakt: Verätzungen.
Nach Augenkontakt: Verätzungen, Erblindungsgefahr!
Nach Verschlucken: Schädigung von: Mund, Speiseröhre und Gastrointestinaltrakt. Für Speiseröhre und Magen besteht Perforationsgefahr. Nach einer Latenzzeit: Herz-Kreislaufversagen.

Weitere Angaben

Das Produkt ist mit der bei Chemikalien üblichen Vorsicht zu handhaben.

12. Angaben zur Ökologie

Ökotoxische Wirkungen:
Biologische Effekte: Toxisch für Wasserorganismen. Giftwirkung auf Fische und Plankton. Bildet trotz Verdünnung noch ätzende Gemische mit Wasser. Schädigung des Pflanzenwuchses.

Weitere Angaben zur Ökologie:
Für HCl allgemein gilt: Schädigende Wirkung auf Wasserorganismen. Schädigende Wirkung durch pH-Verschiebung. Biologische Effekte: Salzsäure und durch Reaktion entstehende Salzsäure: tödlich ab 25 mg/l für Fische; Leuciscus idus LC_{50}: 862 mg/l (1N-Lösung). Schädlichkeitsgrenze: Pflanzen 6 mg/l. Verursacht keine biologische Sauerstoffzehrung.

Nicht in Gewässer, Abwasser oder Erdreich gelangen lassen!

13. Hinweise zur Entsorgung

Produkt:

Es liegen keine einheitlichen Bestimmungen zur Entsorgung von Chemikalien in den Mitgliedsstaaten der EU vor. In Deutschland ist durch das Kreislaufwirtschafts- und Abfallgesetz (KrW/AbfG) das Verwertungsgebot festgeschrieben, dementsprechend sind "Abfälle zur Verwertung" und "Abfälle zur Beseitigung" zu unterscheiden. Besonderheiten - insbesondere bei der Anlieferung - werden darüber hinaus auch durch die Bundesländer geregelt. Bitte nehmen Sie mit der zuständigen Stelle (Behörde oder Abfallbeseitigungsunternehmen) Kontakt auf, wo Sie Informationen über Verwertung oder Beseitigung erhalten.

Verpackung:

Entsorgung gemäß den behördlichen Vorschriften. Kontaminierte Verpackungen sind wie der Stoff zu behandeln. Sofern nicht behördlich geregelt, können nicht kontaminierte Verpackungen wie Hausmüll behandelt oder einem Recycling zugeführt werden.

Abb. 4.9 DIN-Sicherheitsdatenblatt der Fa. Merck KGaA, Darmstadt für 30%ige Salzsäure (Teil 4)

MERCK Sicherheitsdatenblatt	08.2001 aus CD-ROM 2001/2 D	Gemäß EG-Richtlinie 91/155/EWG

Artikelnummer: 101514
Artikelbezeichnung: Salzsäure 30% Ultrapur

14. Angaben zum Transport

Landtransport
GGVS/GGVE-Klasse: 8   Ziffer und Buchstabe: 5b
ADR/RID-Klasse: 8   Ziffer und Buchstabe: 5b
Bezeichnung des Gutes: 1789 CHLORWASSERSTOFFSAEURE (SALZSAEURE)

Binnenschiffstransport ADN/ADNR
nicht geprüft

Seeschifftransport IMDG/GGVSee
IMDG/GGVSee-Klasse: 8   UN-Nummer: 1789   Verpackungsgruppe: II
EmS: 8-03   MFAG: 700
Richtiger technischer Name: HYDROCHLORIC ACID, 30 %

Lufttransport
ICAO/IATA-Klasse: 8   UN-/ID-Nummer: 1789   Verpackungsgruppe: II
Richtiger technischer Name: HYDROCHLORIC ACID

Die Transportvorschriften sind nach den internationalen Regulierungen und in der Form, wie sie in Deutschland (GGVS/GGVE) angewendet werden, zitiert. Mögliche Abweichungen in anderen Ländern sind nicht berücksichtigt.

15. Vorschriften

Kennzeichnung nach EG-Richtlinien
Symbole: C   Ätzend

R-Sätze: 34-37   Verursacht Verätzungen. Reizt die Atmungsorgane.

S-Sätze: 26-36/37/39-45   Bei Berührung mit den Augen sofort gründlich mit Wasser abspülen und Arzt konsultieren. Bei der Arbeit geeignete Schutzkleidung, Schutzhandschuhe und Schutzbrille/Gesichtsschutz tragen. Bei Unfall oder Unwohlsein sofort Arzt hinzuziehen (wenn möglich dieses Etikett vorzeigen).

Deutsche Vorschriften
Wassergefährdungsklasse   1 (schwach wassergefährdend) (VwVwS-Einstufung)
Lagerklasse VCI   8 B
Merkblatt BG-Chemie   M004 Reizende Stoffe/Ätzende Stoffe
                     M051 Gefährliche chemische Stoffe

Andere nationale Vorschriften
Schweizer Giftklasse: 2

16. Sonstige Angaben

Änderungsgrund
Änderung/Ergänzung in Kapitel 5.
Allgemeine Überarbeitung.

Stand vom: 09.10.2000   Ersetzt Ausgabe vom: 21.02.2000

Die Angaben stützen sich auf den heutigen Stand unserer Kenntnisse und dienen dazu, das Produkt im Hinblick auf die zu treffenden Sicherheitsvorkehrungen zu beschreiben. Sie stellen keine Zusicherung von Eigenschaften des beschriebenen Produkts dar.

Abb. 4.10 DIN-Sicherheitsdatenblatt der Fa. Merck KGaA, Darmstadt für 30%ige Salzsäure (Teil 5)

Ob eine „Sicherheitsanalyse" (Kapitel 10) erforderlich ist, geht aus der zwölften Bundes-Immissionsschutz Verordnung (Störfall-Verordnung) hervor. Danach muss es sich zum einen um eine nach dem BImSchG genehmigungsbedürftige Anlage handeln, und es müssen Stoffe nach den Anhängen II, III oder IV der Verordnung in der Anlage vorhanden sein oder im Falle einer Störung entstehen können. Bei den Stoffen handelt es sich z. B. um giftige, brennbare oder leicht entzündliche Gase oder Flüssigkeit, explosionsfähige Staubgemische etc. Zur Sicherheitsanalyse gehört u. a. eine Beschreibung der sicherheitstechnisch bedeutsamen Anlagenteile, der Gefahrenquellen und der Voraussetzungen, unter denen ein Störfall eintreten kann.

Im „Schallgutachten" muss nachgewiesen werden, dass die Immissionsrichtwerte der Technischen Anleitung Lärm durch den Betrieb der geplanten Anlage nicht überschritten werden. Bei Gebieten, in denen ausschließlich Wohnungen untergebracht sind, betragen die Immissionsrichtwerte 50 dB(A) tagsüber und 35 dB(A) nachts. Um die Immissionswerte bestimmen zu können, müssen zunächst die Emissionen ermittelt werden. Hierzu sind alle Schallquellen der Anlage hinsichtlich Stärke und Lage anzugeben. Mit diesen Angaben können die Immissionen auf die nächstliegenden Wohnhäuser berechnet werden. Für derartige Berechnungen können Ingenieurbüros beauftragt werden, die sich auf dem Gebiet der Schalltechnik spezialisiert haben. Zeigt sich, dass die zulässigen Grenzwerte überschritten werden, müssen zunächst so genannte primäre Schallschutzmaßnahmen getroffen werden. Zu den primären Schallschutzmaßnahmen gehört u. a. die Wahl geräuscharmer Antriebe. Lassen sich die geforderten Schallgrenzwerte nicht durch primäre Schallschutzmaßnahmen erreichen, müssen sekundäre Schallschutzmaßnahmen getroffen werden. In der Regel handelt es sich dabei um Schallisolierungen, Einhausungen der Geräuschquellen oder Ausstattung der Schallerzeuger mit Schalldämpfern.

Im Normalfall wird mit dem eigentlichen Detail Engineering erst nach erteilter Betriebsgenehmigung für die geplante Anlage begonnen. Das hängt jedoch von den vertraglichen Vereinbarungen ab. Häufig ist die eigentliche Planungsausführung und Lieferung sowie Montage und Inbetriebsetzung der Anlage an die Genehmigungserteilung als „Lieferoption" gekoppelt. D. h. der Auftrag für die Lieferung, Montage und Inbetriebsetzung der Anlage wird erst nach der behördlichen Genehmigung wirksam.

4.3
Komponentenbeschaffung

Die in den folgenden Kapiteln dargestellten Aktivitäten wie Komponentenbeschaffung, Erstellung der Rohrleitungs- und Instrumenten-Fließbilder, Aufstellungs- und Rohrleitungsplanung, sowie E/MSR-Planung müssen unmittelbar nach der Auftragserteilung und eng miteinander verzahnt parallel durchgeführt werden. Im ersten Planungsabschnitt der Abwicklung ist die Aktivitätendichte, wie in Kapitel 4.1.1 Projektstrukturen bereits dargelegt wurde, besonders hoch. Die erfolgreiche

Abwicklung des gesamten Projektes hängt maßgeblich vom Ablauf des ersten Planungsabschnittes im Detail Engineering ab. Wenn hier quasi „getrödelt" wird, kann die restliche Abwicklung diese Versäumnisse kaum wieder wettmachen.

Bei der Komponentenbeschaffung konzentriert man sich selbstverständlich zunächst auf diejenigen Komponenten mit den längsten Lieferzeiten. Gründe für lange Lieferzeiten können neben der hohen Komplexität von Aggregaten vor allem „exotische" Werkstoffe oder sonstige Sonderanfertigungen sein. Selbst einfache Armaturen, die aus ungewöhnlichen Werkstoffen gefertigt werden müssen, gelten als Sonderbauformen und führen daher nicht nur zu längeren Lieferzeiten, sondern auch zu erheblich höheren Beschaffungskosten.

Die Komponenten einer geplanten Anlage gehen aus der Komponentenliste hervor. Darin sind alle Hauptapparate wie Behälter, Pumpen, Verdichter, Wärmetauscher, Reaktoren, Rektifikationskolonnen, Zentrifugen, Rührwerke etc. mit mehr oder weniger detaillierten Angaben aufgelistet. Die Komponentenliste wird bereits im Rahmen des Basic Engineering angelegt und muss nun gegebenenfalls vervollständigt, ergänzt oder erweitert werden.

Ähnliches gilt für die technischen Datenblätter der Komponenten: Die technischen Datenblätter des Basic Engineerings müssen geprüft und vervollständigt werden.

Des Weiteren liegen die Angebote zu den Vorab-Anfragen aus der Projektierungsphase vor. Wurden die Vorab-Anfragen weit genug gestreut (meistens mehr als fünf angefragte Unterlieferanten), kann man sich in der Abwicklungsphase auf die „engere Wahl" von in der Regel nicht mehr als drei potenziellen Unterlieferanten konzentrieren. Diese Vorgehensweise hat den Vorteil, dass die in der Regel sehr umfangreichen Unterlagen für die Hauptanfrage nicht so häufig kopiert und verschickt werden müssen. In diesem Zusammenhang ist zu bedenken, dass beispielsweise alle Kundenspezifikationen, die mit dem betreffenden Gewerk zu tun haben, als Anlage zur Anfrage beizufügen sind. Auf deren möglichen Umfang wurde bereits mehrfach hingewiesen.

In jedem Fall gehören zur Bestimmung der „engeren Wahl" an Unterlieferanten entsprechende Angebotsvergleiche. Hierbei werden nicht nur die Kosten gegenübergestellt, sondern auch die technischen Aspekte verglichen. In Abbildung 4.11 und 4.12 ist beispielhaft ein Angebotsvergleich für eine Pumpe dargestellt.

Bei der Bestellung von Komponenten bei einem Unterlieferanten müssen grundsätzlich die gleichen Überlegungen angestellt werden, wie bei der Hauptbestellung. Die kaufmännischen und technischen Bedingungen für die Bestellung des Anlagenbauers beim Unterlieferanten werden ebenso in Form eines Kaufvertrags festgehalten, wie zwischen dem Betreiber und dem Anlagenbauer.

In der Praxis hat sich folgende Vorgehensweise für die Bestellaktivitäten bewährt:

1. Basis-Bestellspezifikation
Die Basis-Bestellspezifikation ist Bestellgrundlage für alle Unterlieferanten. Sie sollte die allgemein gültigen, überwiegend kaufmännischen Aspekte der Bestellungen für das gegebene Projekt enthalten. Hierzu gehören u. a.: Gewährleistungen,

		Angebotsvergleich Pumpen Technik Umwälzpumpen I - IV						Kennwort: **Musteranlage** Auftr. Nr.: **0-12345** Ident-Nr.: **A0KFB25BB001**	
	Fachhochschule Osnabrück University of Applied Sciences								
1	Benennung d. Pumpe	Die Pumpen x, y, z, sind baugleich (Ausnahme: Förderhöhe)							
2	Pumpenhersteller	A	B	C	D	E	F	G	H
3	Pumpentyp/Bauhöhe	CP600-530	ROP 500	R400/1-98	PSEA 400	P500	CUS 500	60HEL200	QL500Y
4	Angebot vom:	13.01.02	14.01.02	15.01.02	16.01.02	17.01.02	18.01.02	18.01.02	19.01.02
5	Angebots-Nr.:	12/34	46-78	91 01 1	12/13-14	15161.7	18.192.0	21.222.3	24.252.6
6	**Pumpe**								
7	Nennweite: DN	600	500	400	400	500	500	600	500
8	Laufrad-Bauart:	Diagonal	Propeller	Propeller	Propeller	Propeller	Propeller	Propeller	Propeller
9	Laufrad-⌀ angef.mm	520	500	396	410	480	490	530	490
10	max. mm								
11	Lagerschmierung:	Fett	k.A.	Öl/C.L.O.	Fett	Fett	Öl/C.L.O.	k.A.	Fett
12	Lagerkühlung erf.:	k.A.	k.A.	Nein	Nein	k.A.	k.A.	k.A.	-
13	**GLRD**								
14	Fabrikat:	Burgmann	Pacific	Burgmann	Pacific	Burgmann	Burgmann	SIEM	Pacific
15	Typ/Größe:	HRK52-D-G-Ex2	REA	HRKS1DE	REA	M7N/MN7	REA	REA	REA
16	Werkstoff-Code:	k.A.	SiC	Q1Q1MM	Q1Q1MM	k.A.	k.A.	k.A.	k.A.
17	Bauart:	doppelte GRLD	einf.GLRD	dopp. GRLD	GLRD	dopp. GRLD	einf.GLRD	einf.GLRD	einf.GLRD
18	**Motor**								
19	Fabrikat:								
20	Typ/Größe:		260M	260 S6	260M				
21	n/P$_M$ [1/min/kW]	1460/36	960/54	960/45	960/54	1450/55	k.A.	1450/55	k.A.
22	**Kupplung**	ohne							
23	Fabrikat:	k.A.	k.A.	N-Eupex	N-Eupex	k.A.	k.A.	k.A.	N-Eupex
24	Typ/Größe:								
25	**Getriebe**								
26	Schutzhaube:	Incl.							ja
27	Motorwippe:								
28	**Werkstoffe Pumpe**		Nickel						
29	Gehäuse:	1.457/gum	2.417/2.406	GGG40/gum	GGG40/gum		Guß/gum		Guß/gum
30	Laufrad/Flügel:	Reinnickel	2.417/2.406	2.4882	2.4882		2.4886		2.4697
31	Schleißwand:	Reinnickel		2.4882	2.4882		2.4886		
32	Welle:	1.4460		2.4882	St		2.4810		
33	Wellen(schutz)hülse:				HC4		2.4810		
34	Schrauben:			ja					
35	Grundplatte			ja					
36	**Werkstoff GLRD**								
37	Werkstoff-Code:								
38	Pp.-Seite Gleitring			Q1Q1M1	Q1Q1M1				
39	Gegenring			Q1Q1MM	Q1Q1MM				
40									
41									
42									
43									
44									
45									
46	geprüft	Meier		Meier		Meier		Schema Nr.:	
47	Name	Mustermann		Mustermann		Mustermann			
48	Datum	10.06.2000		11.08.2000		12.12.2000		Zeichn.Nr.:	
49	Rev. I Zeile	0 I		1 I		2 I	3 I	12345	
	Blatt 1 von 2	Ordnungszahl:		Datei: musterdatei.doc, Dok. Nr.: 123456					

Abb. 4.11 Angebotsvergleich für ein Pumpe (Teil 1)

4.3 Komponentenbeschaffung | 121

		Angebotsvergleich Pumpen Technik Umwälzpumpen I - IV				Kennwort: **Musteranlage** Auftr. Nr.: **000-12345** Ident-Nr.: **A0KFB25BB001**			
	Fachhochschule Osnabrück University of Applied Sciences								

#										
1	Benennung d. Pumpe	Die Pumpen x, y, z, sind baugleich (Ausnahme: Förderhöhe)								
2	Pumpenhersteller	A	B	C	D	E	F	G	H	
40	Atm.Seite: Gleitring			Q1MGG	Q1MGG					
41	Atm.Seite: Gegenring			B1MGG	B1MGG					
42	Nebendichtung:									
43	Federn:			1.4571						
44	Sonstige Teile:									
45	**Gewichte**									
46	Pumpe: [kg]	980	k.A.	410	500	435	1000	650	725	
47	Motor: [kg]	300	k.A.	540	600	610	550	k.A.	k.A.	
48	Getriebe: [kg]	80	k.A.	100	22	250	100	k.A.	k.A.	
49	Ges.gew.: o.Antr. [kg]	1360	k.A.	k.A.	k.A.	k.A.	k.A.	k.A.	k.A.	
50	m.Antr. [kg]			ca.1200	1322	1295	1650			
51	Schalldruckpegel L_{PA} dB	160	150	95/110	110	120	k.A.	k.A.	70	
52	Schallleistungsp. L_{WA} dB	10	0 – 5,5	-1/+5	-1/+5	10	k.A.	k.A.	6	
53										
54	**Sonstiges**									
56	Sperrflüssigkeit erf.:	-	-	ja	ja	-	Ja	-	-	
57	Quenchbehälter:	-	-	nein	-	-	-	-	-	
58	Lagerung:									
59	Abnahme n. DIN:	-	-	1944/IIQ.H.K	1944/ III	-	1944/II intern	-	-	
60	**Sonderleistungen**									
61	Spezialwerkzeug:									
62	**Referenzen**						Lurgi/StMeso			
63	Technik akzeptiert:	Positiv	Positiv	Positiv	Positiv	Negativ	Positiv	Negativ	Positiv	
64	**Eigenleistungen:**									
65	Maschinenfundament:									
66	Fundamentöse Aufst.:									
67	Ölfüllung:									
68										
69										
70										
71										
72										
73										
74										
75										
76										
77										
78										
79										
80										
81										
82										
83										
84	Geprüft	Meier		Meier		Meier			Schema Nr.:	
85	Name	Mustermann		Mustermann		Mustermann				
86	Datum	10.06.2000		11.08.2000		12.12.2000			Zeichn.Nr.:	
87	Rev.	Zeile	0		1		2		3		12345	
88	Blatt 2 von 2	Ordnungszahl:		Datei: musterdatei.doc, Dok. Nr.: 123456						

Abb. 4.12   Angebotsvergleich für ein Pumpe (Teil 2)

Pönalen, Rahmenterminplan etc. Die darin enthaltenen Forderungen können dabei sogar noch über diejenigen des Hauptvertrags zwischen dem Betreiber und dem Anlagenbauer hinausgehen. So wird der Anlagenbauer z. B. bestrebt sein, die Terminpönalen der Unterlieferanten so hoch wie möglich anzusetzen. Da die Terminpönale stets in Prozent des Auftragswertes angegeben wird und der Bestellbetrag der Unterlieferanten um ein bis zwei Größenordnungen unter demjenigen des Hauptauftrages liegt, wirkt sich eine vom Unterlieferanten verursachte Terminüberschreitung für den Anlagenbauer kostenmäßig wesentlich stärker aus. Eine weitere wichtige Forderung, die die Basis-Bestellspezifikation enthalten sollte, ist die kostenlose Lagerung der zu liefernden Komponenten im Werk des Unterlieferanten. Meistens versucht der Anlagenbauer den Termin für die Baustellenabrufbereitschaft ein bis zwei Wochen vor der eigentlichen Montage zu vereinbaren. Hierdurch sowie durch eventuelle Verzögerungen auf der Baustelle kann es notwendig sein die Komponenten im Herstellerwerk zu lagern.

2. Technische Bestellspezifikation

In der technischen Bestellspezifikation sind die technischen Anforderungen für das jeweils zu beschaffende Aggregat sowie kaufmännische Aspekte, die sich nicht generalisieren lassen, aufgeführt. Daher muss für jeden Aggregattyp eine eigene technische Spezifikation erstellt werden. Zu den technischen Angaben gehören insbesondere der Liefer- und Leistungsumfang samt Schnittstellen sowie die Auslegungsdaten. Zu den kaufmännischen Aspekten gehören die Terminangaben für die Fertigstellung der Fertigungszeichnungen und die Baustellenabrufbereitschaft sowie die technischen Garantien für das jeweilige Aggregat. Die technischen Garantien sind dabei von Aggregat zu Aggregat stark unterschiedlich. Während man bei einem Filterapparat die Trennleistung als Garantiewert festlegen kann, lässt man sich bei einer Pumpe die Förderhöhe bei einem gegebenen Förderstrom garantieren. Als Anlagen zur technischen Bestellspezifikation gehören in jedem Falle die technischen Datenblätter, etwaige Leitzeichnungen und Schnittstellenskizzen sowie die Mediendatenblätter, die für das betreffende Aggregat gültig sind.

3. Qualitätssicherungsplan

Im Qualitätssicherungsplan, kurz QS-Plan (quality assurance plan) werden die vom Unterlieferanten einzuhaltenden Qualitätssicherungsmaßnahmen und deren Dokumentation benannt. Hier können unter Umständen Anforderungen aufgeführt werden, die über die in den üblichen Regelwerken (codes and standards) vorgeschriebenen Prüfschritte hinausgehen. Des Weiteren sind Vorschriften zu Toleranzangaben, Korrosionsschutzmaßnahmen, Prüfverfahren und -umfang, Leistungstests etc. möglich. Die Forderungen gehen dabei normalerweise nicht über diejenigen des Betreibers hinaus, denn mit jedem Prüfschritt sind entsprechende Kosten verbunden. In den QS-Plänen wird auch festgelegt, zu welchen Prüfschritten der Auftraggeber einzuladen ist. Im Folgenden sind beispielhaft einige Prüfschritte für eine Kreiselpumpe aufgeführt:

- Anerkennung als Fachbetrieb nach WHG § 19 a oder e,
- Kontrolle der Werkstoffzeugnisse, Belegung entsprechend Stückliste,
- Überprüfung der Vorprüfunterlagen,
- Q/H-Leistungstest und Wirkungsgradkurve, 5 Punkte; Toleranzen nach DIN 1944/II,
- NPSH-Test (3 Messpunkte),
- Rundlaufkontrolle/Wuchtprotokoll/Schwingungstest; zul. Schwingungen DIN ISO 5199/VDI 2056 Gruppe: Gut,
- Kontrolle der Lager, Aufnahmevorrichtung für Stoßimpulsmessung,
- Kontrolle der Dichtungsleckage,
- Maßkontrolle und visuelle Prüfung,
- Kontrolle des Korrosionsschutzes nach DIN 55928; Teil 5,
- Kontrolle der Motor- und Leistungsdaten,
- Gehäuse-Druckprobe ($1,3 \times p_{max}$; 30 Minuten),
- Schallmessung nach DIN 45635,
- Übereinstimmung Bestellung/Lieferumfang,
- Prüfung der Verpackung vor dem Versand (shipment),
- Prüfung Lieferumfang der Q-Dokumentation.

Es sollte an dieser Stelle erwähnt werden, dass die Qualitätsdokumentation einen erheblichen Anteil an der Gesamtdokumentation haben kann. Im Folgenden sind einige Qualitätsdokumente beispielhaft für eine Kreiselpumpe aufgeführt:

- Zeugnisse über Werkstoffprüfungen,
- Maßprotokoll-Zeichnung,
- TÜV-Bescheinigung (Vorprüfunterlagen/Bauprüfung),
- Bau- und Druckprobenprotokoll,
- Protokoll Q/H-Leistungstest,
- Protokoll NPSH-Test,
- Wuchtprotokoll/Schwingungstest,
- Protokoll der Schallmessung,
- Korrosionsschutzprotokoll,
- Ausführungszeichnungen,
- Stücklisten,
- Protokoll der Vollständigkeit der Lieferung.

Der weitere Ablauf der Bestellaktivitäten deckt sich ebenfalls weitgehend mit denjenigen der Hauptbestellung. Die in die engere Wahl genommenen Unterlieferanten werden zu Vergabeverhandlungen eingeladen, bei denen die technischen und kaufmännischen Aspekte besprochen werden. Werden hierbei Vereinbarungen getroffen, die von den Bedingungen der Basis- oder technischen Bestellspezifikation abweichen, so müssen diese in schriftlicher Form festgehalten werden. Hierzu wird am einfachsten ein so genanntes Verhandlungsprotokoll geführt. Es empfiehlt sich, das Verhandlungsprotokoll sofort noch während der Vergabeverhandlungen anzufertigen und von beiden Parteien paraphieren zu lassen. Gleiches gilt für eventuelle Anlagen wie Skizzen, Listen etc. die ausgetauscht werden.

Nachdem die Vergabeverhandlungen mit allen für das betreffende Aggregat in Frage kommenden Unterlieferanten stattgefunden haben, folgt ein ebenso harter Preis- und Terminwettbewerb wie beim Hauptauftrag. Diese Aufgabe liegt bei den kaufmännischen Projektmitarbeitern. Vor lauter Wettbewerb muss allerdings darauf geachtet werden, dass die Bestellungen nicht zu spät getätigt werden.

Die eigentliche Bestellung kann bei Einhaltung der oben beschriebenen Vorgehensweise in Form eines kurzen Bestellschreibens erfolgen. Wichtig ist dabei die Auflistung der vertraglich wirksamen Unterlagen und deren Rangfolge. Bei der hier gezeigten Vorgehensweise ergibt sich folgende Rangfolge:

1. Verhandlungsprotokoll,
2. Basis-Bestellspezifikation,
3. Technische Bestellspezifikation,
4. Anlagen (QS-Plan etc.),
5. Angebot des Unterlieferanten.

Schließlich gehört auch in die Bestellungen an die Unterlieferanten der Hinweis auf Zusendung der vorbehaltlosen Auftragsbestätigung.

Die Aktivitäten zur Komponentenbeschaffung sind jedoch noch nicht mit der eigentlichen Bestellung abgeschlossen. Ähnlich wie der Betreiber einen Engineer für die Überwachung des Projektablaufes abstellt, wird der Anlagenbauer die Aktivitäten seiner Unterlieferanten kontrollieren. Hauptmotiv für diese Überwachung, die im Englischen als Expediting bezeichnet wird, ist die Abwendung der Gefahr von Lieferverzögerungen. Die Auswirkungen der verzögerten Lieferung eines Unterlieferanten können für den Anlagenbauer unverhältnismäßig kostenintensiver sein. Mit welchem Aufwand das Expediting betrieben wird hängt von der Firmenphilosophie bzw. vom Verhältnis Aufwand/Nutzen ab.

Beispiel: Auf der Baustelle wird eine Lieferung von speziellen Bolzen beim betreffenden Unterlieferanten abgerufen. Dabei stellt sich heraus, dass der Unterlieferant noch nicht einmal mit der Fertigung begonnen hat. Auch das Vormaterial fehlt. Dadurch können die Bolzen erst vier Wochen verspätet angeliefert werden. Im Laufe der weiteren Projektabwicklung können zwar drei Wochen durch andere Aktivitäten kompensiert werden, aber das Projekt wird insgesamt eine Woche verspätet abgeschlossen. Der Anlagenbauer macht beim Bolzenhersteller die vertraglich fixierte Terminpönale geltend, die im günstigsten Fall 1 % des Auftragswerts je angefangene Kalenderwoche beträgt. Bei einem Auftragswert der Bolzen von 2.000,- € ergibt sich eine Pönalforderung in Höhe von 80,- €. Der Anlagenbauer steht hingegen einer Pönalforderung des Betreibers in Höhe von minimal 0,5 % je angefangene Kalenderwoche des gesamten Projekt-Auftragswertes in Höhe von 10.000.000,- € gegenüber. Die Pönalforderung beläuft sich somit auf 50.000,- €!

Die Diskrepanz der Pönalbeträge im obigen Beispiel ist offensichtlich. Das bedeutet, dass der Anlagenbauer sich durch die vertragliche Fixierung von Terminpönalen allein nicht sicher fühlen kann. Für die Überwachung der Fertigung bei den Unterlieferanten setzt der Anlagenbauer daher Expediter ein. Diese haben das Recht, den Fertigungsfortschritt im Werk des Unterlieferanten jederzeit unangekündigt zu prüfen. Das bedeutet, dass der vom Anlagenbauer beauftragte Expediter den Unterlieferanten systematisch Besuche abstattet und vor Ort den Fertigungsstand prüft. Über die Kontrollen werden kurze Berichte erstellt und der Projektleitung übergeben. Wichtig ist dabei, dass die Projektleitung auf sich abzeichnende Terminverzögerungen aufmerksam gemacht wird. Am besten lassen sich die Zusammenhänge am Beispiel des in Kapitel 4.1.4 Terminplanung dargestellten Terminplans für die Komponentenbeschaffung verdeutlichen.

Das Expediting schließt sich an die Bestellung einer Komponente an. Zunächst muss geprüft werden, ob die Fertigungszeichnungen zum vereinbarten Termin erstellt wurden. Wenn die Abgabe der Fertigungszeichnungen verspätet erfolgt, ist die Gefahr eines Terminverzuges bereits groß. Natürlich müssen die Fertigungszeichnungen vom Anlagenbauer schnellstmöglich geprüft und innerhalb der vereinbarten Frist freigegeben werden. Ansonsten wird der Unterlieferant dies als Behinderung auffassen und ein Terminclaim geltend machen. Jetzt ist auch normalerweise der Zeitpunkt, wo noch letzte Änderungen (z. B. zusätzliche Stutzen) vorgenommen werden können. An die Freigabe der Fertigungszeichnungen schließt sich die eigentliche Fertigung der Komponenten im Werk des Unterlieferanten an. Hierzu muss in aller Regel zunächst das erforderliche Vormaterial beschafft werden. Der Expediter kann dies als Anlass nehmen um zu prüfen, wann das Vormaterial angeliefert wird. Des Weiteren kann er die laufende Fertigung in gewissen Intervallen prüfen. Zeichnet sich eine Verzögerung beim Unterlieferanten ab, muss die Projektleitung möglichst frühzeitig entsprechende Maßnahmen ergreifen. Die Maßnahmen reichen von einer telefonischen Ermahnung durch die Projektleitung bis hin zu Gesprächen auf Geschäftsleiterebene.

Das Expediting endet mit der erfolgreichen Abnahme der Komponente. Wichtig ist dabei die Vollständigkeitskontrolle (z. B. ob bei einem Behälter alle Stutzen in der richtigen Nennweite und an der korrekten Stelle angebracht sind). Nach der Abnahme kann die Komponente vom Baustellenleiter abgerufen werden. Es empfiehlt sich eine Zeitreserve sowohl zwischen der Abnahme und der Abrufbereitschaft als auch zwischen der Abrufbereitschaft und der eigentlichen Montage vorzusehen. Probleme können sich nämlich sowohl bei der Abnahme (z. B. Feststellung einer nicht ordnungsgemäß ausgeführten Schweißnaht bei der Druckprobe) als auch beim Transport (z. B. Behälter bleibt beim Transport unter einer Brücke hängen!) ergeben.

Die Fülle aller möglichen Aspekte, die bei der Komponentenbeschaffung zu berücksichtigen sind, ist unübersehbar. Um dennoch die Vorgehensweise weiter zu verdeutlichen, soll die Auslegung und Beschaffung von Komponenten anhand der immer wiederkehrenden Beispiele „Behälter" und „Pumpen" etwas ausführlicher dargestellt werden.

4.3.1
Behälter

Die verfahrenstechnische Auslegung von Behältern ist vergleichsweise einfach. Das Fassungsvermögen geht aus der verfahrenstechnischen Aufgabenstellung hervor.

Beispiel: Ein Behälter soll als Lagerbehälter ausgelegt werden. Der maximale Zulauf beträgt 20 m³/h. Um störungsbedingte Anlagenausfälle zu vermeiden, soll der Behälter die Aufrechterhaltung des Anlagenbetriebs über einen Zeitraum von zwei Tagen gewährleisten. Es wird davon ausgegangen, dass die Störung sich innerhalb dieses Zeitraumes beseitigen lässt. Daraus ergibt sich ein erforderliches Fassungsvermögen von 960 m³. Aus der zur Verfügung stehenden Aufstellfläche ergibt sich ein maximaler Behälterdurchmesser von z. B. 10 m. Damit lässt sich wiederum die Behälterhöhe zu 12,2 m bestimmen. Nun muss noch die Bauform des Behälters festgelegt werden, die maßgeblich vom Auslegungsdruck abhängt. Atmosphärische Behälter können z. B. mit Flachboden und -deckel ausgeführt werden, während bei Druckbehältern Klöpperböden oder Kugelkalotten gewählt werden.

Hinsichtlich der detaillierten Konstruktion und der festigkeitstechnischen Auslegung soll an dieser Stelle lediglich auf die einschlägige Literatur bzw. Regelwerke [15–18] hingewiesen werden.

Auch Behälter können durchaus zur Kategorie derjenigen Komponenten mit langen Lieferzeiten gehören und müssen daher frühzeitig bestellt werden. Hierbei besteht allerdings das Problem, dass im frühen Projektstadium noch keine Rohrleitungs- und Instrumentenfließbilder sowie detaillierte Aufstellungs- und Rohrleitungspläne existieren. Um dennoch die Angaben für die Lage und Nennweite der Behälterstutzen machen zu können, kann man folgendermaßen vorgehen:

- Die Anzahl der anbindenden Rohrleitungen wird anhand des Verfahrensfließbildes oder, sofern bereits erstellt, anhand der Rohrleitungs- und Instrumentenfließbilder in Ersterstellung abgeschätzt.
- Die Nennweiten der anbindenden Rohrleitungen werden ebenfalls geschätzt, und zwar anhand der vorliegenden Bilanzierung bzw. Mediendatenblätter. Im Zweifelsfall wird eine Nennweite größer gewählt. Später kann man dann bei der Rohrleitungsplanung entsprechende Reduzierungen einsetzen.
- Auch die Anschlüsse für die messtechnische Ausrüstung von Behältern können approximiert werden. Bei normalen atmosphärischen Behältern mit einer analogen und zwei binären Füllstandsmessungen (Trockenlauf- und Überfüllschutz) lässt sich die zugehörige Messtechnik relativ leicht bestimmen.
- Sonstige Stutzen können sein: Mannloch, Kopfloch, Überlaufleitung, Entleerungsleitung, Anschlüsse für Probenentnahmen etc.
- In allen Bereichen des Behälters werden zusätzliche Reservestutzen in verschiedenen Nennweiten eingeplant.
- Die Lage der Stutzen lässt sich aus deren Funktion bzw. aus dem Layout ermitteln.
- Schließlich sollte der Vertrag mit dem Unterlieferanten eine Vereinbarung enthalten, dass sich Stutzenänderungen hinsichtlich ihrer Lage kostenlos durchführen lassen und sich zusätzliche Stutzen in Abhängigkeit von vorher vereinbarten Einheitspreisen bis zu einem bestimmten Zeitpunkt (z. B. Freigabe der Fertigungszeichnungen) anbringen lassen.

Durch die oben beschriebene Vorgehensweise lassen sich zumindest die Anfragen an die Unterlieferanten sehr frühzeitig starten, sofern dies nicht bereits im Rahmen des Basic Engineerings geschehen ist. Die endgültige Anzahl, Art und Lage der Stutzen kann dann bis zur endgültigen Vergabe noch weiter geplant werden.

Abgesehen vom Behälterinhalt, der festigkeitstechnischen Auslegung und der Gewährleistung gegenüber Korrosion, besteht bei Behältern normalerweise kein weiterer Bedarf an Funktionsgarantien.

Im Übrigen entspricht die Vorgehensweise bei der Beschaffung von Behältern derjenigen für die anderen Komponenten.

4.3.2
Pumpen

Pumpen nehmen eine Sonderstellung bei der Beschaffung ein. Einerseits können Pumpen durchaus recht lange Lieferzeiten aufweisen, insbesondere dann, wenn keine handelsüblichen Werkstoffe im Spiel sind. Andererseits werden für die Berechnung der Anlagenkennlinien zahlreiche zu Projektbeginn noch nicht vorhandene Unterlagen benötigt [19–22].

Zur detaillierten Berechnung der Anlagenkennlinien sind die genauen Rohrleitungsabmessungen (Rohrleitungsklassen) und Rohrleitungsverläufe (Isometrien und Rohrleitungspläne) erforderlich. Des Weiteren wird die Lage, Bauart und Anzahl der in den Rohrleitungsverläufen installierten Armaturen und Messtechnik benötigt. Hierzu müssen u. a. die R&I-Fließbilder sowie das Armaturen- und Messtechnikkonzept vorliegen.

Um diesem zeitlichen Problem zu entgehen, entschließen sich einige Anlagenbauer dazu, die Pumpen schlicht „abzuschätzen". D. h., dass die benötigte Förderhöhe mit Hilfe des Layouts (geodätische Höhenunterschiede und Entfernungen) und der Betriebsdaten (Betriebsdrücke) geschätzt wird. Unsicherheiten werden in Form entsprechender Zuschläge berücksichtigt. Prinzipiell ist diese Vorgehensweise möglich. Allerdings sollten einige Einschränkungen berücksichtigt werden:

- Wegen der bei dieser Vorgehensweise unvermeidlichen Unsicherheiten müssen entsprechend große Sicherheitszuschläge bei der Förderhöhe gemacht werden. D. h. es werden in aller Regel zu große Pumpen beschafft. Die überschüssige Förderhöhe wird dann im Betrieb weggedrosselt. Es handelt sich dabei um eine reine Entropieerzeugung und somit um eine Form der Energieverschwendung.
- Durch die hohen Sicherheitszuschläge ergibt sich ein Wettbewerbsnachteil: Der zu garantierende Gesamtstrombedarf einer Anlage ist zumindest eines der Bestellkriterien für den Betreiber. Wenn der Anlagenbauer bei jeder Pumpenanlage hohe Sicherheitsreserven für die Förderhöhe bzw. Leistung einplanen muss, führt dies zwangsläufig zu einem höheren Gesamtstrombedarf der Anlage.
- Bei großen Pumpen würde diese Vorgehensweise zusätzlich zu überhöhten Beschaffungskosten führen. Daher sollte sie nur auf mittlere und kleine Pumpen angewandt werden, bei denen es hinsichtlich der Beschaffungskosten tatsächlich

praktisch keinen Unterschied ausmacht, ob man eine Chemie-Normpumpe im gleichen Gehäuse mit einem 250 mm oder 260 mm Laufrad-Außendurchmesser bestellt.
- Hat man sich trotz aller Sicherheitszuschläge verschätzt, muss eine bzw. müssen bei redundanten Pumpengruppen zwei Pumpen neu beschafft werden. Zusätzlich sind entsprechende Änderungen der anbindenden Rohrleitungen vorzunehmen. Dabei ist die hiermit verbundene Terminverzögerung zu bedenken (Gefahr der Terminpönale).

Um den oben aufgeführten Problemen zu entgehen und dennoch die Terminnot zu vermeiden, kann man wie folgt vorgehen:

1. Erstellung der Rohrleitungs- und Instrumentenfließbilder als Revision 0: Dabei kann man sich auf die hydraulisch relevanten Rohrleitungssysteme wie die Saug- und Druckleitung konzentrieren.
2. Festlegung der Rohrleitungsklassen: Die Festlegung der Rohrleitungsklassen hängt im Wesentlichen von den Medien ab. An dieser Stelle sei auf das Kapitel 2.2.2.4 Werkstoffkonzept hingewiesen. Aus den Rohrleitungsklassen gehen die genauen Abmessungen (Innendurchmesser) und Wandrauigkeiten (k-Werte) hervor, wobei zu berücksichtigen ist, ob Verkrustungen und sonstige Ablagerungen zu einer Erhöhung der Wandrauhigkeit gegenüber der neu installierten Rohrleitung führen können.
3. Festlegung der Nennweiten und Nenndrücke: Die Nenndrücke lassen sich relativ einfach anhand der Mediendatenblätter bestimmen. Hier sind die Auslegungsdrücke unter Berücksichtigung der Sicherheitstechnik heranzuziehen. Für die Festlegung der Nennweiten sind einfache Berechnungen gemäß Tabelle 4.7 anzustellen. Die von einer Pumpe zu fördernden Massen- und Volumenströme gehen aus der Bilanzierung hervor, deren Ergebnisse in den Mediendatenblättern niedergelegt sind. Dabei ist zu bedenken, dass es sich um bilanzierte Werte handelt. Bei geregelten Volumenströmen bzw. bei Pumpenanlagen mit einer Mindestmengenleitung sind entsprechende Zuschläge zu diesen rechnerischen Werten zu machen. Nun muss in Abhängigkeit vom zu fördernden Medium ein empfehlenswerter Geschwindigkeitsbereich vorgegeben werden. Es handelt sich dabei um ein typisches Optimierungsproblem. Kleine Nennweiten sind zwar günstig in der Anschaffung, führen aber zu hohen Strömungsgeschwindigkeiten. Dadurch entstehen höhere Druckverluste, was größere Pumpen und somit wiederum höhere Beschaffungskosten zur Folge hat. Ferner steigt der Verschleiß mit zunehmender Strömungsgeschwindigkeit. Bei reinen Flüssigkeiten sind Strömungsgeschwindigkeiten im Bereich von 3 bis 5 m/s üblich. Bei Suspensionen sollte die Strömungsgeschwindigkeit aufgrund der höheren Abrasion nicht höher als ca. 2,5 m/s gewählt werden. Erschwerend kommt bei Suspensionen hinzu, dass die Feststoffe bei zu geringen Strömungsgeschwindigkeiten relativ zur Hauptströmung sedimentieren können, was langfristig zu Verstopfungsproblemen führt. Daher sollte die Strömungsgeschwindigkeit nicht unter ca. 0,5 m/s absinken. Genaue Aussagen können erst dann gemacht werden, wenn Angaben zur Korngröße und -verteilung vorliegen. Bei Gasen und

Dämpfen können wegen der sehr viel niedrigeren Viskosität wesentlich höhere Strömungsgeschwindigkeiten im Bereich von 20 bis 50 m/s realisiert werden. Aus den bilanztechnisch vorgegebenen Volumenströmen und den zulässigen bzw. erwünschten Strömungsgeschwindigkeiten lassen sich Idealdurchmesser der betreffenden Rohrleitungen berechnen. Aus der entsprechenden Rohrleitungsklasse kann dann diejenige Nennweite gewählt werden, die dem Idealdurchmesser am nächsten kommt. In jedem Fall sollte eine Kontrollrechnung der auftretenden Strömungsgeschwindigkeiten für den tatsächlich gewählten Rohrleitungs-Innendurchmesser durchgeführt werden. Tabelle 4.7 zeigt das Ergebnis der hydraulischen Auslegung am Beispiel einiger ausgewählter Rohrleitungen.

4. Armaturenkonzept: Um die Druckverluste in den Rohrleitungssystemen bestimmen zu können, müssen die Druckverlustkennwerte (Zeta-Werte) der eingesetzten Rohrleitungseinbauten bekannt sein. Hierzu zählen nicht nur die Armaturen, sondern auch sonstige Rohrleitungseinbauten wie Blenden (diaphragm), Rückschlagklappen, Messtechnik etc. Da die Druckverlustkennwerte stark vom eingesetzten Typ abhängen, muss im Vorfeld festgelegt werden, welcher Armaturentyp sich für die jeweils gegebene Aufgabenstellung am besten eignet: z. B. Kugelhähne (ball valves), Klappen (butterfly valves), Schieber (gate valves). Dabei muss nicht jede einzelne Armatur untersucht werden. Vielmehr werden, ähnlich wie beim Werkstoffkonzept, Anlagensysteme definiert, in denen zumindest ähnliche Bedingungen hinsichtlich des geförderten Mediums, der Temperaturen, Drücke etc. vorherrschen. Anschließend lassen sich die Druckverlustbeiwerte entweder aus der Literatur- oder aus Herstellerangaben zusammenstellen [23–24].

5. Festlegung des Rohrleitungsverlaufs: Der detaillierte Rohrleitungsverlauf wird erst im Rahmen der Rohrleitungsplanung festgelegt. Benötigt werden für die Berechnung der Anlagenkennlinien lediglich die hydraulisch relevanten Bestandteile der Saug- und Druckleitungen. Dabei sind die geraden Rohrleitungslängen sowie die Anzahl der erforderlichen Krümmer noch unbekannt. Zu deren überschlägiger Bestimmung lässt sich wie folgt vorgehen: Zunächst muss die Planung der Haupttrassen für die Rohrleitungen vorgenommen werden. Es handelt sich hierbei um die Quer- und Steigetrassen, innerhalb derer die Rohrleitungen durch die Anlage geführt werden. Die meisten Rohrleitungen werden auf kürzestem Wege vom Ausgangspunkt in die Trasse verlegt, innerhalb der Trassen an den Anbindepunkt geführt und springen erst kurz vor dieser Anbindestelle aus der Trasse heraus. D. h. man kann relativ unproblematisch mit Hilfe der R&I-Zeichnung und dem Layout sowie den Trassenplänen die ungefähren Rohrleitungslängen und Anzahl der Krümmer ermitteln. Zur Sicherheit werden einige zusätzliche Krümmer eingeplant. Wenn der tatsächliche Rohrleitungsverlauf um einige Meter länger ausfällt, sind die damit verbundenen Druckverluste berücksichtigt.

6. Berechnung der Anlagenkennlinien: Die eigentliche Berechnung der Anlagenkennlinien kann nach Vorliegen der oben aufgeführten Dokumente nach der einschlägigen Berechungsmethode (Bernoulli-Gleichung) [19–20] erfolgen.

Tab. 4.7 Beispiel für eine Berechnungstabelle zur Bestimmung der Rohrleitungsnennweiten

Fachhochschule Osnabrück
University of Applied Sciences

Hydraulische Auslegung

Erstellt: Mustermann
Geprüft: Meyer
Rev.: 0 vom 01.02.2001

RL-Nr.:	Benennung	Rohr-klasse	Dichte [kg/m³]	Massenstrom [kg/h]			Volumenstrom [m³/h]				v gef. [m/s]	Ø ber. [mm]	DN gew.	di [mm]	v tats. [m/s]			
				min.	nor.	max.	ausl.	min.	nor.	max.	ausl.					min.	nor.	max.	ausl.

RL-Nr.:	Benennung	Rohr-klasse	Dichte [kg/m³]	min.	nor.	max.	ausl.	min.	nor.	max.	ausl.	v gef. [m/s]	Ø ber. [mm]	DN gew.	di [mm]	min.	nor.	max.	ausl.
14a	Lamell.Üb.	1	1320	3500	3898	3898	4500	2,85	2,95	2,95	3,4	0,5	35	50	46,5	0,43	0,48	0,48	0,56
44m	Lamell.Ab.	1	1460	500	800	800	1200	0,3425	0,551	0,551	0,822	0,5	24	32	32,8	0,11	0,18	0,18	0,27
23n		1																	
22k	Saug.Klar.	2	1320	8000	9200	9200	10560	6,0606	7,001	7,001	8	1,5	43,43	50	51,6	0,81	0,81	0,81	1,06
34l	Drus.Klar.	2	1320	8000	9200	9200	10560	6,0606	7,001	7,001	8	2	37,61	40	41	1,28	1,47	1,47	1,68
55p	Klarlauf	2	1320	3000	3898	3898	6000	2,2727	2,95	2,95	4,45	2	28,35	32	32,8	0,75	0,97	0,97	1,49
12b	Mindestmg.	2	1320	5000	5030	5030	4560	3,7879	4,4546	4,4546	2,54	2	24,71	32	32,8	1,25	1,33	1,33	1,14
13c	Zlf.Tank 5	1	1320	54	1700	1700	3099	0,647	1,295	1,295	2,34	1,5	23,52	25	25,2	0,36	0,72	0,72	1,31
14d	Zlf.Stufe I	1	1320	3044	2100	2100	800	2,3062	1,658	1,658	1,6	0,5	20,75	25	25,2	1,28	0,92	0,92	0,34
16r	Saug.Gips	3	1480	13000	15000	15000	17000	8,9042	10,27	10,27	11,64	1,5	52,46	50	51,6	1,18	1,36	1,36	1,55
29p	Drus.Gips	3	1480	13000	15000	15000	17000	8,9042	10,27	10,27	11,64	1,8	47,56	40	41	1,67	2,18	2,18	2,45
98k	Rngltg.HIN	3	1480	13000	15000	15000	17000	8,9042	10,27	10,27	11,64	1,8	47,46	40	41	1,87	2,18	2,18	2,45
99i	Rngltg.Zur.	3	1480	6500	13600	13600	15600	4,4546	9,315	9,315	10,685	1,5	50,19	40	41	0,94	1,96	1,96	2,25
76u																			
34g	Stichltg. I	5	1480	6500	7000	7000	7400	4,795	4,795	4,795	5,0685	1,6	33,48	32	32,8	1,46	1,58	1,58	1,67
22k	Stichltg. II	5	1480	500	730	730	1400	0,3425	0,506	0,506	0,9589	1	18,41	25	25,2	0,19	0,28	0,28	0,53

Hierfür werden häufig kommerziell verfügbare Berechnungsprogramme eingesetzt. Das Ergebnis sind in der Regel eine oder mehrere Anlagenkennlinien (Förderhöhe über Volumenstrom), wobei unterschiedliche Lastfälle berücksichtigt werden können. Ferner kann der Verlauf des $NPSH_A$-Wertes in Abhängigkeit vom geförderten Volumenstrom berechnet werden. Auch hierbei sollten die unterschiedlichen Betriebszustände berücksichtigt werden, um den „schlimmsten Fall" (worst case) ermitteln zu können.

7. Erstellung der technischen Datenblätter: In Abbildung 4.13 ist ein technisches Datenblatt für eine Pumpe beispielhaft dargestellt. Die wichtigsten vom Anlagenbauer auszufüllenden Felder (in Abbildung 4.13 kursiv dargestellt) sind die Förderhöhe und der Förderstrom im Auslegungspunkt. Die benötigten Angaben zum Medium gehen wiederum aus dem Mediendatenblatt, das als Anlage beigefügt wird, hervor. Sonstige technische Anforderungen können in Form der entsprechenden Kundenspezifikation oder eines QS-Planes, die ebenfalls als Anlagen beizufügen sind, angegeben werden. Alle anderen Angaben sind vom angefragten Pumpenlieferanten auszufüllen (in Abbildung 4.13 fett gedruckt).

Durch die oben beschriebene Vorgehensweise ist es möglich, die Aktivitäten zur Pumpenbeschaffung deutlich vor der Fertigstellung der planungsintensiven detaillierten Rohrleitungspläne beginnen zu lassen.

Die auf die Pumpenanfragen eingehenden Angebote enthalten neben der technischen Beschreibung, die kommerziellen Randbedingungen wie Preise und Lieferzeiten etc. Abbildung 4.14 und 4.15 zeigen das Muster eines Angebotes.

Anlagen sind typischerweise die Pumpenkennlinien gemäß Abbildung 4.16 mit dem Verlauf der Förderhöhe, der effektiven Leistung und dem Wirkungsgrad, das vom Anbieter ergänzte technische Datenblatt sowie eine Aufstellungszeichnung (siehe Abbildung 4.17), aus der die für die Aufstellungsplanung relevanten Abmessungen hervorgehen.

Zusätzlich können den Angeboten Schnittzeichnungen der Pumpe und Detailzeichnungen z. B. von der vorgesehenen Gleitringdichtung beigefügt sein. Bei der Auswahl des Dichtungssystems ist Vorsicht geboten. Dichtungssysteme können erhebliche Preisunterschiede aufweisen (z. B. Stopfbuchspackung im Vergleich zur doppelt wirkenden Gleitringdichtung). Des Weiteren sollte die für das eventuelle Sperrwasser oder Quench erforderliche Peripherie nicht außer Acht gelassen werden [25].

Die Angebote sind technisch und kommerziell entsprechend zu prüfen. Zusätzlich zum Auslegungspunkt sollten die anderen Betriebspunkte in die Kennlinie eingetragen werden, um die Auswirkungen verschiedener Lastzustände zu verdeutlichen.

Auch der Abstand des vorhandenen $NPSH_A$-Wertes zum benötigten $NPSH_R$-Wert der Pumpe muss geprüft werden. Bei Abständen von weniger als einem halben Meter besteht die Gefahr von Kavitation, da die Messung der $NPSH_R$-Werte bei bereits einsetzender Kavitation (3 % Förderhöhenabfall) erfolgt. Bei kavitationsgefährdeten Pumpen wie z. B. Kondensatpumpen sollte ferner berücksichtigt werden, dass der $NPSH_R$-Wert der Pumpe sich in Abhängigkeit des Volumenstroms stark

4 Abwicklung

	Fachhochschule Osnabrück University of Applied Sciences	Datenblatt für Pumpe **Umwälzpumpe**	Kennwort: **Musteranlage** Auftr. Nr.: **000-1234** Komp.-Nr.: **AP001**
1	Pumpenhersteller:	*Fa. ABC GmbH*	Typ/Baugröße: **RP 400-9G**
2	Anzahl Pumpen:	*1*	Bauart: **Rohrbogenpropellerpumpe**
3	Arbeitsbedingungen:	*siehe Blatt „Arbeitsbedingungen für Pumpe"*	
4	Medium:	*Lösung A (E.345)*	
5	**PUMPEN LEISTUNGSDATEN** (Auslegungspunkt)		
6	Förderstrom [Q]:	*2510 m3/h*	**ANTRIEB**
7	Förderhöhe [H]:	*3,1 m*	Motor *VIK-Ausführung*
8	Drehzahl [n]:	**1240 1/min**	Kühlung: *Luft*
9	NPSH R (dH=3%)	**6,5 m**	Fabrikat:
10	Leistungsbedarf (für ρA und vA):	**50 kW**	Bauform: B3 Baugröße: 250 M4
11	**PUMPEN – AUSFÜHRUNG**		Frequenz [Hz]: *50* Spannung [V]: -
12	Auslegung	*t = 150°C* *p = 0 – 5,5 bar, a*	Drehzahl [1/min]: *1450* Leistung [kW]: *55*
13	Prüfdruck:	**16 bar, a**	Schutzart: *IP54* Isolierklasse: *B (F)*
14	Drehsinn v. Antrieb auf Pumpe gesehen:	**rechts**	Ex-Schutz-Klasse: *keine*
15	Laufrad - Ø D₂ ausgeführt/max:	**- /** mm	Motorschutz: *keine*
16	Flansche	Eintr.: **400 / 10 / 2632**	Lieferant:
17	DN/PN/Norm	Austr.: **400 / 10 / 2632**	**Getriebe**
18	**Lagerung**	Art: **Wälzlager / Oil**	Bauart: *Riemen* Typ: -
19	mit Bohr. Z. Antrieb von SPM – Nippeln:	-	Fabrikat: *Fa. XYZ*
20	Lagerschmierung:	**Oil**	Lieferant: *Fa. EFG GmbH*
21	Kühlung:	Medium: -	**Kupplung** Pumpe / Motor bzw. Pumpe / Getriebe
22		Kühlstrom: - 1/min	Bauart: -
23	Wellenabdichtung	Art: **Cartex, siehe Anh.**	Fabrikat: - Typ: -
24	**GRLD**	Fabrikat: **Burgmann**	Größe: - Ausbaustück [mm]: -
25		Typ/Größe: **HR 325 /120-G11-Ex 1**	Lieferant -
26	Spülung	Q [l/h] = **Wasser, periodisch**	Lieferant Kuppl.-Schutz -
27	**GRLD**	p [bar] = (über Druck im Eintritt) **10 l/min – 1 bar**	**Kupplung** Getriebe / Motor
28	Kühlung:	Medium: -	Fabrikat: - Typ: -
29		Kühlstrom: -	Größe: -
30			Lieferant -
31	**WERKSTOFFE FÜR PUMPE UND GLRD**		Lieferant Kuppl.-Schutz -
32	Pumpe	Gehäuse: **2.4605**	**Grundplatte**
33		Laufrad: **2.4686**	Für Pumpe u. Antrieb:
34		Welle:	Aufstellung: */ Gebäude /*
35		Wellenhülse: **entfällt**	Ausführung: *Motorwippe*
36		Werkstoff-Code: **Q₂Q₂ VMGG**	Ausgießen erf.: *Nein*
37		Pp. Seite Atm. Seite	Lieferant: *Apollo*
38	**GLRD**	Gleiring **Q₂** -	Aufbau der Grundplatte *durch Hersteller*
39		Gegenring **Q₂** -	Aggreg.-Mont. durch Pp.-Herst.
40		Nebendichtungen: **v**	Feinausrichtung durch Pp.-Herst.
41		Feder(n): **M**	**Gewichte**
42		Sonsrige Teile: **GG**	Pumpe: **450 kg** Motor: *435 kg* Getr.: *30 kg*
43	Werkstoffnachweise:	**DIN 50049 3.1 Vd.-TÜV-W.Bl. 505**	Gesamt mit/ohne Antrieb *915 kg*
44	**ANSTRICH**		**Sonstiges**
45	Pumpe:	**Werknorm** Motor: **Werknorm**	Technische Anforderungen nach Spez./ *QS - Plan*
46	Grundplatte:	**Werknorm**	Erwarteter Schallpegel: LpA dB/LwA dB *motorabh.*
47	Sonstiges:	-	Zul.Schwingungen DIN ISO 5199/VDI 2056: *Gr. gut*
48	geprüft	Mustermann	Schema Nr.:
49	Name	Mustermann	
50	Datum	10.06.2002	Zeichn.Nr.:
51	Rev. I Zeile	0 I 1 I 2 I 3 I	12345
52	Blatt 1 von 2	Ordnungszahl: 21 Datei: musterdatei.doc, Dok. Nr.: 123456	

Abb. 4.13 Muster eines technischen Datenblattes für eine Kreiselpumpe (Die kursiv gedruckten Angaben stammen vom Anlagenbauer, während die fett gedruckten Angaben vom Pumpenhersteller zu machen sind.)

Abs.: Pumpenhersteller, Musterstr.1, 12345 Musterstadt

Fachhochschule Osnabrück
Herr Mustermann
Caprivistr. 30a

49078 Osnabrück

	Angebotsnr. :	**12345**
	Kundennr. :	**67890**

ANGEBOT

Ihr Zeichen	Ihr Schreiben	Unser Zeichen	Zuständig	Datum
PpH	vom 01.02.2002	abc/xyz	Meier	01.03.2002

Anfrage für Ihren Auftrag 000-1234/ Fachhochschule Osnabrück - Rohrbogenpropellerpumpe

Sehr geehrter Herr Mustermann,
wir danken für Ihre Anfrage und bieten Ihnen auf der Grundlage unserer allgemeinen Liefer- und Leistungsbedingungen gemäß ABC /R des VDMA an:

	Anzahl	Einzelpreis	Gesamtpreis
KKS-Nr.: P001/1			
Rohrbogenpropellerpumpe	1 St.	56191.00	56191.00
RP xxx/y-zzz/AB Pumpe mit Stahlrahmen und Motornachstellvorrichtung, Antrieb über Riemen o h n e			
E - Motor (VIK - Abnahme) – kostenlose Beistellung –	1 St.		
Werkstoffprüfzeugnis nach DIN 50049/3.1 A für Pumpe MEHRPREIS: 3 780,00 DM/Pumpe			
Verschleißteilsatz für 2 Jahre oder 8000 Betriebsstunden bestehend aus:	4	4717.00	18868.00
1 St. Gleitringdichtung 1 Satz Lager für Pumpe 1 Satz Keilriemen			

Seite 1 von 2   (Angebot – Nr.12345 vom 01.03.2002)

Pumpenhersteller Pumpen & Pumpenanlagen		Tel: 0541 – 12345	Sparkasse Osnabrück	Geschäftsführer: M. Müller
Hausadresse:	Postfachadresse:	Fax: 0541 – 123456	123456789 (BLZ 26550105)	H. Meier
Musterstrasse 1	PSF 01-02	E-Mail: www.Pumpe.de	Dresdener Bank	Amtsgericht: Kreisgericht
D – 49082 Osnabrück	D – 49082 Osnabrück		123456 (BLZ 83080000)	Osnabrück Stadt

Abb. 4.14 Muster eines kommerziellen Angebotes für die Lieferung von Pumpen (Teil 1)

	Anzahl	Einzelpreis	Gesamtpreis
ANMERKUNG			
Unterstützung bei Inbetriebnahme und Schulung des Betriebspersonals nach Aufwand bei einem Stundensatz von 120,00 DM/Stunde			
Verpackung und Versand zur Baustelle und Abladen unter Beistellung von geeigneten Hebezeugen	4	757.00	3028.00
BEMERKUNG			
Die angegebenen Preise sind Nettopreise			
		Zwischensumme:	78087.00
		+ 16 % MwSt	11713.05
		Gesamtwert	89800.05

Lieferbedingung: frei Baustelle Fachhochschule, verpackt
Zahlungsbedingung: 30 % nach Auftragseingang
70 % nach Lieferung und Übergabe der Dokumente
nach Rechendatum 30 Tage netto

Liefertermin: ca. 5 Monate nach Auftragseingang u. Klärung aller technischen und kommerziellen Einzelheiten
Bindefrist: 30.09.2002

Wir hoffen, dass Ihnen unser Angebot zusagt und stehen für weiterführende Verhandlungen gern zur Verfügung.

Mit freundlichen Grüßen

Pumpenhersteller

Anlagen
Technisches Datenblatt
Kennlinie
Maßzeichnung

Seite 2 von 2   (Angebot – Nr. 12345 vom 01.03.2002)

Pumpenhersteller
Pumpen & Pumpenanlagen
Hausadresse: Postfachadresse:
Musterstrasse 1   PSF 01-02
D – 49082 Osnabrück   D – 49082 Osnabrück

Tel: 0541 – 12345
Fax: 0541 – 123456
E-Mail: www.Pumpe.de

Sparkasse Osnabrück
123456789 (BLZ 26550105)
Dresdener Bank
123456 (BLZ 83080000)

Geschäftsführer: M. Müller
H. Meier
Amtsgericht: Kreisgericht
Osnabrück Stadt

Abb. 4.15 Muster eines kommerziellen Angebotes für die Lieferung von Pumpen (Teil 2)

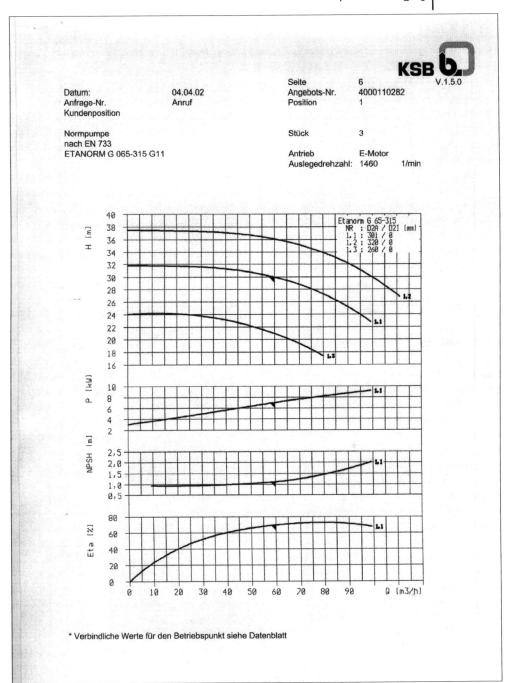

Abb. 4.16 Kennlinien (Förderhöhe, Leistungsaufnahme und Wirkungsgrad in Abhängigkeit des Förderstroms) einer Kreiselpumpe mit Radialrad von der Fa. KSB

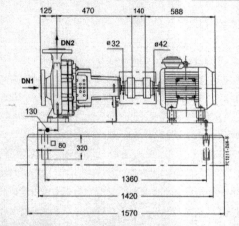

ETANORM G   Aufstellungsplan

Anfrage-Nr.: Anruf
Kundenposition: / KSB-POS Nr.:1

Angebots-Nr.: 4000110282
Datum: 04.04.02

Pumpe ETANORM G

Größe	Lagerträger
65-315 G11	WE35

Flansche

	mm	Ausführung	Druckstufe
DN1	80	EN 1092-2	PN 16
DN2	65	EN 1092-2	PN 16

Grundplatte   ZN 1393

Größe	Werkstoff	Steinschrauben
8A	ST	4xM16x250

Aufstellart GKM

Maße in mm

Kupplung   Fabrikat: Flender

Baureihe	Typ	Größe	Zwischenhülse mm
Eupex	N-H	95	140

Kupplungsschutz: Standard ZN 79

Motor IP55   Fabrikat: Siemens

IEC Größe	Leistung Pm [kW]	Drehzahl U/min]-rpm	Lage Klemmenkasten
160M	11	1460	1) O

1) Vom Antrieb aus gesehen O = oben, R = rechts, L = links

Gewicht netto

	kg
Pumpe	93
Grundplatte	
Kupplung	
Kupplungsschutz	
Motor	76
Zubehör 1)	115
Gesamt	**284**

1) Gewicht Antriebsgruppe -Standardpaket-

Leitungen spannungsfrei anschließen!

Zulässige Maßabweichung für Achshöhen:	DIN 747
Maße ohne Toleranzangabe, mittel nach	ISO 2768-m
Anschlussmaße für Pumpen	EN 735
Maße ohne Toleranzangabe - Schweißteile	ISO 13920-B
Maße ohne Toleranzangabe - Graugussteile	ISO 8062-CT9

Plan für Zusatzanschlüsse siehe extra Zeichnung

Abb. 4.17 Aufstellungsplan einer Kreiselpumpe mit Radialrad von der Fa. KSB

ändern kann. In kritischen Fällen ist ein $NPSH_R$-Wert-Verlauf über den interessierenden Betriebsbereich vom Hersteller zu fordern.

4.4 Rohrleitungs- und Instrumentenfließbilder

Mit der Erstellung der Rohrleitungs- und Instrumentenfließbilder (piping and instrumentation diagrammes) wird unmittelbar nach der Auftragserteilung, parallel zur Komponentenbeschaffung begonnen. In die R&I-Fließbilder geht ein wesentlicher Bestandteil an Know-how des Anlagenbauers ein. Die Fließbilder enthalten nämlich alle wesentlichen Informationen zur geplanten Anlage in codierter Form.

Bei den in den R&Is gemachten Angaben unterscheidet man zwischen Grundinformationen, die in jedem Fall enthalten sein müssen, und Zusatzinformationen, die angegeben werden können.

Grundinformationen
- alle Apparate und Maschinen, einschließlich Antriebsmaschinen,
- alle Rohrleitungen bzw. Transportwege (z. B. Förderbänder),
- sämtliche Rohrleitungseinbauten (z. B. Armaturen) und Formteile (z. B. T-Stücke),
- Angabe der Nennweiten, Nenndrücke und Rohrleitungsklasse,
- Angaben zur Isolierung, Begleitheizung sowie Gefälle,
- alle Mess- und Regeleinrichtungen mit entsprechenden Wirklinien,
- Bezeichnung aller Bauteile nach einem einheitlichen Nummerierungs-System (z. B. KKS-System),
- Angabe der Zeichnungsnummern für die in das R&I ein- und austretenden Stoffströme.

Zusatzinformationen
- Betriebsdaten von Apparaten (z. B. Förderhöhe und -menge im Auslegungspunkt bei einer Kreiselpumpe),
- Stoffstrom-Nummern oder Stoffstromleisten,
- Werkstoffangaben von Apparaten,
- Höhenkoten der Hauptapparate,
- sonstige Kommentare.

Die Art der Darstellung ist wie folgt – zumindest in deutscher Ausführung – vorzunehmen:

- Zeichnerische Ausführung nach DIN 28004.
- Darstellung der E/MSR-Einrichtungen nach DIN 19227 und 19228.
- Apparate und Maschinen sind hinsichtlich ihrer Höhenlage und Größe zueinander annähernd maßstäblich darzustellen.
- Rohrleitungen, Armaturen und die E/MSR-Ausrüstung ist im Hinblick auf ihre Funktion annähernd lagegerecht darzustellen.

Bei der Erstellung der Verfahrensfließbilder ist häufig noch nicht klar, welcher Pumpen- oder Armaturentyp bzw. welche Rührwerksbauform am Ende zum Tragen kommt. Daher stellen die o. g. Normen allgemeine Fließbildsymbole zur Verfügung.

Bei den R&Is müssen die Bauformen und deren entsprechende Symbole eingesetzt werden. Zu betonen ist auch, dass alle Komponenten und Aggregate der geplanten Anlage in den R&Is enthalten sein müssen. Die Forderung nach dieser Vollständigkeit resultiert u. a. daraus, dass aus den R&Is Listen erzeugt werden und dass die R&Is für den späteren Vollständigkeits-Check am Ende der Montage herangezogen werden (siehe Kapitel 4.9 Montage).

Die eigentliche Erstellung von R&I-Fließbildern wird heute überwiegend mit intelligenten CAD-Systemen bewältigt. Diese CAD-Systeme stellen die Fließbild-Symbole aus einer angebundenen Datenbank zur Verfügung. Der Verfahrenstechniker kann relativ einfach eine neue Zeichnung mit Zeichnungsrahmen anlegen. Anschließend werden die Fließbild-Symbole angeklickt und an der gewünschten Stelle abgesetzt. Danach können die Rohrleitungslinien erzeugt werden. Bei intelligenten CAD-Systemen sind die Rohrleitungsklassen ebenfalls in einer Datenbank hinterlegt. D. h., dass der Konstrukteur zuvor die entsprechende Rohrleitungsklasse auswählen muss. Das Software-System erkennt dann automatisch, dass ein entsprechendes T-Stück erforderlich ist, wenn man von einer Rohrleitungslinie einen Abzweig einzeichnet. Im Anschluss an die Rohrleitungslinien können die Armaturen und die Messtechnik eingefügt werden. Auch hier verfügen intelligente CAD-Systeme über Optionen, die es ermöglichen, eine gewünschte Armatur nachträglich in eine Rohrleitungslinie einzusetzten. Die Software sorgt dafür, dass die Rohrleitung aufgebrochen, die Armatur eingesetzt und abschließend wieder geschlossen wird. Sämtliche in der Zeichnung eingebundenen Elemente werden in einer entsprechenden Datenbank abgelegt und können dort kontrolliert und verwaltet werden. Beim nachträglichen Einsetzen von Armaturen erkennt der Rechner automatisch, dass z. B. zwei zusätzliche Flansche und Dichtungen benötigt werden. Schließlich können die R&Is beschriftet und gedruckt werden. Das typische Zeichnungsformat für R&I-Fließbilder ist DIN A0 oder DIN A1. Auch hinsichtlich der Beschriftung und Kennzeichnung verfügen einige CAD-Systeme im Bereich der Anlagenplanung über automatische Funktionen (z. B. KKS-Module). Neben den Vorteilen der Intelligenz liegt ein wesentlicher Vorteil von CAD-Systemen in der schnellen Durchführung von Änderungen.

Aus der Datenbank lassen sich somit relativ einfach z. B. folgende Listen generieren:

– Komponentenlisten (eventl. sortiert nach Pumpen, Behältern, Wärmetauschern etc.),
– Armaturenlisten,
– Rohrleitungslisten,
– E/MSR-Listen.

Um eine gewisse Übersichtlichkeit der Gesamtanlage zu gewährleisten, wird diese in Baugruppen oder Systeme eingeteilt. Hier bietet es sich an, die Systeme so zu wählen, dass sie sich mit den späteren System- bzw. Baugruppensteuerungen decken (siehe Kapitel 4.5.3 Leittechnik). Ausgangspunkt hierfür ist das Verfahrensfließbild. Jede Hauptkomponente stellt üblicherweise ein eigenes System dar. Für jedes System kann dann ein eigenes R&I-Fließbild angelegt werden. Die Systeme können dann wiederum weiter unterteilt werden, z. B. in Gruppen oder Untergruppen.

Da die Verfahrensfließbilder lediglich die Haupt-Komponenten, -Armaturen, -Rohrleitung und -Messstellen enthalten, müssen die R&Is nun vervollständigt werden. Im Folgenden sind einige Beispiele für Elemente aufgeführt, die nicht in den Verfahrensfließbildern enthalten sind:

- Entleerungsanschlüsse, -armaturen und -rohrleitungen,
- Spülanschlüsse, -armaturen und -rohrleitungen,
- Entlüftungsanschlüsse, -armaturen und -rohrleitungen,
- Rohrleitungseinbauten wie Kondensomaten, Steckscheiben, Blenden, Kompensatoren, Handarmaturen, Doppelabsperrungen etc.,
- das komplette Sperrwassersystem für die Spülung der Gleitringdichtungen,
- Probenentnahmestellen,
- Sicherheitseinrichtungen wie Augenduschen, Notduschen, Sicherheitsventile, Berstscheiben, sicherheitsrelevante Messstellen (z. B. Sicherheitstemperatur- oder -druckbegrenzer),
- Wartungseinrichtungen: Druckluft- und Spülwasseranschlüsse mit Schlauchkupplungen,
- binäre Messtechnik (z. B. Leckagemelder),
- örtliche Messtechnik (z. B. Vorort-Manometer oder -Thermometer),
- Sonstige Ausrüstungsteile: Hupen, Sirenen, Dachkräne, Pumpensumpf, Bodeneinlässe etc.

Wie bereits erwähnt, sind kleine Anlagen in der größeren Anlage integriert (z. B. eine Dosieranlage mit kleineren Behältern, kompletter interner Verrohrung und Armaturen sowie der zugehörigen Messtechnik). Diese können in den R&Is als so genannte „Black Box" dargestellt werden. An die Black Box müssen dann lediglich die Schnittstellen angebunden werden. Alternativ kann das vom betreffenden Unterlieferanten erstellte Fließbild in das R&I übernommen werden.

Um zumindest einen Einstieg in die komplexe Welt der Rohrleitungs- und Instrumetenfließbilder zu erhalten sind in den Abbildungen 4.18–4.22 ausgewählte R&I-Ausschnitte dargestellt. Dabei ist die Wahrscheinlichkeit groß, dass eine zu planende Anlage atmosphärische Behälter, einfache oder automatisierte Pumpengruppen, Wärmetauscher oder Dosieranlagen enthält. Daher sind die R&I-Ausschnitte auch als R&I-Typicals bezeichnet worden. Natürlich lässt sich die Reihe von denkbaren R&I-Typicals nahezu beliebig lang fortsetzen.

Die Funktionsweise und das Zusammenspiel der einzelnen Aggregate soll anhand der o. g. Beispiele in den folgenden Abschnitten erläutert werden.

Atmosphärischer Behälter

Das Prokukt, das im Behälter 1 gelagert werden soll, wird über eine Zulaufleitung (RL001) zugeführt, die in den Behälter hineingeführt wird und mit einem 45°-Krümmer im Behälter endet. Durch den Krümmer soll verhindert werden, dass die Flüssigkeit aus großer Höhe in den Behälter hinein „plätschert", sondern an der Behälterwand herunter läuft. Damit können Störungen der analogen Füllstandsmessung, die teilweise empfindlich auf unebene Flüssigkeitsoberflächen reagieren (z. B. Ultraschallmessungen), vermieden werden.

Um Ablagerungen von Feststoffen am Boden zu vermeiden ist ein Rührwerk (AM001) seitlich eingebaut. Dadurch ist eine Wellenabdichtung – hier als Gleitringdichtung mit Sperrwasserversorgung dargestellt – erforderlich. Um das Gefrieren des Sperrwassers (RL007), das in kleiner Menge und dementsprechend langsam fließt, im Winter zu vermeiden, ist die Sperrwasserleitung mit einer elektrischen Begleitheizung versehen und isoliert. Es soll an dieser Stelle davon ausgegangen werden, dass der Behälter im Freien aufgestellt ist.

Im unteren Bereich des Behälters ist ein Mannloch mit der Nennweite DN800 vorgesehen. Das Mannloch dient Reinigungs- und Inspektionszwecken. Auf dem Behälterdeckel, der als Klöpperboden ausgeführt ist, befindet sich ein Kopfloch mit der Nennweite DN300. Das Kopfloch wird geöffnet, um vor einer Begehung kontrollieren zu können, ob der Behälter auch wirklich leer ist! Leider sind schon Unfälle passiert, bei denen ein Mannloch geöffnet wurde, weil eine defekte Füllstandsanzeige einen leeren Behälter signalisierte, obwohl der Behälter noch voll war! Das Kopfloch dient ferner zur Kalibrierung der analogen Füllstandsmessung (siehe Kapitel 4.10 Inbetriebsetzung).

Im Hinblick auf die sicherheitstechnische Auslegung ist die Be- bzw. Entlüftungsleitung (RL003) von besonderer Bedeutung. Bei diesem Beispiel wird davon ausgegangen, dass die Be- bzw. Entlüftungsleitung an eine Abluftsammelleitung angeschlossen ist. Wenn der Behälter drucklos ausgelegt werden soll, muss bei der sicherheitstechnischen Abnahme durch den zuständigen TÜV nachgewiesen werden, dass auch im Störfall kein unzulässiger Druck auf den Behälter ausgeübt werden kann. Dabei müssen zunächst mögliche Druckerzeugungsquellen gesucht werden. Im vorliegenden Beispiel ist wahrscheinlich eine Pumpe in der Befüllleitung installiert. Wenn jemand aus Versehen die Armatur AA007 für den Produktabzug schließt, könnte der Behälter voll laufen. Steigt der Füllstand über ein bestimmtes Maß an, spricht zunächst die analoge Füllstandsmessung LISA+ (CL011) an. Das L steht dabei für Level, also eine Füllstandsmessung, S steht für Steuerungsfunktion und A+ steht für Alarm bei Überschreitung eines Grenzwertes. D. h. es wird ein Alarm in der zentralen Warte (einfacher Strich im Messstellenkreis) ausgelöst. Reagiert das Fahrpersonal nicht, wird der Füllstand weiter ansteigen. Bei Überschreitung eines höher gelegenen Grenzwertes wird der so genannte Überfüllschutz LZA+ (CL002) ausgelöst. Das Z steht dabei für Schutzfunktion. Durch das Ansprechen des Überfüllschutzes soll die Anlage in einen gesicherten Zustand gefahren werden. Dazu löst das Leitprogramm der Anlage einen weiteren Alarm aus und stellt die Pumpe in der Befüllleitung ab. Damit ist die Druckerzeugungsquelle quasi gelöscht und der Verfahrenstechniker, der sich auf die technischen

4.4 Rohrleitungs- und Instrumentenfließbilder | 141

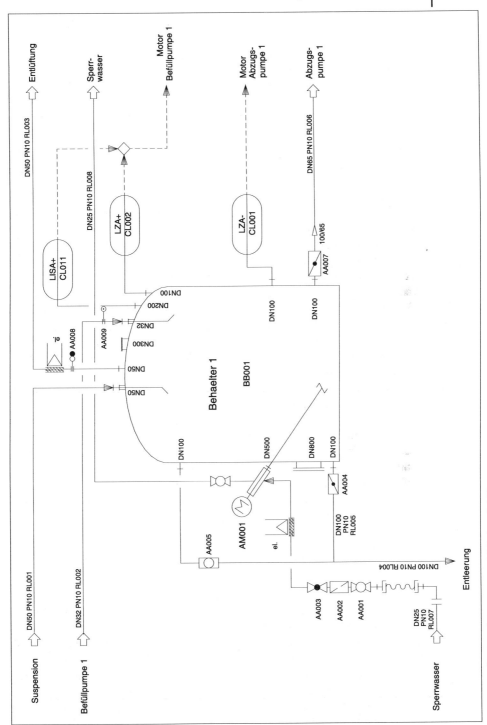

Abb. 4.18 R&I-Typical eines atmosphärischen Behälters

Ausrüstungen verlässt, wägt sich in Sicherheit. Der zuständige TÜV-Sachverständige hat jedoch schon viele Unfälle und deren Folgen gesehen und ist daher zu Recht misstrauisch. Er behauptet, dass die Füllstandsmessungen keine Bauartzulassung haben und daher ein „Fahrkarte" anzeigen. Des Weiteren geht er davon aus, dass das Steuerungsprogramm, sprich der Leitrechner „spinnt" und die Pumpe einfach weiterläuft! Um auch diesen Problemen begegnen zu können, ist die Überlaufleitung (RL004) vorgesehen. Die Überlaufleitung muss ausreichend dimensioniert sein, damit sich kein unzulässiger Druckverlust aufbauen kann, und sie darf keine Absperrarmatur enthalten, die man aus Versehen schließen könnte. Außerdem sollte in Augenhöhe ein Schauglas (AA005) angebracht sein, damit man vor Ort sehen kann, wenn der Behälter überläuft. Schließlich muss noch sichergestellt sein, dass der Behälter auch immer „atmen" kann. Daher darf auch die Be- bzw. Entlüftungsleitung keine Absperrarmatur enthalten. Die hier dargestellte Brillensteckscheibe AA008 ist zulässig, da man eine Brillensteckscheibe nicht zufällig schließt. Dazu muss immerhin ein Flanschpaar gelöst, die Steckscheibe mit der geschlossenen Seite in die Rohrleitung eingeschoben und die Flanschverbindung wieder angezogen werden. Ein solcher Vorgang wird als Sabotage gewertet, die zwar auch in einigen Fällen vorkommt, gegen die man sich aber nur sehr schwer vollständig absichern kann. Um ein Einfrieren der Be- bzw. Entlüftungsleitung (Kondensat) ausschließen zu können, ist auch hier eine elektrische Begleitheizung und Isolierung vorzusehen.

Um den Behälter z. B. im Revisionsfall vollständig entleeren zu können, ist an der tiefsten Stelle des Behälters, der in diesem Beispiel einen Flachboden hat, ein Entleerungsanschluss (AA004) einzuplanen. Zur vollständigen Entleerung kann der Boden mit einem entsprechenden Gefälle gefertigt werden. Die Entleerungsleitung kann in die Überlaufleitung eingebunden werden und in ein entsprechendes Entleerungssystem ablaufen.

Die binäre Füllstandsmessung LZA- (CL001) spricht bei Unterschreiten eines bestimmten Füllstands an. Es handelt sich um den so genannten Trockenlaufschutz für die Pumpe in der Abzugsleitung. Spricht der Trockenlaufschutz an, wird in der Leitwarte ein Alarm ausgelöst und die Pumpe abgestellt. Damit wird verhindert, dass die Pumpe leerlaufen und beschädigt werden kann.

Einfache Pumpengruppe

Bei der Pumpengruppe handelt es sich um eine redundant ausgeführte Pumpengruppe mit Rückschlagklappen und Handarmaturen. Dies ist bei einem „sauberen", sprich feststofffreien Medium auch ausreichend.

Bei Ausfall einer Pumpe, was der Druckschalter PZA- (CP011) bei Unterschreiten eines eingestellten Druckes feststellt, kann automatisch die andere Pumpe angefahren werden. Die Rückschlagklappen AA004 und AA009 verhindern, dass die Strömung rückwärts durch die nicht in Betrieb befindliche Pumpe erfolgen kann. Um eine defekte Pumpe bei laufender zweiter Pumpe ausbauen und reparieren oder austauschen zu können, müssen Absperrarmaturen (AA001, AA005, AA006 und AA010) in den Saug- und Druckleitungen eingeplant werden. Auf der Druckseite handelt es sich um Ventile und in den Saugleitungen um Kugelhähne. Eine

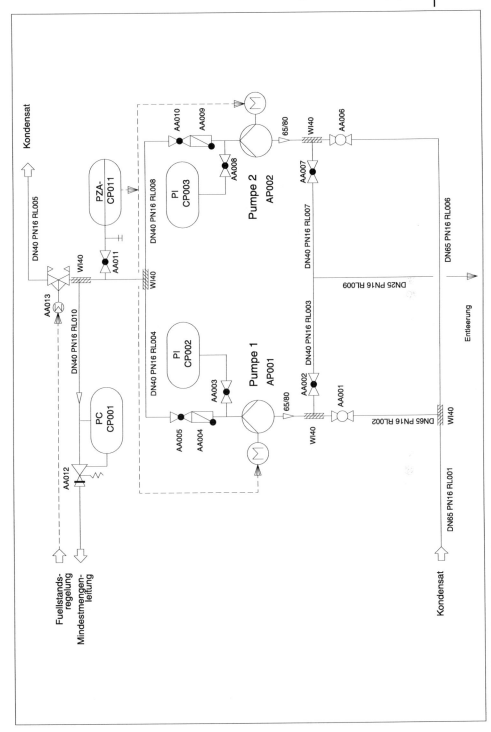

Abb. 4.19 R&I-Typical einer einfachen Pumpengruppe

mögliche Erklärung ist, dass das Kondensat Siedetemperatur hat. Somit besteht Kavitationsgefahr. Durch den Einsatz der Kugelhähne mit niedrigen Druckverlustbeiwerten kann der $NPSH_A$-Wert verringert werden.

Mit Hilfe der Armaturen AA002 und AA007 können die Pumpen vor der Demontage in ein entsprechendes Entleerungssystem entleert werden.

Mit Hilfe der Regelarmatur AA013 soll der Füllstand im angeschlossenen Kondensatbehälter geregelt werden. Dazu wird das analoge Messsignal des Behälterfüllstands mit dem Sollwert verglichen und ein Stellsignal auf den elektrischen Antrieb der Regelarmatur gegeben. Sinkt der Füllstand unter den Sollwert ab, so wird die Regelarmatur in Abhängigkeit von der Regelcharakteristik entsprechend zugefahren. Die Pumpen fördern dadurch einen geringeren Volumenstrom, was den Füllstandsabfall ausgleichen soll. Beim Überschreiten des Sollwerts für den Füllstand wird die Regelarmatur entsprechend geöffnet und die Pumpe kann mehr fördern.

Um die Pumpen vor einer Beschädigung durch die geschlossene Regelarmatur (AA013) zu schützen, befindet sich vor der Regelarmatur eine Abzweigung, die in den Behälter zurückgeführt wird. Es handelt sich um die so genannte Mindestmengenleitung (RL010). Sie bewirkt, dass ein Teilstrom quasi ständig im Kreis gefördert wird. Um diesen Teilstrom zu minimieren, genügt es normalerweise eine einfache Blende zu installieren. Da das Kondensat in diesem Beispiel gegen einen hohen Gegendruck gefördert werden muss, ist ein Druckhalteventil (AA012) in der Mindestmengenleitung installiert. Das Druckhalteventil öffnet erst dann, wenn der Druck den eingestellten Wert durch Schließen der Regelarmatur überschreitet.

Pumpengruppe mit automatischer Spülvorrichtung

Bei zu Verkrustungen und Verstopfungen neigenden Medien sind häufige Spülvorgänge notwendig. Abbildung 4.20 zeigt das R&I-Typical einer redundanten Pumpengruppe mit automatischer Spülvorrichtung.

Beim Betrieb der Pumpe 1 (AP001) sind lediglich die Armaturen AA015 und AA011 geöffnet. Unterschreitet der Durchfluss trotz laufender Pumpe einen bestimmten Wert, so ist von einer Verstopfung oder Störung der Pumpe auszugehen. Die Durchflussmessung FIZ-A+ (CF001) löst dann die im Folgenden beschriebene Steuerungskette aus: F steht dabei für Durchflussmessung (flow). Zunächst wird die Armatur AA011 geschlossen und AA016 geöffnet, um die Pumpe 1 ab und die Pumpe 2 (AP002) anfahren zu können. Wenn die Armatur AA016 geöffnet und damit die Saugleitung der Pumpe 2 freigegeben ist, kann die Pumpe 2 angefahren werden. Gleichzeitig – oder nur kurz verzögert – öffnet die Armatur AA012. Die Pumpe fährt gegen eine nur kurz geschlossene und langsam sich öffnende Armatur an. Damit werden Druckschläge im Rohrleitungssystem und Anfahrstromspitzen des Pumpenmotors (Beschleunigung der Gesamtmasse im Rohrleitungssystem) vermieden. Die Umschaltung von Pumpe 1 auf 2 ist somit abgeschlossen.

Nun muss die Pumpe 1 gespült werden. Der beste Spülerfolg stellt sich ein, wenn entgegen der normalen Strömungsrichtung gespült werden kann. Daher wird die Pumpe rückwärts durchspült. Diese Vorgehensweise ist nicht bei allen Pumpenarten (z. B. volumetrisch fördernde Pumpen) möglich und sollte unbedingt mit dem Pumpenhersteller auch im Hinblick auf die eingesetzte Wellendichtung abgesprochen und schriftlich fixiert werden.

Zum Spülen wird die Armatur AA009 geöffnet. Damit fließt Spülwasser entgegen der normalen Fließrichtung durch die Druckleitung (RL003) und die Pumpe in die Saugleitung (RL001; Armatur AA015 wurde ja nicht geschlossen) und wird von der in Betrieb befindlichen Pumpe 2 weggefördert. Nach Ablauf eines entsprechenden Zeitgliedes schließt zunächst die Armatur AA009 und nur kurz versetzt die Armatur AA015. Durch das etwas vorzeitige Schließen der Spülwasserarmatur AA009 wird sichergestellt, dass die Pumpe nicht unter dem vollen Spüldruck steht. Alternativ können die Armaturen AA009 und AA015 gleichzeitig angesteuert werden. Die Armatur AA009 muss dann mit einem langsameren Antrieb ausgestattet werden als AA015.

Nachdem der Spülvorgang abgeschlossen ist, können die Pumpen umgeschaltet werden um zu prüfen, ob der Spülvorgang erfolgreich war. Kann die Pumpe 1 nicht angefahren werden, ist die Verstopfung entweder nicht beseitigt worden oder die Pumpe hat einen Defekt. In diesem Fall muss vor Ort geprüft werden. Zur Demontage der Pumpe ist zunächst der Pumpeninhalt zu entleeren. Dazu muss am höchsten Punkt belüftet und am tiefsten Punkt abgelassen werden. Die Handarmatur AA013 (Hier ist kein Antrieb erforderlich, da sich ohnehin Personal vor Ort befindet.) wird geöffnet und die Flanschverbindung an der Armatur AA011 gelöst. Nach erfolgter Entleerung kann die Pumpe ausgebaut werden. Die Pumpe 2 wird in ihrem Betrieb dadurch nicht behindert.

Typisch für eine Pumpengruppe ist auch die Ausstattung mit örtlichen Manometern PI (CP101 und CP102). Damit kann vor Ort jederzeit erkannt werden, welche Pumpe sich in Betrieb befindet und auch die Förderhöhe ermittelt werden. Die Hand-Absperrarmaturen AA007 und AA008 können geschlossen werden, um defekte Manometer bei laufender Pumpe zu demontieren.

Da es sich um ein kritisches Medium handelt, sind die Pumpendichtungen als Gleitringdichtungen mit Sperr- bzw. Spülwasser ausgestattet. Meistens handelt es sich dabei um ein komplettes Sperr- bzw. Spülwassersystem für sämtliche mit Gleitringdichtungen ausgestattete Pumpen der Anlage. Von den Haupt-Sperr- bzw. Spülwasserleitungen werden Abzweige zu den jeweiligen Pumpengruppen geführt. Da die Sperr- bzw. Spülwassermengen gering sind, genügen kleine Kunststoffrohre und -armaturen. Jede Sperr- bzw. Spülwasserleitung sollte Zu- und Ablaufseitig mit einem Absperrkugelhahn AA001 und AA004 bzw. AA111 und AA114 ausgestattet sein, damit nicht die ganze Anlage abgefahren werden muss, wenn Wartungsarbeiten an einer Sperr- bzw. Spülwasserversorgung auszuführen sind.

Die Schmutzfänger AA002 und AA005 sollen die empfindlichen Nadelventile AA003 und AA06 vor Verstopfungen schützen. Mit Hilfe der Nadelventile lassen sich die vom Hersteller vorgeschriebenen Durchflussmengen einstellen. Dazu sind ferner die Durchflussmessungen FI bzw. FZA- (CF011 und CF012) installiert. Es handelt sich hierbei um Schwebekörper-Durchflussmessungen (Rotameter). An ihnen kann der Durchfluss einerseits vor Ort abgelesen werden (FI). Andererseits kann ein magnetisch/induktiver Schalter so eingestellt werden, dass bei Unterschreitung eines Grenzwertes ein Alarm und eine Schutzfunktion (FZA-) ausgelöst

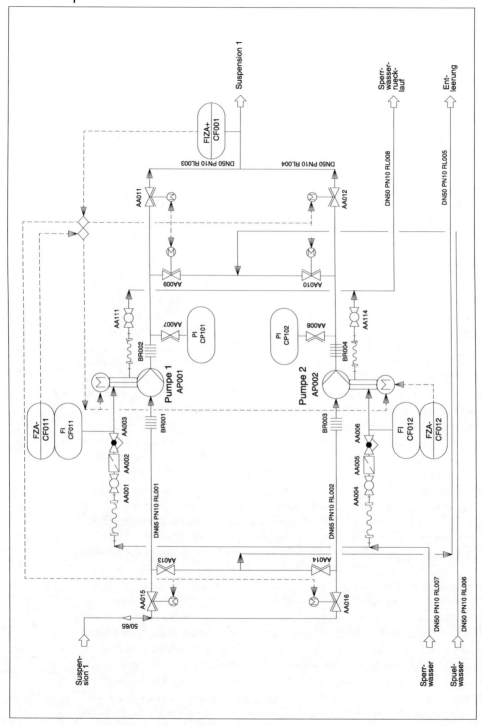

Abb. 4.20 R&I-Typical einer Pumpengruppe mit automatischer Spülvorrichtung

wird. Die Unterschreitung des Grenzwertes bedeutet, dass die Gleitringdichtung nicht ausreichend mit Sperr- bzw. Spülwasser versorgt und daher langfristig beschädigt wird. Die Schutzfunktion bewirkt daher ein Umschalten der Pumpen.

In diesem Beispiel befindet sich das Nadelventil auf der Zulaufseite der Gleitringdichtung. Damit wird der Hauptdruck vor der Dichtung abgebaut. Wenn der Ablauf des Sperr- bzw. Spülwassers geodätisch in einen atmosphärischen Behälter erfolgt, handelt es sich um einen sogannnten „drucklosen Quench", wie er häufig bei einfach wirkenden Gleitringdichtungen eingesetzt wird. Bei doppelt wirkenden Gleitringdichtungen mit Sperrwasserversorgung muss das Nadelventil auf der Ablaufseite montiert werden. Damit wird die Gleitringdichtung unter dem erforderlichen Druck gehalten.

Rohrbündelwärmetauscher

In dem in Abbildung 4.21 dargestellten Rohrbündelwärmetauscher soll ein Medium rohrseitig erhitzt werden. Dazu wird das Medium von einer Umwälzpumpe durch die Rohrleitungen gefördert. Die Beheizung erfolgt durch Kondensation von gesättigtem Dampf im Mantelraum, also an den Rohraußenseiten. Der Heizdampf wird im oberen Teil des Mantelraumes zugeführt. Damit der Dampf und vor allem mitgerissene Kondensattropfen nicht mit der hohen Strömungsgeschwindigkeit in der zuführenden Rohrleitung auf die äußeren Rohrleitungen des Wärmetauscherbündels treffen, was langfristig zu Erosionserscheinungen führt, wird vor dem Eintritt von DN300 auf DN600 erweitert. Dadurch wird die Strömungsgeschwindigkeit deutlich verringert. Zusätzlich können die Wärmetauscherrohre durch so genannte Prallbleche im Mantelraum geschützt werden.

Bei dem mit einem Blindflansch versehenen Stutzen N6/DN50 handelt es sich um einen Besichtigungsstutzen. In größeren Intervallen (z. B. bei Revisionen) kann der Zustand der Wärmetauscherrohre mit Hilfe eines Stroboskops, das durch den Besichtigungsstutzen eingeführt wird, kontrolliert werden.

Der Heizdampf kondensiert an den Außenseiten der Wärmetauscherrohre und läuft als Film zum Boden des Bündels. Dort wird das Kondensat über die Armatur AA04 abgeleitet.

Die Anschlüsse AA02 und AA03 werden für die Entlüftung benötigt. Inertgase (meistens Luft) werden an die Stelle des niedrigsten Drucks gesaugt und reichern sich dort an, weil sie unter den gegebenen thermodynamischen Bedingungen nicht kondensierbar sind. Für das gegebene System stellt der Rohrbündelwärmetauscher einen Kondensator und somit den Ort des geringsten Drucks dar. Inertgase aus dem Heizdampfsystem reichern sich hier an und führen langfristig zu einer deutlichen Verschlechterung des Wärmeübertragungsverhaltens (partielle Kondensation). Sie müssen daher abgeführt werden. Beim Beispiel Wasserdampf/Luft hat Luft die höhere Dichte und reichert sich somit im unteren Bereich des Wärmetauschermantels an. Das Nadelventil AA03 ist kurz oberhalb des Kondensatablaufstutzens angebracht und wird als Betriebsentlüftung bezeichnet. Sie wird an ein System mit niedrigerem Druck (z. B. Vakuumpumpe) angeschlossen, um die Inertgase aus dem Wärmetauscher abziehen zu können. Die Stellung des Nadelventils muss bei der Inbetriebsetzung optimiert werden. Bei zu kleiner Öffnung

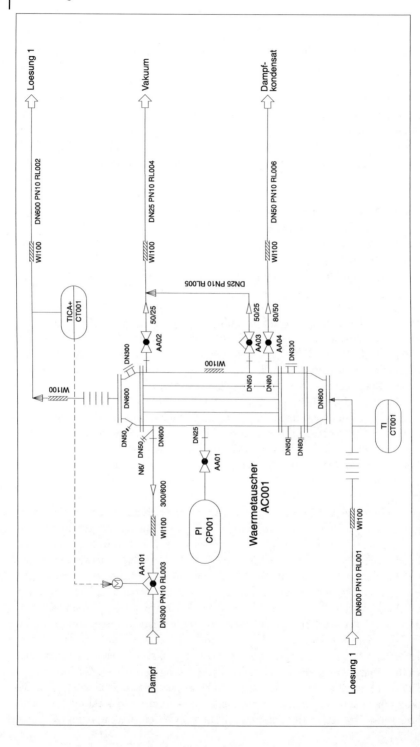

Abb. 4.21 R&I-Typical eines Rohrbündelwärmetauschers

werden nicht genug Inertgase abgezogen und der Wärmeübergang verschlechtert sich. Bei zu großer Öffnung geht zu viel Heizdampf über die Entlüftungsleitung verloren.

Die Armatur AA02 stellt die Anfahrentlüftung dar. Sie wird nur beim Anfahren der Anlage für kurze Zeit geöffnet, um die Inertgase schneller abziehen zu können.

Die Austrittstemperatur des zu erwärmenden Mediums soll geregelt werden. Dies geschieht mit der Regelarmatur AA101 im Zusammenspiel mit der Temperaturmessung TICA+ (CT001). Übersteigt der gemessene Temperaturwert den vorgegebenen Sollwert wird die Regelarmatur entsprechend der eingestellten Regelcharakteristik und der Regelabweichung mehr oder weniger weit zugefahren. Dadurch wird die dem Wärmetauscher zugeführte Dampfmenge reduziert.

Salzsäure-Dosieranlage
Das R&I-Typical nach Abbildung 4.22 stellt eine Salzsäure-Dosieranlage dar, die nach den Vorschriften des Wasserhaushalts-Gesetzes ausgeführt ist. Der Salzsäure-Behälter (BB001) ist in einer medienbeständigen Wanne aufgestellt. Bei einer Leckage spricht der Leckagemelder LA+ (CL002) an, der hier als binäre Füllstandsmessung an der tiefsten Stelle der Wanne angebracht ist. Der Leckagemelder löst einen Alarm in der Leitwarte aus und die Sirene sowie das Blitzlicht werden aktiviert.

Gleiches gilt für den Überfüllschutz LIA+ (CL001). Droht der Behälter überzulaufen, z. B. beim Befüllen aus einem entsprechenden HCl-Gebinde, wird ebenfalls ein Alarm ausgelöst und die Sirene sowie das Blitzlicht sprechen an.

Eine zusätzliche örtliche Füllstandsanzeige ist im R&I-Fließbild nicht enthalten, obwohl es im WHG gefordert ist. Der aus halbtransparentem Material gefertigte Behälter ist die Erklärung. Der Füllstand ist somit am Behälter selbst zu erkennen.

Der HCl-Behälter ist atmosphärisch ausgelegt. Die Be- und Entlüftung darf aufgrund der ätzenden Salzsäuredämpfe nicht direkt ins Freie geleitet werden. Zur Abtrennung der Salzsäuredämpfe ist ein Absorber in der Be- und Entlüftungsleitung installiert. Die Dämpfe werden dabei innig mit Wasser in Kontakt gebracht, wobei die Salzsäure absorbiert wird. Das Absorberwasser ist in vorgeschriebenen Intervallen auszutauschen.

Die Membranpumpengruppe ist redundant ausgeführt. Die Saugleitung beginnt mit einem Schmutzfänger AA04, um die empfindlichen Ventile der Membranpumpen zu schützen. Das Rückschlagventil AA03 verhindert, dass die Saugleitung bei Stillstand der Dosierpumpen leer laufen kann. Hinsichtlich der Pumpen ist eine derartige Maßnahme nicht erforderlich, da es sich um selbstansaugende Pumpen handelt. Der Grund liegt vielmehr darin, dass die Dosierpumpen diskontinuierlich betrieben werden und nicht soviel Luft in das System eingetragen werden soll. Die Druckleitung müsste sonst nach jedem Start der Pumpe erneut entlüftet werden.

In den Saug- und Druckleitungen sind einfache Kugelhähne als Handabsperrungen vorgesehen (AA06, AA08, AA11 und AA14). Angetriebene Armaturen oder Rückschlagventile sind für das automatische Umschalten der Pumpen nicht er-

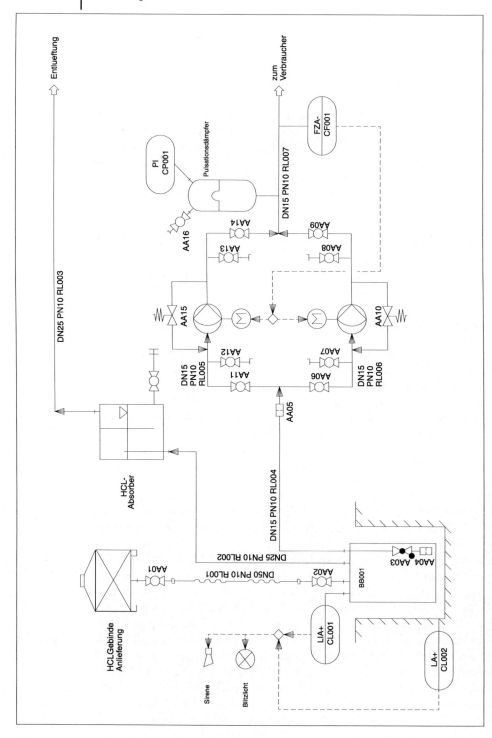

Abb. 4.22 R&I-Typical einer Salzsäure-Dosieranlage

forderlich, da es sich um Membranpumpen handelt. Zur Entleerung sind die Handarmaturen AA07, AA08, AA12 und AA13 eingeplant. Wenn die Membranpumpen nicht über interne Überströmventile verfügen, sind externe Überströmventile (AA10 und AA15) vorzusehen. Damit wird verhindert, dass sich die Pumpen bei geschlossener Druckleitung selbst zerstören.

Um die bei Membranpumpen auftretenden Druckstöße zu reduzieren, befindet sich der Pulsationsdämpfer (pulsation dampener) in der Druckleitung. Es handelt sich vom Prinzip her um einen einfachen kleinen Druckbehälter, der durch eine elastische Membran in zwei Bereiche getrennt ist. Eine Seite ist mit der Druckleitung verbunden. Auf der anderen Seite wird Druckluft über die Armatur AA16 (mit Schlauchkupplung) aufgegeben. Das Druckniveau kann am örtlichen Manometer PI (CP001) eingestellt bzw. abgelesen werden. Dieses ist in vorgeschriebenen Intervallen zu kontrollieren und gegebenenfalls zu korrigieren. Durch die Kompressibilität der Luft und die Elastizität der Membran können die Druckschläge deutlich gedämpft werden.

Die Druckleitung enthält zunächst eine Durchflussmessung FZA- (CF001), die die laufende Pumpe bei Unterschreitung eines Grenzwertes abstellt und die andere in Betrieb setzt.

4.5
E/MSR-Technik

Die Elektro-/Mess-, Steuerungs- und Regelungstechnik , kurz E/MSR-Technik (electrical engineering and instrumentation) für verfahrenstechnische Anlagen zeichnet sich durch einen stark interdisziplinären Charakter aus. Beteiligt sind insbesondere Elektrotechniker, Messtechniker, Leittechniker und Verfahrenstechniker. Nur durch entsprechende Zusammenarbeit können die gestellten Aufgaben optimal gelöst werden.

Man unterteilt die E/MSR-Technik in drei Bereiche:
1. Elektrotechnik,
2. Messtechnik,
3. Leittechnik.

Alle drei Bereiche sind gemäß Abbildung 4.23 miteinander verknüpft [26]. Die Elektrotechnik umfasst die Stromversorgung, die Schaltschränke und die Verkabelung der elektrischen Verbraucher. Die messtechnischen Geräte geben ihre Signale über Schaltschränke und ein in der Regel redundant ausgeführtes Fernbussystem an den Leitrechner ab. Im Leitrechner werden die Messsignale verarbeitet und in entsprechende Steuerungs- bzw. Regelungssignale umgewandelt. Die Steuerungs- und Regelungssignale laufen über das Fernbussystem zu den Schaltschränken und lösen entsprechende Aktivitäten der Antriebe aus.

Die Leitrechner sind wiederum über ein ebenfalls redundantes Kommunikationsbus-System mit den Prozessbedienstationen in der Leitwarte verbunden. Hier kann das Betriebspersonal den Zustand der Anlage jederzeit überwachen und gegebenenfalls korrigierend eingreifen.

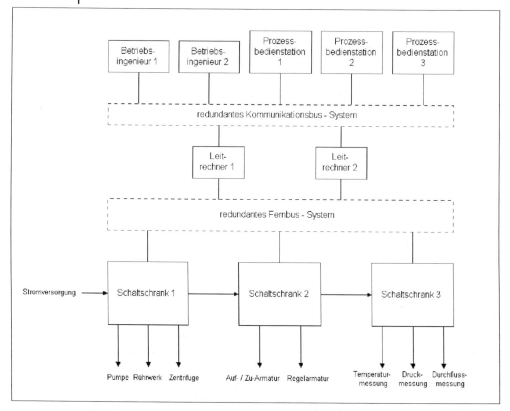

Abb. 4.23 Prinzip einer E/MSR-Anlage

Durch das Kommunikationsbus-System können die Betriebsleitung und -ingenieure sich den Anlagenzustand in ihren Büros anzeigen lassen.

4.5.1
Elektrotechnik

Für mittelgroße Anlagen genügt in der Regel eine Mittelspannungsversorgung mit 6 oder 10 KV-Spannung. Durch Verlegung von zwei Leitungen kann auch im Bereich der Stromversorgung Redundanz geschaffen werden. Es schließt sich ein Trafo an, der auf 400 V transformiert. Der Trafo bzw. die Trafos (Redundanz) versorgt bzw. versorgen die eigentliche Schaltanlage über Stromschienen. Moderne Schaltanlagen sind in Einschubtechnik ausgeführt [27]. D. h., dass für jeden elektrischen Verbraucher der Anlage ein eigener Einschub mit den für den jeweiligen Verbraucher erforderlichen elektrischen Elementen vorhanden ist. Jeder Einschub wird über die zentrale Stromschiene versorgt. Im Falle einer Pumpe als Beispiel enthält der Einschub folgende Elemente:

- Hauptsicherung,
- Lasttrennschalter (Freischalten),
- Motorschütz,
- Überstromrelais.

Die Versorgung der einzelnen Antriebe erfolgt von den Einschüben aus über Motorkabel, die gebündelt in Kabeltrassen verlegt werden und an den Anschlusskästen der Elektromotoren enden.

Hinweis: Motorkabel stellen in vielen Anlagen die Hauptbrandlast dar. Nicht selten sind Hunderte von Kilometern PVC-umhüllter Elektrokabel innerhalb einer verfahrenstechnischen Anlage verlegt.

Für den Verfahrensingenieur besteht die Aufgabe im Hinblick auf die Elektrotechnik darin die E-Verbraucherliste zu erstellen. In Abbildung 4.24 ist ein Beispiel für eine E-Verbraucherliste zu sehen. Diese lassen sich mit Hilfe von CAD-Systemen automatisch aus den R&I-Zeichnungen generieren. Die Listen enthalten allerdings zunächst nur Bezeichnungsangaben wie Gerätenummer und Klartextbezeichnung. Die Listen müssen dann um Angaben über Anschlussleistung, Spannungsart und -niveau sowie Anlaufstrom ergänzt werden. Diese Angaben müssen aus der entsprechenden Herstellerdokumentation (z. B. für Pumpenmotoren, elektrische Armaturenantriebe, Rührwerke etc.) zusammengestellt werden.

Mit Hilfe dieser Angaben können die zuständigen E-Techniker geeignete Kabelquerschnitte und Einschübe für die Schaltschränke ermitteln. Aus der Anzahl und Art der Einschübe ergibt sich die Anzahl und Größe der Schaltschränke und damit wiederum der erforderliche Platzbedarf der gesamten Schaltanlage, was für die Gebäudeplanung wichtig ist. Da diese Angaben frühzeitig benötigt werden, können noch unbekannte E-Verbraucher abgeschätzt werden. Wichtig ist in erster Linie die Anzahl der Einschübe. Die genaue Leistungsangabe kann zu einem späteren Zeitpunkt, spätestens jedoch bei der Bestellung angeben werden. Bei bestimmten Leistungsgrenzen kann es jedoch zu Sprüngen in der Einschubgröße kommen, die somit Mehrkosten verursachen.

Die sonstige Abwicklung der elektrotechnischen Ausrüstungen liegt in der Hand von Elektroingenieuren.

4.5.2
Messtechnik

Das Kapitel Messtechnik hat einen deutlich stärkeren interdisziplinären Charakter als die Elektrotechnik. Hier müssen die Verfahrensingenieure und Messtechniker geeignete Messgeräte gemeinsam auswählen. Dabei sind die im Folgenden aufgeführten Aspekte zu berücksichtigen:

- Funktion der Messstelle,
- Messtyp bzw. Messprinzip,
- Medium,
- Werkstoffauswahl der medienberührten Teile,
- Ein- und Auslauflängen,

Fachhochschule Osnabrück
University of Applied Sciences

E - Verbraucherliste

Projekt: Musteranlage
Erstellt: Mustermann
Geprüft: Meyer
Rev.: 5 vom 01.02.2002

Lfd. Nr.	Auslegung	Aggregat/ Armatur	KKS-Nr.:	Benennung / Einbauort	Antriebsart	Vorschlag Fabrikat	Anschluss -Leistung [kW]	Nennstrom [A]	Anlaufstrom [A]	I_A/I_N	Nenn-Spannung	Spannungs-art	Schutz-art	Beistellung durch	Auslegung	Medium Nr.	Bemerk-ung
1.01		Regelventil	A0 BCA01 AA011	Ablaufregelv. 1 Kond.Beh. 3	Motor	H&B-Antrieb, Bomatia	0,25	-	-	-	230	WS	IP55	E	DN 40 PN 25	3.315	
1.02		Absperrarmatur	A0 BCA01 AA001	Kond.Ppen drucks. Absperr.	Motor	EMG	0,12	0,53	1,5	2,5	400	DS	IP55	A	DN 40 PN 25	3.335	
1.03		Pumpe	A0 BCA01 AP001	Kondensatpumpe 1	Motor	ATB-Loher	11	21,5	131	6,1	400	DS	IP55	A	PN10	3.306	
1.04		Pumpe	A0 BCA01 AP002	Kondensatpumpe 2	Motor	ATB-Loher	11	21,5	131	6,1	400	DS	IP55	A	PN10	3.306	
1.05		Pumpe	A0 BCA01 AP003	Kondensatpumpe 3	Motor	ATB-Loher	11	21,5	131	6,1	400	DS	IP55	A	PN10	3.306	
1.06		Pumpe	A0 BCA01 AP004	Kondensatpumpe 4	Motor	H&B-Antrieb, Bomatia	1,1	-	-	-	230	WS	IP55	B	DN 200/300 PN 100	3.305	
1.07		Dampfreduzierventil 1	A0 BCA40 AA001		Motor	H&B-Antrieb, Bomatia	1,1	-	-	-	230	WS	IP55	B	DN 200/300 PN 100	3.305	
1.08		Dampfreduzierventil 2	A0 BCA40 AA002		Motor	H&B-Antrieb, Bomatia	1,1	-	-	-	230	WS	IP55	B	DN 200/300 PN 100	3.305	
1.09		Dampfreduzierventil 3	A0 BCA40 AA003		Motor												
1.10		Dampfabsperrung 1	A0 BCB20 AA112		Motor	EMG	0,75	3,8	11,5	3	400	DS	IP55	A	DN300/PN16	4.120	
1.11		Absperrschieber	A0 BCB20 AA113	Dampfabsperrung 2	Motor	EMG	0,75	3,8	11,5	3	400	DS	IP55	A	DN300/PN16	4.120	
1.12		Absperrschieber	A0 BCB20 AA114	Dampfabsperrung 3	Motor	EMG	0,75	3,8	11,5	3	400	DS	IP55	A	DN300/PN16	4.120	
1.13		Absperrschieber	A0 BCB20 AA115	Dampfabsperrung 4	Motor	EMG	0,75	3,8	11,5	3	400	DS	IP55	A	DN300/PN16	4.120	
1.14		Rhrwerk	A0 DIR10 AN001	Rhrwerk Ansetzbehlter 1	Moto	Ekato	5,5	10,9	63,2	5,8	400	DS	IP55	C	PN10	2.550	
1.15		Rhrwerk	A0 DIR10 AN002	Rhrwerk Ansetzbehlter 2	Moto	Ekato	5,5	10,9	63,2	5,8	400	DS	IP55	C	PN10	2.550	
1.16		Rhrwerk	A0 DIR10 AN003	Rhrwerk Ansetzbehlter 3	Moto	Ekato	5,5	10,9	63,2	5,8	400	DS	IP55	C	PN10	2.550	
1.17		Vakuumpumpe	A0 AIL10 AP001	Vakuumpumpe 1	Motor	Siemens	7,5	14,7	103	7	400	DS	IP55	D	PN10	7.880	
1.18		Vakuumpumpe	A0 AIL10 AP002	Vakuumpumpe 2	Motor	Siemens	7,5	14,7	103	7	400	DS	IP55	D	PN10	7.880	
1.19		Dosierpumpe	A0 AIL20 AP001	Dosierpumpe FHM 1	Motor	LEWA	0,18	0,55	2,1	3,8	230	WS	IP55	A	PN16	1.444	
1.20		Dosierpumpe	A0 AIL20 AP002	Dosierpumpe FHM 2	Motor	LEWA	0,18	0,55	2,1	3,8	230	WS	IP55	A	PN16	1.444	
1.21		Magnetventil	A0 AIL20 AA013	Prozesswasserventil 1	Magnet	Georg Fischer	0,045	0,2	0,2	1	230	WS	IP55	-	DN25/PN10	3.790	
1.22		Magnetventil	A0 AIL20 AA014	Prozesswasserventil 2	Magnet	Georg Fischer	0,045	0,2	0,2	1	230	WS	IP55	-	DN25/PN10	3.790	
1.23		Geblse	A0 AIL20 AM001	Khlturmgeblse langsam	Motor	ATB Loher	5	14	79	5,64	400	DS	IP55	C	-	2.652	Stern-schaltg.
1.24		Geblse	A0 AIL20 AM001	Khlturmgeblse schnell	Motor	ATB Loher	15	30	210	7	400	DS	IP55	C	-	2.652	
1.25		Begleitheizung	A0 IHL20 BR001	Frostschutz RL013	Si-Abgang	Raychem	0,196	0,8	4,8	6	230	WS	IP55	F	-	-	
1.26		Begleitheizung	A0 IHL20 BR002	Frostschutz RL014	Si-Abgang	Raychem	0,196	0,8	4,8	6	230	WS	IP55	F	-	-	

Abb. 4.24 Beispiel einer E-Verbraucherliste

- Messbereich,
- Auflösung,
- Ansprechverhalten,
- Zuverlässigkeit/Haltbarkeit,
- Lieferzeit,
- Kosten,
- sonstige Aspekte: z. B. Ex-Ausführung, Medienvoraussetzungen etc.

Zunächst müssen alle Messstellen der Anlage aufgelistet werden. Hierzu kann das CAD-System wiederum aus den R&I-Zeichnungen eine Messstellenliste generieren, die zumindest die Gerätenummer, Klartextbezeichnung und deren Funktion enthält. Die in Abbildung 4.25 gezeigte Messstellenliste muss dann in Teamarbeit der Verfahrenstechniker und Messtechniker ergänzt werden. Dabei können die oben aufgeführten Aspekte nicht einzeln und losgelöst voneinander betrachtet werden. Die optimale Auswahl kann nur dann gelingen, wenn die unterschiedlichen Aspekte in ihrer Gesamtheit betrachtet werden.

Die Funktion der Messstelle geht aus der verfahrenstechnischen Aufgabenstellung hervor. Die häufigsten verfahrenstechnischen Messaufgaben sind die Messung, Steuerung oder Regelung der folgenden physikalischen Größen:

- Volumenstrom (volume flow),
- Massenstrom (mass flow),
- Dichte (density),
- Temperatur (temperature),
- Druck (pressure),
- Füllstand (level),
- pH-Wert (pH-value),
- Leitfähigkeit (conductivity).

Ob es sich dabei um eine binäre oder analoge Messstelle handelt, geht ebenfalls aus der verfahrenstechnischen Aufgabenstellung hervor. Während binäre Messstellen als Ausgangssignale „Ja" (Strom) oder „Nein" (kein Strom) haben, geben analoge Messstellen ein kontinuierliches Stromsignal zwischen 4 und 20 mA an die Leittechnik zurück. Damit können die physikalischen Messgrößen in der jeweiligen Einheit ermittelt werden.

Für jede physikalische Messgröße bieten die Hersteller eine gewisse Anzahl von Messgeräten an, die auf unterschiedlichen Messprinzipien basieren [28]. Beispiele für den Volumenstrom sind:

- Flügelradzähler: Ein Flügelrad wird beim Durchströmen zur Rotation gebracht. Aus der Drehzahl lässt sich der Volumenstrom bestimmen. Nur für reine Flüssigkeiten geeignet.
- Schwebekörperdurchflussmessungen: Anhand des Niveaus des umströmten Schwebekörpers kann der Volumenstrom abgelesen werden. Wird bevorzugt für Vorort-Messungen eingesetzt. Nur für reine Flüssigkeiten geeignet.
- Blenden und Düsen: Beim Durchströmen einer Blende oder Düse entsteht ein Druckverlust, der mit Hilfe einer Differenzdruckmessung ermittelt wird. Aus

Messstellenliste

Fachhochschule Osnabrück
University of Applied Sciences

Erstellt: Mustermann
Geprüft: Meyer
Rev.: 4 vom 01.02.2002

Lfd. Nr.	Funktion	Mech.-Mess.	Rv.	KKS-Nr.:	Bezeichnung	Messbereich	Einheit	Signal	örtl	Regelung	Warn. MAX	Warn. MIN	Alarm HOCH	Alarm TIEF	Schutz	Grenzwert Kontakt [MW] max.	Grenzwert Kontakt [MW] min.	Prozessanschluss	PN [bar]	Temp. [=C]	Messprinzip	Gerätetyp	Hersteller	Bemerkung
1	DISA+Z±	Q001	x	A0 BCAXY01	Dichte Hydrozyklon, überlauf	1000 – 1300	kg/m³	analog					1	1	1	1		DN 800	10	110	radiometr.		–	
2	EISA+Z+			A0 B01X001	Stromaufnahme Umwälzpumpe	0 – 120	%	analog					1								Strommesser		–	
3	FI			A0A01B001	Durchfluss Brüdenkondensat Impulsleitung für MDG001	0 – 50	l/h		1									DN 15			Schwebekörper		–	
4	FA			A0A01AB01	Grenzwert-Kontakt von MFH05			binär															–	
5	LICSA+tt	L206	x	A0A01T001	Niveau Lagerbehälter 1	0 – 7	m	analog		1											Diff.-Druck		–	
6	LZA+			A0A01BK01	Maximalfüllstand Ausdampfbehälter Überfüllschutz			binär					1		1	1		DN 100	10	110	Schwinggabel		–	
7	LZA–			A0A01BK02	Minimalfüllstand Trockenlaufschutz Umwälzpumpe 3			binär						1	1		1	DN 50	10	110	Schwinggabel		–	
8	PDISA-Z	P133	x	A0A01BK03	Differenzdruck über Umwälzpumpe 1	0 – 5000	mbar	analog					1	1	1	1		DN 25	10	110	Diff.-Druck		–	
9	PI			A0A01BK04	Druck Ausdampfbehälter	–1/ +5	bar		1										10	110	Zeiger-Manometer		–	
10	QICSA+Z+	Q101	x	A0A01BK05	pH-Wert Reaktor 2	0 – 12	pH	analog		1			1	1	1	1			10	110	pH-Sonde		–	
11	TIRSA+Z+	T234	x	A0A01BK06	Temperatur Reaktor 2	0 – 120	°C	analog										D-Schutzhülse in Flansch DN50	10	110	PT-100		–	
12	SISA+Z+			A0A01BK07	Drehzahl Umwälzpumpe 2	0 – 100	%	analog															–	

Abb. 4.25 Beispiel einer Messstellenliste

dem Druckverlust kann der Volumenstrom bestimmt werden. Nur für reine Flüssigkeiten oder Gase bzw. Dämpfe geeignet. Blenden und Düsen setzen sehr lange gerade Ein- und Auslauflängen voraus. Bei größeren Nennweiten kann dieser Umstand zu Problemen hinsichtlich des Platzbedarfes führen.
- Magnetisch induktive Durchflussmessung: Messung der bei der Durchströmung eines magnetischen Feldes induzierten elektromotorischen Kraft. Daraus leitet sich die Strömungsgeschwindigkeit ab. Magnetisch induktive Durchflussmesser weisen einen freien Durchgang auf und sind somit ideal für Suspensionen geeignet. Voraussetzungen sind jedoch ein vollgefülltes Rohr und es muss sich um eine elektrisch leitende Flüssigkeit handeln. Die Mindestleitfähigkeit des Mediums muss in etwa 5 bis 10 µS/cm betragen.
- Coriolis-Messgeräte: schwingendes Rohrsystem, das durchströmt wird. Aus der Resonanzfrequenz und Phasenverschiebung lassen sich gleichzeitig die Dichte und der Massenstrom und damit auch der Volumenstrom bestimmen.
- Wirbel-Durchfluss-Messgeräte: Bei der Umströmung eines eingebrachten Staukörpers entstehen Wirbel. Aus der gemessenen Wirbelfrequenz kann auf den Volumenstrom geschlossen werden. Nur für niedrigviskose oder gas- bzw. dampfförmige Medien geeignet. Das Messprinzip setzt eine Mindest-Reynoldszahl von ca. 4000 voraus.

Beispiele für Füllstandsmesssysteme sind:

- Schwinggabeln: binäre Füllstandsmessung. Die Gabel wird zur Resonanzschwingung angeregt. Beim Eintauchen in eine Flüssigkeit oder ein Schüttgut ändert sich die Resonanzfrequenz und es wird ein entsprechendes Schaltsignal abgegeben. Bei krustenbildenden Medien ist Vorsicht geboten.
- Konduktive Sonden: Grenzstanderfassung in leitfähigen Flüssigkeiten. Gemessen wird der Leitfähigkeitsunterschied von leitenden Flüssigkeiten gegenüber Luft.
- Kapazitive Sonden: Messsonde und Behälter bilden einen Kondensator. Dessen Kapazität ändert sich mit dem Füllstand. Kann als binäres und analoges Messgerät eingesetzt werden.
- Radiometrische Füllstandsmessungen: berührungslose binäre oder analoge Füllstandsmessung. Behälter und Medium werden von einer Caesiumquelle durchstrahlt. Aus der vom gegenüberliegenden Strahlungsempfänger registrierten Strahlungsintensität lässt sich auf den Füllstand zurückschliessen. Zwar ideal für schwierige Medien, aber bei der Beschaffung muss ein Genehmigungsantrag gestellt werden und der Betrieb setzt das Vorhandensein eines Strahlenschutzbeauftragten voraus.
- Ultraschall-Füllstandsmessungen: berührungslose analoge Füllstandsmessung. Ein im Behälterdeckel eingesetzter Sensor sendet Schallimpulse aus, die an der Flüssigkeitsoberfläche reflektiert und vom Sensor empfangen werden. Aus der Zeitdifferenz ergibt sich der Füllstand. Sehr unruhige Flüssigkeitsniveaus, Dämpfe oder Schwaden, Behältereinbauten und einbindende Rohrleitungen können zu Verfälschungen führen.
- Hydrostatische Füllstandsmessungen: Messung des hydrostatischen Drucks am

Behälterboden. Bei krustenbildenden Medien und Suspensionen ist Vorsicht geboten.

Die Werkstoffauswahl der medienberührten Bauteile hängt maßgeblich vom eingesetzten Medium ab. Hier spielen die üblichen Aspekte wie Korrosion, Abrasion, Krustenbildung etc. eine Rolle (siehe Kapitel 2.2.2.4 Werkstoffkonzept). Messgerätehersteller bieten normalerweise eine Reihe von Standardausführungen an. Typische Werkstoffausführungen sind Edelstahl (z. B. 1.4571), Nickel-Basislegierungen (z. B. Hastelloy), Titan und Kunststoffbeschichtungen (z. B. PTFE).

Der Messbereich wird vom Verfahrensingenieur gerne großzügig ausgelegt. Dabei ist zu bedenken, dass die Auflösung bzw. Messgenauigkeit mit wachsendem Messbereich abnimmt. Ist ein großer Messbereich bei gleichzeitig hoher Auflösung abzudecken, kann der Einsatz mehrerer Messstellen erforderlich sein. Die Auflösung eines Messgerätes wiederum hängt maßgeblich vom Messprinzip bzw. Hersteller ab.

Mit dem Ansprechverhalten ist die Geschwindigkeit gemeint, mit der eine Messstelle auf Veränderungen der Messgröße reagiert. Während viele Messgeräte ein sehr schnelles Ansprechverhalten aufweisen, reagieren einige Messsysteme, wie z. B. Temperaturmessungen, recht langsam auf Veränderungen. In diesem Zusammenhang muss die erforderliche Schnelligkeit der mit diesen Messsystemen zu realisierenden Regelungen und Steuerungen überprüft werden. Sollen schnelle Regelungen oder Steuerungen mit Hilfe einer Messstelle mit langsamem Ansprechverhalten realisiert werden, kann dies zu instabilen Verhältnissen führen.

Die Lieferzeit von Standard-Messgeräten ist mit ein wenig Glück kurz. Dies hängt allerdings von der Stückzahl und der Lagerhaltung des Herstellers ab. Bei Sonderausführungen kehren sich die Verhältnisse allerdings um. Kommt dann noch ein Genehmigungsantrag dazu, z. B. bei radiometrischen Messsystemen, kann die Beschaffung bis zu sechs Monate und mehr betragen.

Die Kosten für messtechnische Einrichtungen sind in jedem Fall erheblich. Dabei führen Sonderausführungen, wie eigentlich immer, zu erheblichen Mehrkosten. Bei Ex-geschützten Ausführungen z. B. gilt die Faustregel, dass man die Preise in etwa verdoppeln kann.

Für die Planung der Apparate- und Rohrleitungsanschlüsse sowie für die Montageplanung und den elektrischen Anschluss der Messgeräte werden schließlich noch die so genannten mechanischen Messaufbauten (hook ups) benötigt. In den Abbildungen 4.26 und 4.27 sind die mechanischen Messaufbauten am Beispiel einer analogen Durchflussmessung (Wirbelprinzip) und einer D4-Einschraubhülse für ein PT100 als analoge Temperaturmessung von der Fa. Endress + Hauser Messtechnik zu sehen.

4.5.3
Leittechnik

Die Leittechnik-Hardware besteht aus den Leitrechnern (digital control system), die redundant ausgeführt werden können und in einem klimatisierten Raum aufge-

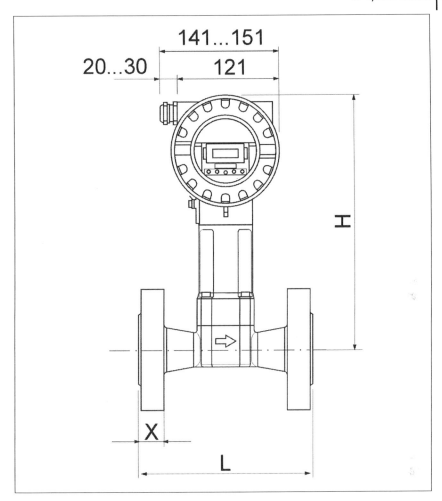

Abb. 4.26 Mechanischer Messaufbau einer analogen Durchflussmessstelle („Prowirl") der Fa. Endress + Hauser Messtechnik

stellt sind, der Leitwarte (control room), die zentral oder dezentral ausgeführt sein kann und die Prozessbedienstationen (local process control panel) beherbergt, und den Leittechnikschränken, in denen sich die Einschübe für die messtechnischen Einrichtungen der Anlage befinden. Die Leitrechner sind mit den Prozessbedienstationen und den Leittechnikschränken über Bussysteme verbunden. Der Anschluss der Messgeräte an die Schaltschränke erfolgt über die Steuerkabel (siehe Abbildung 4.18).

Auf der Softwareseite bieten die Hersteller eigene Systeme an, um das so genannte Leitprogramm zu programmieren. Die beiden großen europäischen Anbieter solcher Systeme sind Siemens und ABB. Die Lieferung der Leittechnik-Hardware wird häufig zusammen mit der Erstellung des Leitprogramms bei einer

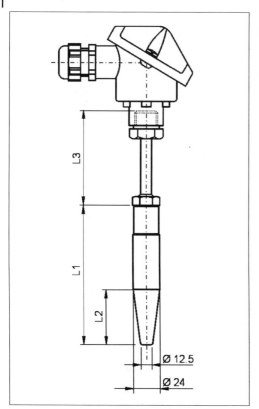

Abb. 4.27 Mechanischer Messaufbau einer D4-Einschraubhülse für ein PT100 als analoge Temperaturmessung der Fa. Endress + Hauser Messtechnik

dieser Firmen in Auftrag gegeben. Das Leitprogramm wertet die eingehenden Signale der Messstellen aus, wandelt sie um und leitet daraus entsprechende Schalthandlungen bzw. Signale (z. B. Alarme) ab. Zusätzlich können wichtige Messwerte kontinuierlich oder in Intervallen registriert und daraus „Trends" erzeugt werden.

Zur Erstellung des Leitprogramms, müssen Verfahrensingenieure und Leittechniker besonders eng zusammenarbeiten. Die verfahrenstechnischen Vorgaben müssen zunächst von den Verfahrensingenieuren gemacht werden. Die Vorgaben werden von den Leittechnikern in so genannte Funktionspläne [29] umgesetzt, aus denen sich das Leitprogramm ableiten lässt. Das Problem bei der Kommunikation besteht darin, dass die Leittechniker Probleme mit den verfahrenstechnischen Zusammenhängen haben und umgekehrt die Verfahrensingenieure im Normalfall keine Funktionspläne lesen können und die einzelnen Zusammenhänge der Leittechnik nicht kennen. Zur Lösung dieses Kommunikationsproblems bestehen zwei bewährte Möglichkeiten:

1. Die Verfahrenstechnik erstellt so genannte Pflichtenhefte für die Leittechniker. Darin wird der Ablauf der für den verfahrenstechnischen Prozess erforderlichen Steuerungs- und Regelungsschritte verbal beschrieben. Die Beschreibungen

eines Pflichtenheftes entsprechen dabei in etwa den Ausführungen zu den R&I-Typicals in Kapitel 4.4 Rohrleitungs- und Instrumentenfließbilder. Die Anpassung des Pflichtenheftes an ein konkretes Leitsystem liefert das Lastenheft für den Systemlieferanten.

2. Im Rahmen von so genannten Leittechnik-Besprechungen werden die Abläufe des verfahrenstechnischen Prozesses durch den Projektleiter oder Senior Engineer anhand der R&I-Fließbilder vorgetragen. Die dabei erstellten Protokolle dienen den Leittechnikern als Grundlage für die Erstellung der Funktionspläne bzw. des Leitprogramms. In einer Rückrunde an Besprechungen tragen die Leittechniker die Prozessabläufe anhand der von ihnen erstellten Funktionspläne vor. Diese müssen dann vom Anlagenbauer freigegeben bzw. genehmigt werden.

Das Leitprogramm muss sämtliche erforderlichen Abläufe für den Betrieb der Anlage enthalten. Dazu gehören nicht nur der Normal-, Anfahr- und Abfahrbetrieb sowie Automatik- und Handbetrieb, sondern auch die komplette Anlagenabsicherung wie Schutzfunktionen, Alarme etc.

Zur besseren Handhabung bzw. Übersichtlichkeit wird das Leitprogramm quasi hierarchisch gegliedert. Die kleinsten Einheiten sind die Untergruppensteuerungen, beispielsweise für die Ansteuerung einer einzelnen Pumpe. Die Steuerung einer redundanten Pumpengruppe mit angetriebenen Armaturen wird in einer Gruppensteuerung zusammengefasst. Da die Gruppensteuerungen für redundante Pumpengruppen vom Prinzip her häufig identisch sind, können diese entsprechend oft kopiert werden. Es müssen dann lediglich die Pumpen- und Armaturenbezeichnungen ausgetauscht werden. Die Steuerung und Regelung einer Pumpengruppe im Zusammenspiel mit einem Behälter wird dann in einer übergeordneten Systemsteuerung untergebracht. Schließlich werden die Systemsteuerungen zum alles umfassenden Leitprogramm zusammengestellt.

Für die Regelkreise werden zusätzliche Regelschemata in der Art von Abbildung 4.28 erstellt. Die Regelschemata enthalten alle regelungsrelevanten Bestandteile wie Messstellen, Stellglieder, Rückführungen etc. Sie werden durch Konfiguration des Leitsystems umgesetzt. Die Rückdokumentation des Leitsystems ersetzt die vorläufigen Regelschemata und kann für die As-built-Dokumentation verwendet werden.

Für die Steuerung der Behälterniveaus können so genannte Behälterabsicherungsschemata erforderlich sein. Abbildung 4.24 zeigt ein Beispiel für ein solches Behälterabsicherungsschema. Neben einer schematischen Darstellung des betreffenden Behälters mitsamt seiner messtechnischen Ausrüstungen sind sämtliche Schaltpunkte unter Angabe der Höhenkoten und auslösenden Steuerungsschritte tabellarisch aufgeführt. Bei der Festlegung der Schaltpunkte sind verfahrenstechnische Belange, wie z. B. Verweilzeiten, ebenso zu beachten wie Füll- bzw. Entleerungsmengen.

Beispiel: Bei Überschreitung der in Abbildung 4.29 dargestellten Niveaus werden folgende Steuerungsschritte von der zugehörigen Systemsteuerung ausgelöst: Bei Überschreitung eines Niveaus von einem Meter können die am Behälter ange-

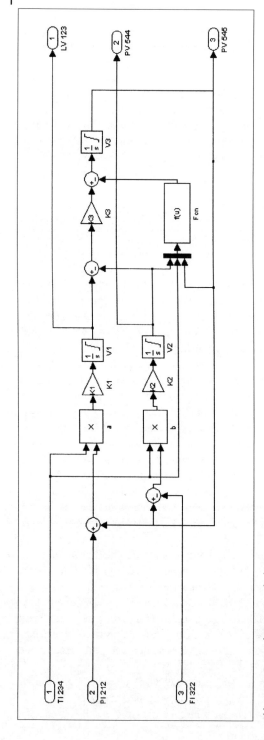

Abb. 4.28 Beispiel eines Regelschemas

4.5 E/MSR-Technik

Höhe	Kennzeichen	Signal	Grenzwert	Haupt-Aktionen
13		A+	> MAX 2	Alarm HOCH, Überfüllschutz, Signal zur Befüll-Pumpe
12,5		A+	> MAX1	Alarm HOCH
3				Regelniveau
2,0 ± 0,2			< MIN 1	Freigabe EIN Rührwerk (Hysterese)
2,4			< MIN 2	Rührwerk AUS Warnung MIN
1,0 ± 0,2			> MIN 3	Freigabe EIN Abzugspumpen (Hysterese) Abzugspumpen AUS
0,5		A-	< Min 4	Trockenlaufschutz Abzugspumpen

Behälterabsicherungsschema Nr. 0001
Behälter Nr. 1

Fachhochschule Osnabrück
University of Applied Sciences

LICSA — 13,38 m
LZA+
LZA-
Rührwerk 1 — M
Durchmesser 4,5 m
Behälter 1
0,00 m

Rev. 1	Kleine Änderungen	25.02.2002			
Rev. 0	Ersterstellung	21.02.2002			
Index	Beschreibung Änderung	DATUM	NAME		
		DATUM	21.02.2002		
		ERST	Meier		
		GEPR	Müller		
		N GEPR			

Abb. 4.29 Beispiel eines Behälterabsicherungsschemas

schlossenen Pumpen angefahren werden. Bei einem Niveau von 2,2 m erfolgt die Freigabe für das Anfahren des Rührwerks. Das gewünschte Regelniveau liegt bei 3 m. Erreicht der Behälterfüllstand eine Höhe von 12,5 m, wird ein Alarm „Hoch" ausgelöst, der jedoch zunächst keine weiteren Steuerungsmaßnahmen nach sich zieht. Damit wird dem Personal in der Leitwarte die Gelegenheit gegeben, korrigierend einzugreifen. Kurz bevor der Behälter die Überlaufleitung erreicht (13 m), wird ein weiterer Alarm ausgelöst, der mit dem Überfüllschutz verknüpft ist. Das bedeutet, dass die Anlage in einen gesicherten Zustand gebracht wird. Im vorliegenden Beispiel wird die zuführende Pumpe abgestellt.

Beim Unterschreiten eines Füllstandes von 2,4 m wird ein Alarm „Tief" ausgelöst, der ebenfalls zunächst keine weiteren Steuerungsmaßnahmen zur Folge hat. Damit wird dem Leitwartenpersonal signalisiert, dass das Rührwerk bald abgeschaltet werden muss. Bei Unterschreitung eines Niveaus von 1,8 m wird das Rührwerk dann tatsächlich abgestellt. Dies ist bei Rührwerken immer dann erforderlich, wenn sie nicht für den so genannten „Flüssigkeitsdurchgang" ausgelegt sind [30]. Damit ergibt sich auch die für das An- und Abfahren erforderlich Hysterese. Schließlich wird die in Betrieb befindliche Abzugspumpe bei Unterschreiten eines Füllstandes von 0,5 m abgestellt (Trockenlaufschutz).

Die sicherheitsrelevanten Funktionen wie der Überfüllschutz und der Trockenlaufschutz werden im vorliegenden Beispiel von den binären Füllstandsmessungen LSA+ und LSA- ausgelöst. Alle anderen Schalt- und Steuerungsvorgänge gehen von der analogen Füllstandsmessung LICSA aus.

4.6
Aufstellungs- und Gebäudeplanung

Die Aufstellungs- und Gebäudeplanung können nicht losgelöst voneinander betrachtet werden, sondern laufen parallel ab. Der interdisziplinäre Charakter ergibt sich aus der notwendigen Zusammenarbeit zwischen den Verfahrenstechnikern und den Bauingenieuren. Auch hier werden unterschiedliche Sprachen gesprochen: Während die Verfahrenstechniker ihre Zeichnungen in Millimetern vermessen, benutzen die Bauingenieure Zentimeter! Auch ist nicht jedem Verfahrensingenieur bekannt, was zum Beispiel die Abkürzung OKFF (Oberkante Fußboden fertig) in einer Bauzeichnung bedeutet.

Die interdisziplinären Team-Mitglieder müssen auch hier gut kommunizieren, um die Anlagen- und Gebäudetechnik optimal ausführen zu können.

4.6.1
Aufstellungsplanung

Prinzipiell liegt die Aufstellung der Hauptkomponenten bereits in Form des Layouts aus der Projektierungsphase vor. Sofern sich keine verfahrenstechnischen Änderungen ergeben haben, kann dieses Layout als Basis für die sich anschließende detaillierte Aufstellungsplanung herangezogen werden.

An dieser Stelle soll allerdings noch auf die Vorgehensweise im Hinblick auf die Anwendung moderner CAD-Systeme eingegangen werden:

Zunächst muss ein Grundraster angelegt werden. Im Prinzip handelt es sich dabei um eine Art von Koordinatensystem. Durch Festlegung eines Nullpunktes und der kartesischen X-, Y- und Z-Richtung mit einer entsprechenden Skala kann jeder Punkt innerhalb der Anlage beschrieben werden. Bei Errichtung der Anlage innerhalb eines vorhandenen Anlagenkomplexes wird das Grundraster normalerweise vom Kunden vorgegeben. Bei Planungen auf der „grünen Wiese" muss ein neues Grundraster festgelegt werden. Es ist wichtig, dieses Grundraster frühzeitig mit dem Kunden abzustimmen, da große Teile der Anlagenkonstruktion von den Rasterschnittpunkten ausgehen. Eine nachträgliche Änderung des Grundrasters ist daher unter Umständen mit einem erheblichen Aufwand verbunden.

Im nächsten Schritt werden die wesentlichen Gebäudeteile geplant. Dazu gehören die Sohlplatte, auf der die Anlage errichtet wird, die vertikalen Hauptstützen und die horizontalen Bühnen in den verschiedenen Ebenen. Die Sohlplatte lässt sich als flacher Quader konstruieren. Dazu müssen in das CAD-System die äußeren Abmessungen (Länge, Breite und Dicke der Betonplatte) und der Ort, an dem die Platte zu positionieren ist eingegeben werden. Zur Konstruktion der Hauptstützen verfügen CAD-Systeme über eine Auswahl an genormten Stahlbauprofilen (z. B. Doppel-T-Träger). Diese müssen ausgewählt, hinsichtlich ihrer Länge spezifiziert und an der gewünschten Stelle abgesetzt werden. Danach lassen sich auf ähnliche Art und Weise die Querstützen sowie weitere Betonplatten, sofern vorhanden, konstruieren.

Jetzt können die einzelnen Fundamente für die Hauptapparate eingeplant werden. Häufig handelt es sich dabei um Betonfundamente, die etwa 10 bis 20 cm höher stehen als der Fußboden. Bei Stahlbaukonstruktionen müssen entsprechende Querträger für die Pratzen, Zargen, Füße etc. eingeplant werden.

Im Anschluss erfolgt die Konstruktion der Hauptapparate. Bei Behältern, Reaktoren, Wärmetauschern, Silos etc. handelt es sich in den meisten Fällen um zylindrische Bauteile. Beim Einsatz moderner CAD-Systeme müssen lediglich folgende Eingaben gemacht werden, um zumindest die Hülle festzulegen:

– Angabe, ob es sich um einen stehenden oder liegenden Zylinder handelt,
– Zylinderhöhe,
– Zylinderdurchmesser,
– Bodenform,
– Deckelform,
– Position des Zylinders.

Andere nicht zylindrische Komponenten wie Fördereinrichtungen, Zentrifugen, Siebanlagen, Pumpen, Verdichter, Rührwerke, Filteranlagen, Lamellenklärer etc. müssen entweder im Einzelnen aus den Grundkörpern der darstellenden Geometrie [31] zusammengesetzt werden. Alternativ bieten CAD-Systeme die Möglichkeit, häufig wiederkehrende Bauteile wie z. B. Pumpen in der Datenbank zu hinterlegen. Diese können dann ganz einfach ausgewählt und an der richtigen Stelle abgesetzt werden. Die Bestrebungen der CAD-Systemanbieter gehen momentan dahin, die Unterlieferanten dazu zu bringen, ihre Apparatezeichnungen als kompatible CAD-Dateien zur Verfügung zu stellen. Diese Bemühungen sind bislang an den Schnittstellenproblemen der unterschiedlichen CAD-Systeme gescheitert. Zumindest gehen bei der Übertragung von einem CAD-System auf ein anderes die vorhandenen Intelligenzen verloren.

Grundlage für die Detailplanung der Anlagenkomponenten sind daher nach wie vor die Fertigungs- und Aufstellungszeichnungen der Apparate. Wenn die Detailkonstruktion nicht vom Anlagenbauer vorgenommen wird, werden die Fertigungs- und Aufstellungszeichnungen von den Unterlieferanten angefertigt. Dabei müssen nicht alle Details in das CAD-System übertragen werden. Wichtig sind die Schnittstellen und die äußeren Abmessungen zur Vermeidung von Kollisionen. Zu den wichtigsten Schnittstellen zählen:

- Anschlussmaße für die anbindenden Rohrleitungen,
- Anschlussmaße für die messtechnische Ausrüstung,
- Anschlussmaße für elektrische oder pneumatische Antriebe,
- Lage und Abmessungen der Auflagerpunkte und Halterungen.

Sobald die Fertigungszeichnungen von den Unterlieferanten ankommen, müssen die Schnittstellen und Abmessungen von den CAD-Konstrukteuren geprüft bzw. eingepflegt werden. Wenn alles in Ordnung ist, teilt der Anlagenbauer dem Unterlieferanten die Freigabe zur Fertigung mit, indem die Zeichnung mit einem Freigabestempel und einer entsprechenden Unterschrift zurückgeschickt wird. Sind Änderungen erforderlich, müssen diese in der Zeichnung von Hand eingetragen und mit einem Stempel in der Art „Freigegeben unter Berücksichtigung der eingetragenen Änderungen" versehen werden. Natürlich sind alle freigegebenen Zeichnungen zu kopieren und sorgfältig aufzubewahren.

Schließlich können alle sonstigen anlagenrelevanten Komponenten in das Modell eingebracht werden. Hierzu zählt der so genannte anlagenspezifische Stahlbau, die komplette Gebäudetechnik wie Fenster, Türen, Treppen, Aufenthaltsräume, Leitwarte, Heizungs-, Klima- und Lüftungsanlagen etc. sowie die komplette Rohrleitungsplanung (siehe Kapitel 4.7 Rohrleitungsplanung). Je nach CAD-System sind auch hierfür entsprechende Elemente (z. B. Geländer, Treppen, Leitern etc.) in der Datenbank hinterlegt und müssen lediglich ausgewählt und positioniert werden.

In Abbildung 4.30 ist das Gesamtmodell einer fiktiven Anlage als 3D-CAD-Ansicht zu sehen. Auch hier können beliebige Ansichten erzeugt und zwecks besserer Übersichtlichkeit bestimmte Baugruppen bzw. Systeme ein- oder ausgeblendet werden. Abbildung 4.31 zeigt die Detailansicht eines Anlagenmodells.

4.6.2
Gebäudeplanung

Die eigentliche Planung und Ausführung des Gebäudeparts für eine verfahrenstechnische Anlage ist natürlich die Angelegenheit von Bauingenieuren und Architekten. Die Vorgaben müssen jedoch von der Verfahrenstechnik kommen.

Dazu liegt zunächst das Layout aus der Projektierung bereits vor. Aus dem Layout

4.6 Aufstellungs- und Gebäudeplanung | 167

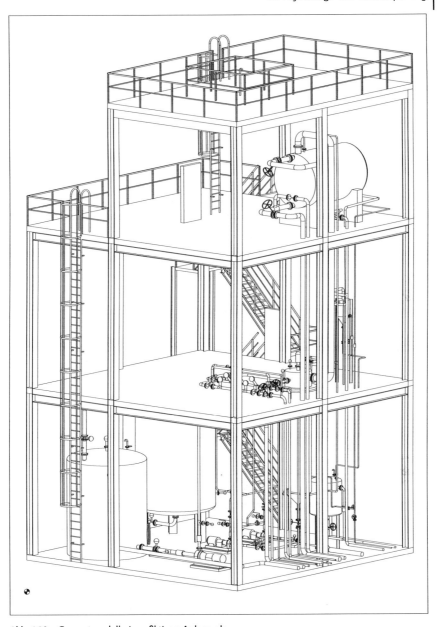

Abb. 4.30 Gesamtmodell einer fiktiven Anlage als
3D-CAD-Ansicht

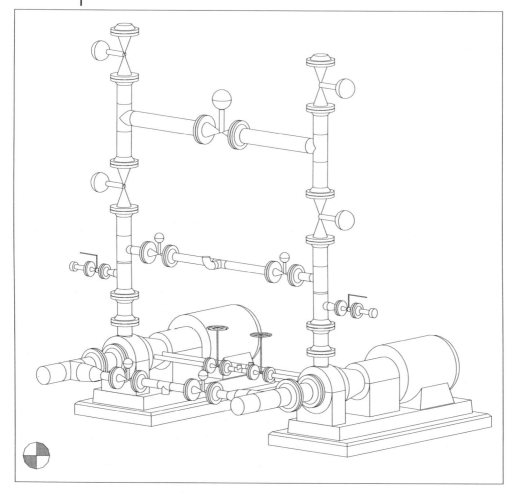

Abb. 4.31 Detailansicht eines Anlagenmodells

gehen der Gebäudetyp und die Komponenten der Anlage hervor. Des Weiteren liegen die Bühnen und Treppen bereits fest. Wichtig für die weitere Bauplanung ist die genaue Festlegung aller Schnittstellen zwischen dem Bau- und dem Anlagenpart. Hierzu gehören z. B. die Rohrtrassen mit ihren Durchbrüchen für die Steigetrassen (siehe Kapitel 4.7 Rohrleitungsplanung), oder Rohrleitunsdurchtritte in der Fassade, erdverlegte Rohrleitungen für Bodeneinläufe etc.

Die nächste Aufgabe der Verfahrenstechnik liegt in der Vorgabe der Lage und Ausführung der Fundamente sowie der Lastangaben, die für die Baustatik benötigt werden. Die Fundament- und Lastangaben können in einer Zeichnung gemeinsam untergebracht werden. In Abbildung 4.32 ist ein Typical für die Fundamente von Flachbodenbehältern und einer Pumpengruppe zu sehen. Die zugehörigen Lastangaben gehen aus der Belastungstabelle hervor. Die Lastangaben müssen durch

4.6 Aufstellungs- und Gebäudeplanung

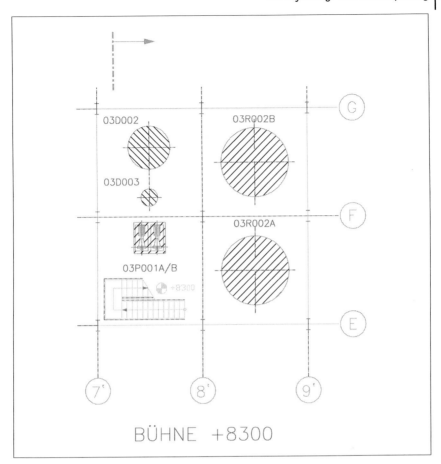

BÜHNE +8300

TON	BENENNUNG	LEER-GEWICHT(KN)	BETRIEBS-GEWICHT(KN)	BELASTUNG AUF EBENE
	APPARATE – LISTE (NEUE APPARATE)			
05D005	FILTERHILFSMITTELBEHÄLTER	12.0	150.0	+ 9000
05D005N01	RÜHRER	2.0	2.0	+ 9000
05D007	FILTERHILFSMITTELVORLAGEBEHÄLTER	8.0	70.0	+ 9000
05D007N01	RÜHRER	2.0	2.0	+ 9000
05F002 A/B	SOLEFEINFILTER	50,0	165,0	+ 5000
05P005	FILTERHILFSMITTELPUMPE	2.0	3.0	+ 9000
05P007	FILTERHILFSMITTELDOSIERPUMPE	1,0	1,2	± 000
03P001A/B	SODAKREISLAUFPUMPE	JE 1.1	JE 2.0	+8300
03P003	FLOCKUNGSMITTELPUMPE	1,0	1,2	+5000

Abb. 4.32 Typical eines Fundamentplans mit Belastungstabelle von der Fa. UHDE GmbH, Dortmund

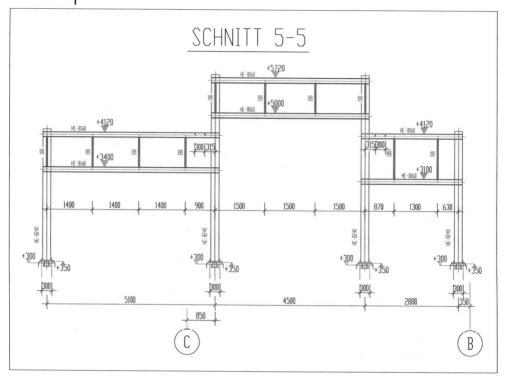

Abb. 4.33 Typical eines Stahlbauplanes von der Fa. UHDE GmbH, Dortmund

Addition der Apparategewichte und dem maximalen Behälterinhalt unter Berücksichtigung der höchsten Mediendichte berechnet werden.

Sofern vorhanden, ist die Angabe dynamischer Lasten, z. B. von Zentrifugen oder Dekantern, Brechern und Mühlen, Siebmaschinen etc. zu berücksichtigen. Schließlich müssen Lastangaben zu den in der Anlage vorgesehenen Hebezeugen, Deckenkränen, allgemeinen Flächenlasten etc. gemacht werden.

Mit diesen Angaben können die Bauingenieure die Bauplanung durchführen. Da der Baupart häufig an eine Baufirma als Unterlieferanten oder Konsortialpartner vergeben wird, müssen die Ausführungszeichnungen des Bauparts freigegeben werden. Die typischen Bauausführungszeichnungen sind:

- Stahlbaupläne,
- Schalpläne,
- HKL-Pläne,
- Gitterrost-Verlegepläne.

Auf den folgenden Seiten sind Typicals (Abbildungen 4.33 Und 4.34) für einen Stahlbau- und einen Schalplan dargestellt.

In den Stahlbauzeichnungen sind alle Details des Stahlbaus dargestellt. Der

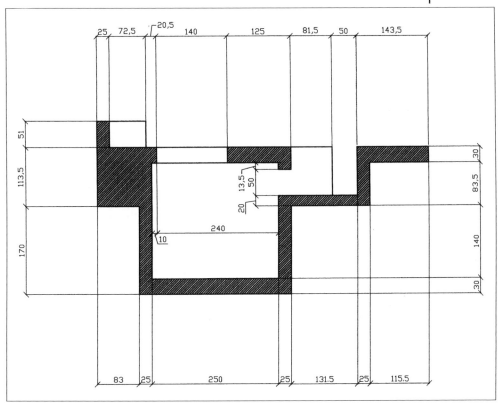

Abb. 4.34 Typical eines Schalplanes im Bereich eines Pumpensumpfes mit Zulaufkanal

Verfahrenstechniker muss nicht jeden einzelnen Querverband etc. prüfen. Wichtig sind wie immer die Schnittstellen. Wurden die Vorgaben für die Apparataufstellung, Öffnungen für Rohrleitungsdurchführungen etc. eingehalten?

Gleiches gilt für die Schalpläne, aus denen die Betonbestandteile im Detail hervorgehen. Hier stehen die Apparatefundamente, Pumpensümpfe, Rampen, Bodenkanäle etc. im Vordergrund der Prüfung durch die Verfahrenstechnik.

Probleme ergeben sich häufig bei den notwendigen Angaben zur Verankerung von Behältern und Apparaten. Im Freien stehende größere Behälter z. B. sind erheblichen Windlasten ausgesetzt und müssen daher entsprechend verankert werden. Die Details der Verankerung müssen gleichzeitig mit der Baufirma und dem Unterlieferanten für den Behälter abgestimmt werden. Die Baufirma möchte allerdings die Schalpläne zu einem Zeitpunkt erstellen, wo der Unterlieferant für den Behälter noch gar nicht feststeht. In solchen Fällen empfiehlt es sich, diesen Bereich auf „hold" zu setzen. Das bedeutet, dass dieser Bereich der Gebäudeplanung quasi auf Eis gelegt wird. Die Baufirma wird jedoch auf der Festlegung eines Termines, bis zu dem die Angaben gemacht werden müssen, bestehen. Bei

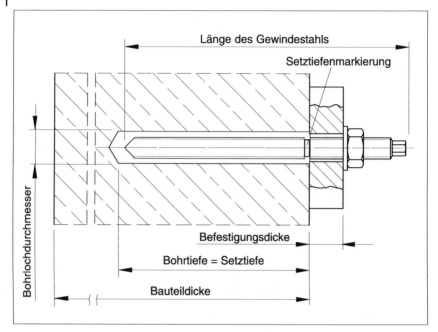

Abb. 4.35 Verbund-Klebeanker der Fa. fischer/Upat Befestigungen

Überschreitung dieses in der Regel protokollarisch festgehaltenen Termins wird die Baufirma gegenüber dem Anlagenbauer ein entsprechendes Claim geltend machen.

Bei kleineren Apparaten wie z. B. Pumpen kann der Anlagenbauer sich durch die Verwendung von so genannten Verbund-Klebeankern zu einer Entspannung der Terminkonflikte verhelfen. Die Fundamentangaben werden nämlich zu einem Zeitpunkt benötigt, wo die Pumpen noch nicht ausgelegt geschweige denn bestellt worden sind. Da die Pumpenabmessungen demnach nicht bekannt sind, dimensioniert man die Fundamentflächen entsprechend großzügig. Beim Einsatz von Verbund-Klebeankern sind keine weiteren Angaben zur Verankerung erforderlich. Die Verankerung der Grundplatten erfolgt mittels nachträglicher Bohrungen, in die Klebepatronen eingesteckt werden. Beim Einschlagen des Gewindestiftes wird die zweigeteilte Klebepatrone aufgebrochen, der darin enthaltene Zweikomponentenkleber wird vermischt und härtet aus (siehe Abbildung 4.35).

Die Heizungs-, Klima- und Lüftungspläne (HKL-Pläne) enthalten Angaben zu Heizkörpern, Wandlüftern, Entrauchungsklappen, Lüftungskulissen, Gebläsen etc. Die Verfahrenstechnik muss auch hier auf mögliche Kollisionen mit anderen Anlagenbestandteilen achten. Hierzu gehören auch die zwar kleinen aber immerhin vorhandenen Heizungsrohre sowie Steuerleitungen für Entrauchungsklappen.

Im Stahlbaubereich werden begehbare Flächen mit Gitterrosten ausgelegt. Aus den Gitterrostverlegeplänen, die ebenfalls zur Freigabe vorgelegt werden, gehen die einzelnen Gitterrostelemente, aus denen die Flächen zusammengesetzt sind, hervor. Natürlich muss auch hier nicht jedes Gitterrostelement geprüft werden. Neben den bereits mehrfach erwähnten Schnittstellen müssen mögliche Rohrleitungsdurchführungen geprüft werden. Da es sich meistens um stahl-/verzinkte Gitterroste handelt, können Durchführungen auch nachträglich realisiert werden, indem vor Ort entsprechende Ausschnitte gemacht und eingefasst werden. Anschließend können die bearbeiteten Stellen mit Zinkfarbe gestrichen werden. Vorsicht: Manchmal enthalten die Kundenspezifikationen Vorschriften zur Ausführung von stahl-/verzinkten Stahlbauteilen. Wenn diese lediglich eine galvanische Verzinkung zulassen, ist die oben beschriebene Vorgehensweise unter keinen Umständen zu empfehlen. Die modifizierten Gitterroste müssen dann nämlich komplett neu galvanisch verzinkt werden, was mit erheblichen Kosten verbunden ist. Neben stahl-/verzinkten Gitterrosten existieren Edelstahlausführungen und gabelstaplerbefahrbare Kunststoffgitterroste.

4.7 Rohrleitungsplanung

Die detaillierte Rohrleitungsplanung ist eine der zeitaufwändigsten Planungspakete innerhalb des Detail Engineerings. Um überhaupt mit der Planung beginnen zu können, müssen eine Reihe von Unterlagen vorliegen:

- Rohrleitungs- und Instrumenten Fließbilder,
- Armaturenkonzept,
- Gebäudeplanung,
- Komponentenaufstellung,
- Werkstoffkonzept,
- E/MSR-Konzept.

Aus dieser Auflistung ersieht man, dass die Rohrleitungsplanung nicht unmittelbar nach Auftragserteilung in Angriff genommen werden kann. In Verbindung mit der oben gemachten Aussage, dass es sich um ein sehr umfangreiches Planungspaket handelt, erkennt man, wie terminkritisch zunächst die Rohrleitungsplanung und als Folge auch die Beschaffung und Montage der Rohrleitungen ist.

Auf der Basis des Werkstoff- und Armaturenkonzeptes müssen zunächst die so genannten Rohrleitungsklassen (piping class) zusammengestellt werden. Eine Rohrleitungsklasse enthält sämtliche Angaben der Rohrleitungen und Formstücke, wie z. B. Krümmer (elbows), T-Stücke (tee), Reduzierungen (reducer) etc. in Abhängigkeit von der Nennweite und dem Nenndruck. Die wichtigsten Angaben sind u. a.:

- Durchmesser,
- Wandstärke,
- Bauteilnorm,
- Werkstoffqualität,

- Flanschabmessungen,
- Material und Abmessungen der Dichtungen,
- Abmessungen der Formstücke,
- Schraubenbezeichnungen und deren Abmessungen für Flanschverbindungen,
- Einbaulängen und sonstige Abmessungen der zugehörigen Armaturen,
- Einbaulängen und sonstige Abmessungen der zugehörigen MSR-Komponenten.

Da auch die Rohrleitungsplanung inzwischen überwiegend mit Hilfe von 3D-CAD-Systemen durchgeführt wird, müssen die Angaben einer Rohrleitungsklasse in strukturierter Form in einer entsprechenden Datenbank abgelegt werden. Bei der Planung der Rohrleitungsverläufe muss dann zunächst die gewünschte Rohrleitungsklasse ausgewählt werden. Anschließend genügt es, wenn der CAD-Konstrukteur die Nennweite und den Nenndruck einer Rohrleitung, die gerade konstruiert werden soll, angibt. Das CAD-System ruft die entsprechenden Abmessungen dann automatisch von der Rohrklasse bzw. Datenbank ab.

Die Rohrleitungsplanung gehört zum Tagesgeschäft der Anlagenbauer. Meistens liegt ein gewisser Fundus an Rohrleitungsklassen vor. Fehlen Rohrleitungsklassen, so müssen diese aufwändig erstellt werden. Das setzt wiederum entsprechende Personalressourcen voraus. Alternativ können Rohrleitungsklassen bei den CAD-Systemanbietern oder bei spezialisierten Ingenieurbüros beschafft bzw. erstellt werden. In Abbildung 4.36 ist ein Auszug aus einer Rohrleitungsklasse dargestellt.

Natürlich sind damit entsprechende Kosten verbunden. Daher wird der Anlagenbauer bemüht sein, die geplante Anlage soweit wie möglich mit bereits vorhandenen Rohrleitungsklassen abzuwickeln. Dieses Bestreben muss allerdings in Einklang mit eventuell vorhandenen Kundenspezifikationen für Rohrleitungen gebracht werden. Ist die Verwendung kundenspezifischer Rohrleitungsklassen vertraglich vereinbart worden, können diese zwar dem Anlagenbauer vom Betreiber zur Verfügung gestellt werden. Das funktioniert jedoch nur dann reibungslos, wenn Anlagenbauer und Betreiber das gleiche CAD-System benutzen. CAD-Systeme im Anlagenbau sind in aller Regel nicht ohne weiteres kompatibel.

Das Einpflegen der Rohrleitungsklassen in die Datenbank obliegt dem so genannten Systemadministrator des CAD-Systems. Professionelle CAD-Systeme im Bereich des verfahrenstechnischen Anlagenbaus sind hoch komplex. Vielfach basieren sie auf „UNIX" als Betriebssystem und haben z. B. eine Datenbank von „Oracle" hinterlegt. Die Systempflege setzt dann entsprechende Programmiersprachen-Kenntnisse voraus. Systemadministratoren müssen daher sowohl über Ingenieurs- als auch über entsprechende EDV-Kenntnisse verfügen.

Aufgrund der immer leistungsfähiger werdenden PCs bieten zur Zeit immer mehr CAD-Anbieter „Windows"-basierte Systeme an.

Im nächsten Schritt werden die so genannten Rohrleitungstrassen eingeplant. Hierbei handelt es sich um die „Hauptwege" der Rohrleitungen. Die einzelnen Rohrleitungen werden, wie bereits in Kapitel 4.3 Komponentenbeschaffung erläutert, auf kürzestem Wege in die Rohrleitungstrassen geführt, verlaufen dann

Auto-trol Technology®

Rohrklasse
(Ausschnitt)

Auftr.-Nr.:
Ident-Nr.:
Rohrklasse:

Pos.	Min.Size	Max. Size	Press. 1	End Type	Description
1	10	600	16	NF	Blindflansch
2	15	600	16	BE	Abschlussklappe
3	15	350	16	RF	Drosselklappe
4	8	600	16	BE	Rohrleitung
5	16	600	16	S	Stutzen
6	10	600	16	SI	Stutzen
7	10	400	16	R	Absperrventil mit Handantrieb
8	10	400	16	RF	Absperrventil
9	10	400	16	B	Absperrschieber mit Handantrieb
10	32	150	16	RF	STENFLEX – Kompensator
11	40	150	16	RF	PROMAG – Magnetisch – Induktives – Durchfluss – Messsystem
12	32	250	16	RF	RSW Armaturen – Kugelhahn mit Hebel
13	32	700	16	BE	DAMSTAHL – TKS Rohrkupplung
14	40	300	16	RF	ERHARD – Multamed – Schieber
15	50	200	16	RF	ERHARD – Rückflusssperre
16	100	150	16	RF	ERHARD – Ringkolben – Rückschlagventil
17	40	200	16	RF	ERHARD – Rückschlagklappe
18	350	1000	16	RF	ERHARD – Kleil – Rundschieber
19	10	400	16	RF	Drei – Wege – Ventil mit Magnetantrieb
20	10	400	16	RF	Drei – Wege – Ventil mit Handantrieb
21	10	300	16	BE	Drei – Wege – Ventil mit Motorantrieb
22	10	300	16	BE	Drei – Wege – Ventil mit Membranantrieb
23	20	500	16	BE	Rohrbogen variabel LR
24	20	500	16	BE	Rohrbogen 45 LR
25	10	300	16	BE	Eckventil mit Motorantrieb

Abb. 4.36 Auszug aus einer Rohrleitungsklasse von der Fa. Auto-trol Technology

parallel zu den anderen Rohrleitungen innerhalb der Trasse und springen erst kurz vor der Anbindestelle wieder aus der Rohrleitungstrasse heraus.

Für jede Anlagenbühne werden eine oder mehrere Längs- und Quertrassen eingeplant. Um vertikale Verbindungen realisieren zu können, sind die Längs- und Quertrassen durch die Bühnen hindurch mit einer oder mehreren Steigetrassen verbunden. Damit können die Hauptrohrleitungswege durch die Anlage innerhalb der Rohrleitungstrassen zurückgelegt werden.

Die Konstruktion einer Rohrleitungstrasse ist üblicherweise mit einfachen Stahlbauteilen möglich, die in U-Form angeordnet werden. Die Längs- und Quertrassen verlaufen unterhalb der jeweiligen Bühnendecke. Für die Steigetrassen müssen entsprechende Deckendurchbrüche vorgesehen werden.

Oberhalb der parallel verlaufenden Rohrleitungen werden häufig Querträger eingebracht, auf denen dann die Kabelpritschen verlegt werden können.

Schließlich kann mit der Planung der einzelnen Rohrleitungen begonnen werden. Aufgrund des Arbeitsumfangs müssen mehrere CAD-Konstrukteure gleichzeitig arbeiten. Dazu bieten die CAD-Systeme entsprechende Möglichkeiten: Für jeden CAD-Konstrukteur wird ein eigener Arbeitsbereich eingerichtet. Innerhalb des eigenen Bereiches können Änderungen vorgenommen werden. Die Arbeiten in anderen Arbeitsbereichen können lediglich eingesehen werden, sind aber vor „fremdem" Zugriff geschützt. Nur der Systemadministrator verfügt über die Möglichkeit alle Arbeitsbereiche zusammenzuführen.

Die eigentliche Planung des Rohrleitungsverlaufs setzt entsprechende Erfahrung und eine Fülle von Detailkenntnissen voraus[32]. Im Folgenden sind einige Beispiele aufgeführt:

- Die spätere Zugänglichkeit von Armaturen muss berücksichtigt werden.
- Messstellen müssen einsehbar angebracht sein.
- Entleerungen müssen an der tiefsten Stelle eingeplant werden.
- Entlüftungen sind an der höchsten Stelle vorzusehen.
- Die Abstände der Rohrleitungen innerhalb der Rohrleitungstrassen müssen so gewählt werden, dass für die Isolierungen Platz bleibt.
- Die Rohrleitungswege sollten kurz sein.
- Die Rohrleitungshalterungen müssen berücksichtigt werden.
- Bei dampfführenden Rohrleitungen müssen an Tiefstellen Kondensatablaufleitungen mit Kondensatableitern (steam trap) eingeplant werden.
- Die Öffnungen von Abblasleitungen für Sicherheitsventile (security valves) müssen in eine „ungefährliche" Richtung weisen.

Besondere Sorgfalt ist im Falle suspensionsführender Rohrleitungen angebracht, um Verstopfungen zu vermeiden. Hier sind zusätzliche Forderungen zu stellen, z. B.:

- Bei langsam durchströmten Rohrleitungen muss ein ausreichendes Gefälle eingeplant werden.
- Sämtliche nicht durchströmten Abzweige sollten nach Möglichkeit senkrecht nach oben, zumindest aber schräg nach oben geführt werden. Dies gilt z. B. für Messstellen wie örtliche Manometer oder Probenentnahmestellen.

- Nicht durchströmte Rohrleitungen sind generell zu vermeiden. Die Armaturen in den Entleerungsleitungen sollten daher unmittelbar an die Entleerungsstelle angebunden sein. Selbst ein kurzes Rohrleitungsstück, das nicht durchströmt wird, muss über kurz oder lang verstopfen.

Besonderer Beachtung bedürfen warmgehende Rohrleitungen. Um die wärmebedingten Spannungen gering zu halten, werden die Rohrleitungen „weich" verlegt, d. h. ohne lange gerade Rohrleitungsabschnitte. In Abhängigkeit der auftretenden Temperaturdifferenzen und Rohrleitungsnennweiten müssen Festigkeitsberechnungen (pipe stress analysis) durchgeführt werden [33]. Hierfür können kommerziell verfügbare Software Pakete eingesetzt werden (z. B. „Autopipe" von der Fa. Rebis). In diesen Themenkomplex gehört auch die Planung der Rohrleitungshalterungen (pipe support) [34] und Kompensatoren (expansion joint). Die unterschiedlichen Halterungs- und Kompensatorarten ermöglichen es bei geschickter Anordnung, die wärmebedingten Spannungen unter die zulässigen Festigkeitswerte zu bringen. Im Folgenden sind die häufigsten Halterungs- und Kompensatorarten aufgeführt:

- Festpunkt-Lager: Einspannstelle, die keine Rohrleitungsbewegung zulässt.
- Loslager: Es handelt sich um eine Führung, die Bewegungen zulässt.
- X-, Y-, Z-Stop: Verhindert Bewegungen in der angegebenen Richtung.
- Federhänger: Ermöglicht die bewegliche Anbringung von Rohrleitungen unter der Decke.
- Axialkompensator: Ausgleich von Axialbewegungen.
- Lateralkompensator: Ausgleich von Parallelversatz.
- Angularkompensator: Ausgleich von Winkelversatz.

Abbildung 4.37 zeigt beispielhaft einen so genannten Rohrleitungshänger, der die Anbringung einer unterhalb einer Bühne verlaufenden Rohrleitung ermöglicht.

Um die Pipe Stress Analysis überhaupt zu ermöglichen, müssen die Rohrleitungsverläufe recht zeitaufwändig in das Berechnungsprogramm eingegeben werden. Da die Rohrleitungsverläufe bereits im 3D-CAD-System vorhanden sind, liegt es nahe, diese Daten in das Pipe Stress Programm zu übertragen. Was sich zunächst logisch und einfach anhört, scheitert in der Praxis häufig an der damit verbundenen Schnittstellenproblematik. Diesbezügliche Lösungen sind zwar möglich, sind jedoch mit einem entsprechenden Aufwand verbunden [35].

Je nach Ergebnis der Pipe Stress Analysis müssen die Rohrleitungsverläufe, Kompensatoren und Halterungen in Abhängigkeit der örtlichen Gegebenheiten geändert werden. Die Ergebnisse müssen wieder zurück in die 3D-Rohrleitungsplanung übertragen werden.

Im Folgenden soll die prinzipielle Vorgehensweise bei der Planung von Rohrleitungssystemen mit 3D-CAD-Systemen erläutert werden:
Beispiel: Es ist davon auszugehen, dass die Aufstellungsplanung als 3D-Modell vorliegt. Der CAD-Konstrukteur nimmt sich eine Rohrleitung aus dem betreffenden R&I-Fließbild vor, z. B. die Verrohrung einer Pumpengruppe mit dem Saugbehälter. Zunächst muss ein entsprechender Stutzen am Behälter gesetzt werden. Dieser

Abb. 4.37 Rohrleitungshänger der Fa. LISEGA AG

kann so konstruiert werden, dass er direkt auf den Saugstutzen der Pumpe weist. Dadurch kann auf einen oder mehrere Krümmer verzichtet werden. Vor dem Setzen des Stutzens muss die Rohrleitungsklasse ausgewählt und die Baugruppe bzw. das System festgelegt werden. Nachdem der Stutzen am Behälter eingesetzt wurde, kann die Verbindungsleitung konstruiert werden. Dazu muss der Konstrukteur lediglich den Startpunkt, also den gerade gesetzten Stutzen anklicken und den Endpunkt angeben, also den Saugstutzen der Pumpe. Die Rohrleitung wird dann vom CAD-System automatisch gezeichnet. Im Hintergrund werden alle eingeplanten Bauteile in der Datenbank abgelegt. Hierzu gehören auch die Dichtungen (gasket), Flansche (flange) und Schrauben (bolt). Anschließend wird der Konstrukteur die Armaturen, die aus dem R&I-Fließbild hervorgehen, einsetzen. Dazu muss zunächst die entsprechende Armatur ausgewählt werden. Dann wird die Rohrleitung ausgewählt, in der die Armatur eingesetzt werden soll. Schließlich muss noch die Position innerhalb des Rohrleitungsverlaufs angegeben werden. Den Rest erledigt die Software: Die Rohrleitung wird aufgebrochen, die Armatur eingesetzt und die Rohrleitung mit der Armatur verbunden. Auch hierbei werden alle eingesetzten Bauteile an einer entsprechenden Stelle der Datenbank gespeichert.

Wenn die Rohrleitungsplanung weitestgehend abgeschlossen ist, führt der Systemadministrator alle Arbeitsbereiche zu einem Gesamtmodell zusammen. Das mehr oder weniger vollständige Modell der geplanten Anlage kann nun von allen Seiten betrachtet werden. Hierzu verfügen 3D-CAD-Systeme über Optionen, die es ermöglichen, Ansichten aus beliebigen Blickwinkeln zu erzeugen. Des Weiteren kann in die Details hinein „gezoomt" werden.

Um eine bessere Darstellung zu erhalten, können die verdeckten Kanten ausgeblendet sowie Schattierungen und farbige Darstellungen vorgenommen werden. Die Krönung sind Animationen: Dabei können virtuelle Wanderungen durch die Anlage gemacht werden. Es handelt sich hierbei beileibe nicht um eine „Spielerei". Während noch vor einiger Zeit die manuell gezeichneten 2D-Ansichten zur Freigabe an den Kunden geschickt wurden, besteht heute die Möglichkeit, den Engineer einzuladen, um die Anlage am CAD-System zu demonstrieren. Man kann dann systematisch durch die Anlage wandern und alle Details der Aufstellungs- und Rohrleitungsplanung diskutieren. Damit gestaltet sich nicht nur die Freigabe erheblich einfacher und schneller. Man vermeidet auch viele spätere Mängel bzw. Änderungen. Häufig hat der Kunde bestimmte Vorstellungen z. B. von der Anordnung von Armaturen und Messtechnik. Dabei geht es gelegentlich weniger um die Funktion als vielmehr um Geschmackssache. Da der Kunde bekanntlich König ist, können solche Änderungen zu diesem Zeitpunkt relativ kostengünstig vorgenommen werden. Langwierige Diskussionen bei der Abnahme der Anlage können vermieden werden. Auch psychologisch ergeben sich durch diese Vorgehensweise Vorteile: Der Kunde freut sich nach der 3D-Demonstration quasi schon auf seine neue Anlage!

Bevor mit den Beschaffungsaktivitäten für die Rohrleitungen begonnen wird, führt der Systemadministrator einen oder mehrere Kollisionsrechenläufe durch. Intelligente 3D-CAD-Systeme ermöglichen es zu erkennen, wenn beispielsweise eine Rohrleitung durch einen Stahlbauträger verlegt ist. Die Wahrscheinlichkeit, dass derartige Kollisionen auftreten, ist nicht klein. Die CAD-Konstrukteure blenden nämlich häufig zwecks besserer Übersichtlichkeit nicht relevante Baugruppen bzw. Systeme aus, um sich auf das Wesentliche konzentrieren zu können. Hierzu gehört häufig der Stahlbau, weswegen der Konstrukteur nicht erkennen kann, wenn er eine Kollision einplant. Auch beim späteren Einblenden des Stahlbaus ist es durchaus nicht immer einfach, Kollisionen zu erkennen. Die Fülle der Rohrleitungen, Apparate, Armaturen, Messtechnik etc. erschwert das Auffinden von Kollisionen erheblich.

Da Kollisionen, die erst während der Montage erkannt werden, praktisch immer erhebliche Kosten und auch entsprechende Verzögerungen mit sich bringen, sind die Kollisionsrechenläufe außerordentlich vorteilhaft. Dabei können auch Mindestabstände eingegeben werden, um z. B. spätere Isolierungen zu berücksichtigen. D. h., dass das CAD-System auch dann eine Kollision meldet, wenn z. B. eine Rohrleitung nur 2 cm an einer Wand entlang verlegt wurde.

Das Ergebnis eines Kollisionsrechenlaufs ist eine Auflistung der vermeintlichen Kollisionen. Der Systemadministrator muss die Kollisionsliste zusammen mit den CAD-Konstrukteuren einzeln prüfen um festzustellen, ob es sich um „echte" Kollisionen handelt. Bei echten Kollisionen müssen dann entsprechende Änderungen vorgenommen werden. Es sollte bedacht werden, dass Kollisionsrechenläufe trotz leistungsfähiger Hardware sehr zeitaufwändig sein können. Je nach Modellgröße, Soft- und Hardwareausführung können Kollisionsrechenläufe Tage dauern.

Für die Anfrage und Beschaffung der Rohrleitungen werden folgende Unterlagen benötigt:

- Rohrleitungsklassen,
- Aufstellungspläne,
- Rohrleitungspläne,
- Rohrtrassenpläne,
- Rohrleitungs- und Instrumenten-Fließbilder,
- Isometrien,
- Stücklisten/Materialauszüge,
- Rohrleitungslisten,
- Halterungslisten,
- Rohrleitungsspezifikationen.

Die Aufstellungs-, Rohrleitungs- und Rohrtrassenpläne können zusammen oder getrennt erstellt werden, je nachdem welche Baugruppen bzw. Systeme im CAD-System ein- oder ausgeblendet werden. Wie bereits erwähnt, können beliebige Ansichten und Ausschnitte gewählt und geplottet werden.

Bei den Isometrien (isometric drawings) handelt es sich um perspektivische 2,5D-Zeichnungen für jede einzelne Rohrleitung. Die Rohrleitungen wurden häufig als einfache Linien dargestellt, vermaßt und bezeichnet. Anschließend mussten alle Bauteile, die in der Isometrie enthalten waren, gezählt und in eine Stückliste übertragen werden. Das bedeutete, dass die einzelnen Längen der geraden Rohrleitungsstücke addiert und jedes Formstück aufgezählt werden musste. In Anbetracht der Anzahl von Rohrleitungen in einer mittleren oder großen Anlage – dreistellig ist normal und vierstellig nicht ungewöhnlich – wird deutlich, mit welchem personellen Aufwand die Erstellung der Isometrien und Stücklisten verbunden war.

An dieser Stelle kommt ein weiterer wesentlicher Vorzug intelligenter CAD-Systeme zum Tragen: Sämtliche für die Erstellung der Isometrien und Stücklisten benötigten Informationen werden, wie bereits erwähnt, beim Konstruieren des Anlagenmodels in der angebundenen Datenbank hinterlegt. Software-Pakete wie z. B. „Isogen" ermöglichen es, die Isometrien und zugehörigen Stücklisten quasi per Knopfdruck bzw. Mausklick zu generieren. Damit lassen sich erhebliche Ressourcen einsparen.

In den Abbildung 4.38 und 4.39 sind eine aus einem CAD-System generierte Isometrie und die zugehörige Stückliste zu sehen.

Im Anschluss an die Erstellung der Isometrien und Stücklisten müssen sämtliche benötigten Bauteile für jede Rohrleitungsklasse getrennt zusammengestellt werden. Dabei entstehen die Materialauszüge. Natürlich gestaltet sich das Erstellen der Materialauszüge mit Hilfe von CAD-Systemen entsprechend einfach. Gleiches gilt für die Rohrleitungslisten (siehe Abbildung 4.40) Die Ergebnisse lassen sich auf Datenträgern speichern und können den Rohrleitungsanfragen beigefügt werden.

Hinsichtlich der Beschaffung von Rohrleitungen sind einige Besonderheiten zu beachten: Neben den üblichen Gewährleistungen z. B. auf Korrosion und Funktion ist die Gewährleistung gegenüber Verschleiß zu klären. Dies gilt insbesondere bei

4.7 Rohrleitungsplanung | 181

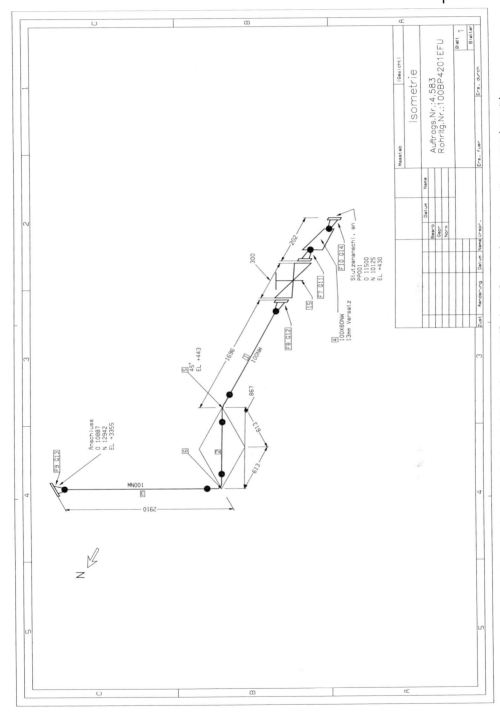

Abb. 4.38 Beispiel einer aus dem CAD-System der Fa. Auto-trol Technology mit Hilfe des Software-Paketes „Isogen" erzeugten Isometrie

Auto-trol Technology®

Stückliste

Auftr. Nr.: 4.583
Ident-Nr.:

Pos.	Ident – Nr.:	Rohrleitungsnummer	Beschreibung	Menge	M.E.	Material	TAG – Nr.:	Bemerkungen
	Rohre							
1	66.111.01	100BP4201EFU	Rohr DIN 2448	1,6	m	1.4541		
2	66.111.01	100BP4201EFU	Rohr DIN 2448	0,7	m	1.4541		
3	66.111.01	100BP4201EFU	Rohr DIN 2448	2,8	m	1.4541		
	Rohrleitungselemente							
4	65.231.01	100BP4201EFU	Reduzierstück E DIN 2616	1	Stck.	1.4541		
5	65.221.01	100BP4201EFU	Rohrbogen 45 SR DIN 2605	1	Stck.	1.4541		
6	65.221.01	100BP4201EFU	Rohrbogen 90 SR DIN 2605	1	Stck.	1.4541		
	Flansche							
7	65.242.01	100BP4201EFU	Vorschweissflansch DIN 2632	1	Stck.	1.4541		
8	65.242.01	100BP4201EFU	Vorschweissflansch DIN 2632	1	Stck.	1.4541		
19	65.242.01	100BP4201EFU	Vorschweissflansch DIN 2632	1	Stck.	1.4541		
10	65.242.01	100BP4201EFU	Vorschweissflansch DIN 2632	1	Stck.	1.4541		
	Dichtungen							
11	64.241.01	100BP4201EFU	Dichtung DIN 2690	1	Stck.	1.4541		
12	64.241.01	100BP4201EFU	Dichtung DIN 2690	1	Stck.	1.4541		
13	64.241.01	100BP4201EFU	Dichtung DIN 2690	1	Stck.	1.4541		
14	64.241.01	100BP4201EFU	Dichtung DIN 2690	1	Stck.	1.4541		
	Ventile mit und In-Line Armatureen							
15	66.112.00	100BP4201EFU	Absperrschieber m. Handantrieb RF	1	Stck.	1.4541	V002	

Abb. 4.39 Beispiel einer aus dem CAD-System der Fa. Auto-trol Technology mit Hilfe des Software-Paketes „Isogen" erzeugten Stückliste

Rohrleitungsliste

Fachhochschule Osnabrück — University of Applied Sciences

Projekt: Musteranlage
Erstellt: Mustermann
Geprüft: Meyer
Rev.: 0 vom 01.02.2002

Rohrleitungs-Nr.	Änd.	RL-Klasse	Rohrleitungsverlauf von	Rohrleitungsverlauf nach	Medium Bezeichng.	Medien-Nr.	DN	PN	Werkstoff	Dämmung [mm]
A0 BNB10 BR001		II/35	A0 BNB10 AP001	A0 BNB10 BB031	Mutterlauge 1	2.334	100	10	GFK/PP	-
A0 BNB10 BR002	x	II/35	A0 BNB10 AP002	A0 BNB10 BB032	Mutterlauge 1	2.334	100	10	GFK/PP	-
A0 BNB10 BR003		II/35	A0 BNB10 AP003	A0 BNB10 BB033	Mutterlauge 1	2.334	100	10	GFK/PP	-
A0 BNB10 BR004		II/35	A0 BNB10 AP004	A0 BNB10 BB034	Mutterlauge 1	2.334	100	10	GFK/PP	-
A0 BNB10 BR005		II/35	A0 BNB10 BR105	A0 BNA22 BR015	Mutterlauge 2	2.339	65	10	GFK/PP	-
A0 BNB10 BR006		II/35	A0 BNB10 BR106	A0 BNA22 BR015	Mutterlauge 2	2.339	65	10	GFK/PP	-
A0 BNB10 BR007		II/35	A0 BNB10 BR107	A0 BNA22 BR015	Mutterlauge 2	2.339	65	10	GFK/PP	-
A0 BNB10 BR008	x	II/35	A0 BNB10 BR108	A0 BNA22 BR015	Mutterlauge 2	2.339	65	10	GFK/PP	-
A0 BNB10 BR010		II/35	A0 BNB10 BR109	A0 BNA22 BR015	Mutterlauge 2	2.339	65	10	GFK/PP	-
A0 KLL55 BR003		IV/12	A0 KLL55 AT001	A0 KLL55 BR301	Kühlwasser/kalt	7.996	250	10	PE	WI 100
A0 KLL55 BR004		IV/12	A0 KLL55 AT002	A0 KLL55 BR302	Kühlwasser/kalt	7.996	250	10	PE	WI 100
A0 KLL55 BR005		IV/12	A0 KLL55 AT003	A0 KLL55 BR303	Kühlwasser/kalt	7.996	250	10	PE	WI 100
A0 KLL55 BR006		IV/12	A0 KLL55 AT004	A0 KLL55 BR304	Kühlwasser/kalt	7.996	250	10	PE	WI 100
A0 KLL55 BR007		IV/12	A0 KLL55 AT005	A0 KLL55 BR305	Kühlwasser/kalt	7.996	250	10	PE	WI 100
A0 GNG35 BR100		I/31	A0 GNG35 BR200	A0 GNG35 BR400	Lösung 4	4.567	500	25	2.4605	WI 100
A0 GNG35 BR101		I/31	A0 GNG35 BR200	A0 GNG35 BR400	Lösung 4	4.567	100	25	2.4605	WI 100
A0 GNG35 BR102		I/31	A0 GNG35 BR200	A0 GNG35 BR400	Lösung 4	4.567	250	25	2.4605	WI 100
A0 GNG35 BR103		I/31	A0 GNG35 BR200	A0 GNG35 BR400	Lösung 4	4.567	250	25	2.4605	WI 100
A0 GNG35 BR104		I/31	A0 GNG35 BR200	A0 GNG35 BR400	Lösung 4	4.567	500	25	2.4605	WI 100
A0 GNG35 BR105		I/31	A0 GNG35 BR200	A0 GNG35 BR400	Lösung 4	4.567	600	25	2.4605	WI 100
A0 HSA10 BR201		III/75	A0 HSA10 BR401	A0 HSA10 AP201	Druckluft	1.440	25	16	1.4571	-
A0 HSA10 BR202		III/75	A0 HSA10 BR402	A0 HSA10 AP202	Druckluft	1.440	25	16	1.4571	-
A0 HSA10 BR203	x	III/75	A0 HSA10 BR403	A0 HSA10 AP203	Druckluft	1.440	25	16	1.4571	-
A0 HSA10 BR204	x	III/75	A0 HSA10 BR404	A0 HSA10 AC001	Druckluft	1.440	25	16	1.4571	-
A0 HSA10 BR205		III/75	A0 HSA10 BR405	A0 HSA10 AC001	Druckluft	1.440	25	16	1.4571	-
A0 HSA10 BR206		III/75	A0 HSA10 BR406	A0 HSA10 AC001	Druckluft	1.440	25	16	1.4571	-
A0 HSA10 BR207		III/75	A0 HSA10 BR407	A0 HSA10 AC001	Druckluft	1.440	25	16	1.4571	-

Abb. 4.40 Beispiel einer Rohrleitungsliste

suspensionsführenden Rohrleitungen oder bei der pneumatischen Rohrleitungsförderung von Schüttgütern. In solchen Fällen müssen maximale Strömungsgeschwindigkeiten vertraglich vereinbart werden. Des Weiteren werden Einschränkungen bezüglich der zu verwendenden Formstücke gemacht: z. B., dass mindestens 1,5- oder 3D-Bögen eingesetzt werden müssen.

Mit der Fertigung und Montage der Rohrleitungen können unter Umständen mehrere Unterlieferanten beauftragt werden. Das hängt maßgeblich von der Anzahl und Art der eingesetzten Rohrleitungsklassen ab. So ist eine Trennung in metallische Rohrleitungen und Kunststoff-Rohrleitungen denkbar. Bei der Beauftragung mehrerer Rohrleitungslieferanten gestaltet sich die Klärung der zahlreichen Schnittstellen sowie die Vermeidung gegenseitiger Behinderungen auf der Baustelle entsprechend schwierig.

4.8
Dokumentation

Die Dokumentation ist ein in der Projektierungsphase gern unterschätztes Planungspaket. Der Dokumentationsumfang ist in aller Regel vertraglich spezifiziert. Wie bereits erwähnt, existieren häufig vom Kunden vorgegebene Dokumentationsrichtlinien, in denen Art, Aufbau, Umfang und Layout der zu erstellenden Dokumentation mehr oder weniger detailliert beschrieben sind.

Die Forderungen reichen von der so genannten Standard-Dokumentation bis zur Erstellung kompletter Datenbanken mit vorgegebenen Software-Systemen. Im letzteren Fall kann der Anteil der Dokumentation am Gesamt-Engineering zweistellige Prozentzahlen annehmen. Hinzu kommt dann, dass die geforderte Dokumentation praktisch nicht mehr von „normalen" Ingenieuren erstellt werden kann. Vielmehr müssen hochbezahlte „Doku-Spezialisten" eingesetzt werden, die den komplexen Anforderungen gewachsen sind.

Die Dokumentation wird üblicherweise in Hauptkapitel untergliedert. Im Folgenden ist eine typische Gliederung gegeben:

– allgemeine Dokumentation,
– technische Dokumentation,
– Betriebshandbuch (operating manual),
– Qualitätsdokumentation.

Die allgemeine Dokumentation umfasst eine allgemeine Beschreibung des Projektes. Anlagen können Lagepläne und dergleichen sein.

Das Betriebshandbuch (BHB) ist eines der aufwändigsten Dokumentationsstücke. Hierfür muss ein erfahrener Verfahrensingenieur mit Inbetriebnahmeerfahrung für mehrere Monate abgestellt werden. Neben einer Verfahrensbeschreibung (eventuell auch einer Beschreibung der Einzelkomponenten) umfasst das Betriebshandbuch die Fahranleitung, in der die einzelnen Schritte des Anfahrens, des Normalbetriebs und des Abfahrens zu beschreiben sind. Für jeden Lastfall müssen zunächst die Grundstellungen sämtlicher Armaturen festgelegt werden.

Bedenkt man, dass eine Anlage Hunderte von Armaturen enthalten kann, wird der Umfang dieser Arbeit deutlich. Ausgehend von dieser Grundstellung müssen alle Aktivitäten, die zum Anfahren benötigt werden, beschrieben werden. Gleiches gilt für den Normalbetrieb und dessen unterschiedliche Lastfälle sowie für das Abfahren der Anlage.

Ein weiteres wichtiges Kapitel des Betriebshandbuchs ist die Beschreibung der Betriebsstörungen. Der Umfang dieses Kapitels muss mit dem Betreiber abgestimmt werden. Dabei ist zu berücksichtigen, dass der Aufwand zur Beschreibung von Einfachfehlern unverhältnismäßig viel kleiner ist als bei Mehrfachfehlern. Neben der eigentlichen Beschreibung der Störungen und deren möglicher Ursachen müssen die entsprechenden Maßnahmen zu deren Beseitigung geschildert werden.

Schließlich kann die Erstellung einer verbalen Beschreibung der Funktionspläne zum Dokumentationsumfang gehören. Hierbei handelt es sich um die vollständige Beschreibung der einzelnen Steuerungs- und Regelungsabläufe innerhalb des Leitprogramms – quasi eine sprachliche Übersetzung der leittechnischen Funktionspläne (siehe Kapitel 4.5.3 Leittechnik). Auch hiermit ist ein ungeheurer zeitlicher Aufwand verbunden.

Die technische Dokumentation beinhaltet im Wesentlichen die Dokumentation der Ausrüstungsgegenstände. Bei ordnungsgemäßer Bestellung ist diese direkt in der geforderten Form von den Unterlieferanten beizustellen und muss vom Anlagenbauer lediglich zusammengestellt werden. Die technische Dokumentation der Ausrüstungen umfasst:

- Zusammenstellungszeichnungen mit Bauteilbezeichnungen,
- Schnitt- und Detailzeichnungen,
- Stücklisten,
- Leistungsdaten,
- Betriebsanleitungen,
- Wartungs- und Instandhaltungsanweisungen.

Die Qualitätsdokumentation stellt eine Zusammenstellung aller qualitätsrelevanten Unterlagen dar. Die Qualitätsdokumentation der Unterlieferanten geht aus den Qualitätssicherungsplänen (siehe Kapitel 4.3 Komponentenbeschaffung) hervor. Des Weiteren sind die Prüfzeugnisse, Prüfprotokolle etc. der auf der Baustelle während der Montage und Inbetriebsetzung durchgeführten qualitätsrelevanten Aktivitäten wie z. B. Schweißnahtprüfungen, TÜV-Abahmen etc. beizulegen.

Weitere Forderungen zum Dokumentationsumfang können sein:
- vollständige Ersatz- und Verschleißteilangebote,
- Wartungs- und Instandhaltungsanweisungen für die Gesamtanlage,
- Schmiermittellisten unter Berücksichtigung ausgewählter Schmiermittellieferanten,
- Verschlüsselung der Betriebsmittel und Ausrüstungen,
- Erstellung spezieller Einzeldatenblätter für sämtliche Ausrüstungen,
- Erstellung eines vollständigen Anlagenverzeichnisses bzw. Anlagendatenbank (Anlagenerfassungssystem).

Ein wichtiger Punkt bei der Erstellung der Enddokumentation ist die so genannte „As-built-Aufnahme". Um die während der Montage und Inbetriebsetzung vorgenommenen Änderungen, die sich leider nie ganz vermeiden lassen, in die Enddokumentation einfließen lassen zu können, müssen sämtliche Änderungen auf der Baustelle vom Bauleiter bzw. später vom Inbetriebnahmeleiter erfasst und an das Mutterhaus – zwecks Einpflege – weitergeleitet werden. Damit ist klar, dass die Erstellung der Enddokumentation, vom zeitlichen Ablauf her gesehen, eine der letzten Aktivitäten im Rahmen eines Projektes darstellt.

Schließlich sei noch die Frage nach der Anzahl an Vervielfältigungen für den Kunden angesprochen. Bei mittleren und großen Anlagen umfasst die Enddokumentation eine zwei- bis dreistellige Anzahl von Ordnern. Muss diese womöglich zehnfach übergeben werden, lässt es sich leicht ausmalen, dass für die Auslieferung ein LKW erforderlich ist!

4.9
Montage

Die wichtigste Person bei der Montage (erection) ist der Montageleiter (site/construction manager), der über möglichst umfangreiche Erfahrungen mit solchen Projekten verfügen sollte. Neben der Koordination und Kontrolle der Baustellenaktivitäten gehört die Kommunikation mit der Projektleitung sowie die Durchführung von Sicherheitsmaßnahmen (security precautions) zu seinen wesentlichen Aufgaben.

Aufgrund seiner Montageerfahrung empfiehlt es sich, den Montageleiter möglichst frühzeitig in das Projekt mit einzubeziehen. Hier bietet sich natürlich die Integration in die Aufstellungs- und Rohrleitungsplanung an. Durch den frühzeitigen Kontakt zu den Planungsaktivitäten kann sich der Montageleiter wiederum mit den Gegebenheiten des vorliegenden Projekts vertraut machen.

Der erste Schritt bei der eigentlichen Montage ist die Planung der Baustelleneinrichtungen. Üblicherweise handelt es sich dabei um die Aufstellung entsprechender Container. Hierzu zählen z. B.:

– Bürocontainer,
– Werkstattcontainer,
– Lagercontainer,
– Mannschaftscontainer,
– Sanitärcontainer.

In den Bürocontainern ist die Bauleitung untergebracht. Die Container sind üblicherweise mit einem Büro für den Bauleiter und einem Besprechungsraum ausgestattet. Lagercontainer sind empfehlenswert nicht nur, um die Teile vor witterungsbedingten Schäden, sondern auch vor Diebstahl zu schützen. Hinsichtlich Anzahl und Ausführung der Mannschafts- und Sanitärcontainer sind in Deutschland entsprechende Vorschriften, die aus der Arbeitsstättenrichtlinien hervorgehen, zu berücksichtigen.

Die Baustellenflächen sowie die Ver- und Entsorgung der Container (Trinkwasser, Strom, Abwasser etc.) stimmt der Bauleiter mit dem Betreiber ab, sofern dies nicht bereits im Vertrag geregelt ist. Wenn Unterlieferanten oder Konsortialpartner mit Montageaktivitäten beauftragt wurden, sind entsprechende Flächen hierfür einzuplanen. Unterlieferanten mit Montageaktivitäten können sein:

- Baupart,
- E/MSR-Part,
- Rohrleitungen,
- Isolierungen,
- Beschilderung.

Schließlich müssen günstige Aufstellungsorte für die Baustellenkräne gefunden werden, bevor mit den eigentlichen Montageaktivitäten begonnen werden kann.

4.9.1
Erd- und Bauarbeiten

Im Folgenden wird davon ausgegangen, dass der Baupart nicht vom Anlagenbauer selbst, sondern von einer Baufirma ausgeführt wird. Die Baufirma kann dabei entweder als gleichberechtigter Konsortialpartner oder als Unterlieferant des Anlagenbauers agieren.

Zur Abwicklung der Erd- und Bauarbeiten (civil works) wird Personal vom Bauunternehmer bereitgestellt. Die Kontrolle der Bauarbeiten obliegt dabei dem Bauleiter des Bauunternehmers. Die Aktivitäten der Montageleitung des Anlagenbauers beschränken sich während dieser Phase im Wesentlichen darauf, die Termin- und Maßeinhaltung (korrekte Lage der Fundamente für die Anlagenkomponenten etc.) zu kontrollieren. Dies ist jedoch angesichts der Bedeutung der richtigen Lage der Fundamente (siehe Kapitel 3.3.5 Änderungen/Claims) außerordentlich wichtig.

Zu Beginn der Bauphase dominieren Erdbewegungen das Geschehen auf der Baustelle. Die notwendige Koordination der Bagger und Kipplader obliegt der Bauleitung der beauftragten Baufirma. Nachdem die Erdaushubarbeiten abgeschlossen sind, erfolgen die Gründungs- bzw. Betonarbeiten. Daran schließen sich die Stahlbau- und Maurerarbeiten an. Das Schlusslicht bilden die Installation der Heizungs-, Klima- und Lüftungsanlagen sowie eventuelle Verfliesungsarbeiten.

Hier ist besondere Vorsicht geboten. Die Bauleitung sollte unbedingt angehalten werden, darauf zu achten, dass die mit der Installation der HKL-Einrichtungen beauftragte Firma die Vorgaben aus den freigegebenen HKL-Plänen einhält. Man muss bedenken, dass das Gebäude bzw. der Stahlbau zu diesem Zeitpunkt noch völlig leer ist. Gelegentlich fragen sich die Installateure, warum sie z. B. eine Vorlaufleitung für einen Heizungskörper um drei Ecken verlegen sollen, wo doch die direkte Verbindung viel einfacher wäre. Dabei wird nicht berücksichtigt, dass die direkte Verbindung womöglich zu einer Kollision mit einer großen Rohrleitung der eigentlichen Anlage führt!

Schnittstellenprobleme zwischen dem Anlagenbauer und der Baufirma ergeben sich eigentlich immer. Primär ist dafür die übliche Terminnot verantwortlich. Der Anlagenbauer möchte möglichst frühzeitig mit der Komponentenmontage beginnen. Das bedeutet wiederum, dass die Baufirma ihre Arbeiten noch nicht abgeschlossen hat. Dadurch kommen sich u. a. Gerüste für die Bau- bzw. Komponentenmontage gegenseitig „ins Gehege". Ferner können baubegleitend eingebrachte Anlagenkomponenten durch nicht ordnungsgemäß abgedeckte Schweißarbeiten oder herunterfallende Werkzeuge etc. im Rahmen der restlichen Bauarbeiten beschädigt werden. Claims und Gegenclaims sind dann unvermeidlich. In jedem Fall erfordern parallele Aktivitäten unterschiedlicher Gewerke ein besonderes Koordinationsgeschick seitens der Montageleitung. Am einfachsten ist eine terminlich klare Abgrenzung der Aktivitäten. D. h. die Komponentenmontage beginnt erst nach endgültigem Abschluss der Bauarbeiten. Dies setzt jedoch voraus, dass sich alle Komponenten auch nach der Fertigstellung des Bauparts einbringen lassen. Müssen große Komponenten baubegleitend eingebracht werden, ist die Schnittstellenproblematik ohnehin unvermeidlich.

4.9.2
Komponentenmontage

Bei der Komponentenmontage gilt es, den im Vorfeld vom Bauleiter erstellten Montageterminplan einzuhalten. Hierzu müssen insbesondere die Komponenten vom Bauleiter bei den entsprechenden Unterlieferanten abgerufen und zur Baustelle transportiert werden.

Der Transport obliegt in der Regel den Unterlieferanten. Je nach Größe der zu transportierenden Komponente ist hierzu eine polizeiliche Genehmigung sowie eine Transportanalyse erforderlich. Hierbei ist auf Durchfahrtshöhen von Brücken und Tunneln, Einlenkradien der Transportfahrzeuge etc. zu achten. In die Transportanalyse sind nicht nur die Zubringerstraßen, sondern unbedingt auch die Zugänglichkeit innerhalb des Baustellengeländes einzubeziehen. Des Weiteren muss bedacht werden, dass Sondertransporte nicht jederzeit zulässig sind. Für die Projekt- bzw. Bauleitung empfiehlt es sich, sowohl die polizeilichen Genehmigungen als auch die Transportstudien zu prüfen, da den Unterlieferanten bzw. den von ihnen beauftragten Spediteuren häufig nicht bewusst ist, wie komplex das Ineinandergreifen der einzelnen Aktivitäten auf einer Baustelle sein kann. Die verzögerte Anlieferung einer Großkomponente kann nämlich den ganzen Montageablauf durcheinander bringen.

Hinsichtlich des Abladens kann vereinbart werden, dass der Anlagenbauer dem Unterlieferanten entsprechende Hilfszeuge wie Kräne, Flaschenzüge etc., die ohnehin auf der Baustelle vorhanden sind, kostenlos zur Verfügung stellt. Die großen Komponenten werden meistens direkt in die Anlage eingebracht. Abbildung 4.41 zeigt, wie ein Rohrbündelwärmetauscher über eine Dachluke in ein geschlossenes Anlagengebäude eingebracht wird.

In Abbildung 4.42 ist das Anheben eines liegenden Ausdampfbehälters mit einem Haupt- und einem Nachführkran zu erkennen.

Für die Einbringung bzw. Montage der großen Komponenten werden ent-

Abb. 4.41 Einbringung eines Rohrbündelwärmetauschers in ein Anlagengebäude

Abb. 4.42 Anheben eines Ausdampfbehälters mit Haupt- und Nachführkran

sprechende Kräne eingesetzt. Die Kräne werden in der Regel angemietet. Da hiermit erhebliche Kosten verbunden sind, versucht man die Montage der Hauptkomponenten zu komprimieren. Die eigentliche Einbringung ist oft „Millimetersache". Bei günstigen Windverhältnissen stellt dies jedoch keine besondere Herausforderung dar, da die Kräne sich mittels Fernbedienung oder über Funkgeräte elektronisch steuern lassen. Nachdem die Komponenten abgesetzt und ausgerichtet wurden, müssen sie verankert werden.

Im Anschluss an die Montage der Hauptkomponenten, bzw. soweit möglich zeitgleich, erfolgt die Montage der mittleren und kleineren Komponenten. Dazu werden die kleineren und mittleren Komponenten wie Pumpen, Nebenaggregate etc. frühzeitig auf die Baustelle bestellt und dort zwischengelagert. Je nach Standortbedingungen und Komponentenart ist eine entsprechende Verpackung vom Unterlieferanten zu fordern oder eine Abdeckung mit Planen erforderlich. Die Abdeckung von Behälteröffnungen wie Stutzen durch Kunststoffkappen empfiehlt sich in jedem Falle, um Verunreinigungen oder auch Tiernester zu vermeiden. Für die Beseitigung der Verpackungsmaterialien müssen Müllcontainer bereitgestellt werden.

Kleinere Komponenten lassen sich mit Flaschenzügen, Gabelstaplern etc. einbringen. Natürlich müssen diese ebenfalls ausgerichtet und verankert werden.

4.9.3
Rohrleitungsmontage

Im Anschluss an die Montage der Komponenten kann mit der Rohrleitungsmontage begonnen werden. Je nach Größe der Anlage kann die Rohrleitungsmontage abschnittsweise bereits dort einsetzen, wo die wesentlichen Komponenten fertig montiert sind. Um Zeit zu gewinnen, wird häufig mehrschichtig gearbeitet. Da sich auch bei der sorgfältigsten Rohrleitungsplanung, z. B. durch Einsatz von CAD-Systemen, Fehler nie ganz ausschließen lassen, bietet es sich an, einen oder mehrere der Rohrleitungsplaner des Anlagenbauers samt CAD-Arbeitsplatz auf die Baustelle abzuberufen. Dadurch ergeben sich mehrere Vorteile:

- Die Rohrleitungsmonteure können sich durch beliebige 3D-Ansichten der geplanten Rohrleitungsverläufe im CAD-System, auf die tägliche Montage der Rohrleitungen optimal vorbereiten.
- Treten Kollisionen auf, lassen sich die unvermeidlichen Änderungen direkt im CAD-System konstruieren.
- Sämtliche Änderungen können vor Ort gemeldet, in das CAD-System übertragen und schließlich für die Enddokumentation (as built documentation) genutzt werden.

Die Art und Weise der Rohrleitungsmontage hängt von verschiedenen Faktoren ab. Handelt es sich um metallische Rohrleitungen, dominieren Schweißarbeiten das Geschehen. Hierbei sind die dann fälligen zerstörungsfreien Prüfungen zu berücksichtigen [36–37]. Häufig handelt es sich dabei um Röntgenprüfungen. Hierzu müssen die Bereiche, in denen die Prüfungen durchgeführt werden, abgeriegelt bzw. gesichert werden. Durch ungeschickte Koordination kann es dadurch zur Behinderung der eigentlichen Rohrleitungsmontage kommen.

Neben den üblichen lösbaren Verbindungen wie Flanschen, Verschraubungen und Kupplungen werden Kunststoff-Rohrleitungen entweder geklebt oder geschweißt, wobei es sich beim Schweißen um das so genannte Spiegelschweißen oder Elektromuffenschweißen handelt [38–39].

Hinsichtlich der Fertigung der Rohrleitungen bestehen zwei Möglichkeiten:

1. Vorgefertigte Rohrleitungen (prefabricated piping),
2. Aufmaßfertigung der Rohrleitungen (site run piping).

Die Methode der vorgefertigten Rohrleitungen setzt eine gute und detaillierte Rohrleitungsplanung voraus. Die Rohrleitungsverläufe werden nach den Angaben des Anlagenbauers soweit wie möglich im Werk des Rohrleitungslieferanten vorgefertigt, gekennzeichnet und als Konglomerat von Rohrleitungsgebilden auf die Baustelle geliefert. Nach dem Abladen erfolgt die Einbringung in die Anlage, das Kürzen der Passstellen und schließlich das Herstellen der Verbindung. Mit dem Rohrleitungsunterlieferanten kann dazu vereinbart werden, dass die Passstellen in X-, Y- und Z-Richtung ein bestimmtes Übermaß aufweisen. Damit lassen sich bauseitige Toleranzen ausgleichen.

Im Falle des „Site Run Piping" werden zunächst Standard-Rohrleitungslängen, Krümmer, T-Stücke, Reduzierungen etc. angeliefert. Anhand der Rohrleitungs- und Instrumentenfließbilder wird der Verlauf der Rohrleitungen vor Ort geplant und vermessen. Die Fertigung erfolgt anschließend in entsprechenden Werkstattcontainern direkt auf Maß. Die Montage reduziert sich auf das Einbringen und Befestigen. Wie immer weisen beide Varianten Vor- und Nachteile auf:

Vorgefertigte Rohrleitungen
- Bei vorgefertigten Rohrleitungen ergibt sich im Normalfall ein terminlicher Vorteil. Die Fertigung der Rohrleitungsverläufe kann nämlich unabhängig von der sonstigen Montage im Herstellerwerk erfolgen.
- Gegenseitige Behinderungen der Rohrleitungsmontage mit der Bau- und Komponentenmontage können in der Phase der Vorfertigung ausgeschlossen werden.
- Die Baustellenaktivitäten fallen erheblich geringer aus, als bei der Aufmaßfertigung.
- Die Auswirkungen von Kollisionen und Änderungen sind erheblich. Im schlimmsten Fall müssen komplette Rohrleitungsverläufe bei Änderungen und Kollisionen neu gefertigt werden. Natürlich sind damit entsprechende Mehrkosten verbunden.
- Gummierte Rohrleitungssysteme müssen vorgefertigt werden. Die erforderlichen Passstücke müssen auf der Baustelle gefertigt und vom Hersteller nachträglich gummiert werden. Der damit verbundene Zeitaufwand ist nicht zu unterschätzen, lässt sich aber nicht vermeiden.

Aufmaßfertigung der Rohrleitungen
- Der Planungsaufwand ist erheblich geringer und setzt nicht notwendigerweise den Einsatz von CAD-Systemen voraus.
- Die Wahrscheinlichkeit von Kollisionen ist erheblich geringer, da die tatsächlichen örtlichen Gegebenheiten berücksichtigt werden können.
- Die Möglichkeit, Rohrleitungsverläufe unter Berücksichtigung der Spannungsverläufe zu planen, besteht nicht.
- Die Rohrleitungsdokumentation muss baubegleitend aufgenommen bzw. erstellt werden. Ob dies als Vor- oder Nachteil zu werten ist, hängt maßgeblich vom Ausmaß der notwendigen Änderungen ab.

Häufig werden beide Varianten parallel eingesetzt. Bei warmgehenden Rohrleitungen ist die Berechnung der Spannungsverläufe häufig unumgänglich. Damit entfällt die Möglichkeit der Aufmaßfertigung. Bei Rohrleitungen mit kleinen Nennweiten, bei denen keine Spannungsberechnungen erforderlich sind, liegen die Vorteile der Aufmassfertigung auf der Hand.

Parallel zur Rohrleitungsmontage müssen die Armaturen und die Anschlüsse für die Messstellen eingebracht werden. Hierzu existieren wiederum diverse Möglichkeiten:

- Festflansche,
- Losflansche,
- Schraubverbindungen,
- Klebverbindungen,
- Schweißanschlüsse,
- Sonstige Fittings.

Auch hierbei ergeben sich wiederum Vor- und Nachteile. Lösbare Verbindungen erlauben ein nachträgliches Verdrehen der Armaturen, um z. B. eine bessere Zugänglichkeit zu erreichen. Bei einer Schweißverbindung muss diese zunächst aufgetrennt werden. Allerdings entfällt hier die Dichtungsproblematik.

Es sollte darauf hingewiesen werden, dass für Armaturen, die aufgrund von Lieferverzögerungen nicht rechtzeitig für die Montage zur Verfügung stehen, so genannte „Dummies" eingebaut werden können. Es handelt sich dabei um einfache Rohrleitungsstücke, die die gleiche Einbaulänge aufweisen wie die Originalarmaturen, oder der Armaturenlieferant verfügt über eine ausreichende Anzahl an leeren Gehäusen, die als Dummies eingebaut und nach Eintreffen der Originalarmaturen ausgetauscht werden.

4.9.4
Montage E/MSR-Technik

Die Montage der elektrotechnischen Ausrüstung kann in aller Regel völlig losgelöst von der Anlagenmontage durchgeführt werden, da die Schaltschränke in separaten Räumen untergebracht sind. Gleiches gilt für die Leittechnik.

Schwieriger wird es bei der Installation der Messtechnik und erst recht bei der

Verkabelung. Da ein Großteil der Messgeräte in die Rohrleitungen eingebaut wird, erfolgt die Montage im Rahmen der Rohrleitungs- und Armaturenmontage.

Die Verkabelung beginnt mit dem so genannten Kabelzug, wobei die Kabel von der Schaltanlage zu den einzelnen Verbrauchern bzw. Messstellen in den Kabelpritschen zu verlegen sind. Der Kabelzug setzt eine Außentemperatur oberhalb von ca. 5° C voraus. Bei niedrigeren Außentemperaturen besteht sonst die Gefahr, dass aufgrund der damit verbundenen Versprödung der Kabelummantelungen die erforderlichen Zugkräfte so groß werden, dass entweder die Kabel reißen oder die Kabelpritschen verbogen werden.

Aus den Kabelanschlussplänen, die sich aus den Rohrleitungsplänen sowie Rohrleitungs- und Instrumentenfließbildern generieren lassen, geht die Lage der Verbraucher bzw. Anschlussstellen innerhalb der Anlage hervor. Der Kabelzug kann daher bereits vor der Montage des eigentlichen Verbrauchers durchgeführt werden. Um den späteren Anschluss zu ermöglichen, werden ausreichend lange Kabellängen als so genannte „Schweineschwänze" hängen gelassen. Meistens werden die Kabel, sobald sie aus den Pritschen heraustreten, in Schutzrohren verlegt. Der Kabelanschluss wird schließlich an den Motorklemmkästen vorgenommen.

Für die Kabelanschlussarbeiten werden in der Regel eigene Gerüste benötigt, was immer wieder Probleme mit den sonstigen Montagearbeiten verursacht. Außerdem besteht bei gleichzeitiger Komponentenmontage und Kabelzug die Gefahr, dass die frisch verlegten Kabel beschädigt werden. Dies gilt insbesondere bei den noch ausstehenden Isolierarbeiten. Die zugeschnittenen Isolierbleche sind nämlich äußerst scharfkantig. Bei noch ausstehenden Schweißarbeiten besteht zusätzlich Brandgefahr. Vor diesem Hintergrund ist die Durchführung des Kabelzugs erst nach Ende der Montagearbeiten empfehlenswert. Die übliche Terminnot lässt eine derartige Vorgehensweise jedoch meistens nicht zu.

4.9.5
Isolierungen

Mit den Isolierarbeiten kann erst nach der Rohrleitungsmontage begonnen werden. Auch die elektrischen Begleitheizungen – sofern vorhanden – müssen angebracht sein, da sie innerhalb der Isolierungen (insulation) verlaufen.

Zunächst werden die zylindrischen Bauteile wie Behälterschüsse und gerade Rohrleitungsstücke isoliert. Die Isolierung besteht aus einer Mineralwollschicht vordefinierter Stärke und einem Isolierblech. Hier werden entweder stahl-/verzinkte oder Aluminiumbleche eingesetzt.

An längeren senkrechten Stücken muss die Isolierwolle gegen Abrutschen gesichert werden. Hierzu eignen sich Isolierhalter in der Form von angeschweißten Drähten, auf die die Isolierwolle aufgesteckt wird, oder so genannte Doppelspannringe, auf denen die Isolierwolle aufliegt.

Abschließend können die Isolierkappen bzw. Formstücke für die sonstigen Bauteile sowie Rohrleitungseinbauten angebracht werden. Um entsprechende visuelle Kontrollen und Nachbesserungen vornehmen zu können, sollte die Montage der Isolierkappen jedoch erst im Anschluss an die Druck- und Dichtigkeitsprüfungen erfolgen.

In Abbildung 4.43 ist eine kombinierte Wärme-/Schalldämmung einer Dampfarmatur zu erkennen. Die Wärme-/Schalldämmung baut sich dabei wie folgt auf:
- Außenverkleidung: 1 mm feueraluminiertes Stahlblech,
- 2,5 mm eingeklebte Schalldämmfolie,
- Mineralfasermatte auf verzinktem Drahtgeflecht versteppt, einschließlich nach innen liegendem Glasvlies als Reiselschutz,
- Innenverkleidung: 1 mm verzinktes Lochblech,
- zur einfachen De- und Remontage werden im Bereich der Teilungen verstellbare Kappenschlösser aus Edelstahl befestigt.

4.9.6
Beschilderung

Abgesehen von Änderungs- und Restarbeiten, die sich im Rahmen der Inbetriebsetzung ergeben, stellt die Anbringung der Anlagenbeschilderung die letzte Montageaktivität dar. Die Ausführung der Beschilderung hat in Abstimmung mit dem Kunden zu erfolgen, sofern dies nicht bereits aus einer Kundenspezifikation hervorgeht. Man unterscheidet hierbei fünf Beschilderungsarten:

- Beschilderung der Betriebsmittel (Komponenten, Armaturen, Messstellen etc.),
- Kennzeichnung der Rohrleitungen,
- Kabelkennzeichnung,
- Sicherheitsbeschilderung,
- sonstige Beschilderung.

Abgesehen von der Sicherheitsbeschilderung, bei der Kennzeichnungspflicht besteht, liegt die sonstige Beschilderungsausführung im Ermessen des Kunden. Während einige Anlagenbetreiber eine Beschilderung aller Bauteile verlangen, verzichten andere Betreiber ganz auf eine weitergehende Beschilderung.

Die Beschilderung der Betriebsmittel kann als Gravurschilder oder Profilschienen, in die Einzelbuchstaben eingeschoben sind, ausgeführt werden. Als Schildertexte werden Klartextbezeichnungen bzw. deren Abkürzungen und Komponenten-Nummer (z. B. KKS- oder DIN-Nummer) benutzt. Die Schildertexte sollten vor der Fertigung mit dem Kunden abgestimmt werden. Hierzu eignet sich eine Schildertextliste.

Die eigentlichen Schilder werden auf Schilderträgern (Aluminium oder Kunststoff) angebracht. Die Befestigung der Schilder erfolgt mittels Schellen, Nietverbindungen, Kabelbinder etc. Es empfiehlt sich, die Ausführung der Beschilderung entsprechenden Fachfirmen zu überlassen. Durch nicht fachgerechte Montage der Beschilderung können beträchtliche Schäden angerichtet werden. So soll es sich zugetragen haben, dass zur Befestigung eines Behälterschildes Löcher in einen großen Kunststofftank gebohrt wurden!

Abbildung 4.44 zeigt beispielhaft die Beschilderung einer Armaturengruppe.

Die Rohrleitungen werden mittels Banderolen gekennzeichnet, die entweder

Abb. 4.43 Abbildung einer von der Fa. Felix Schuh+Co isolierten Armaturengruppe

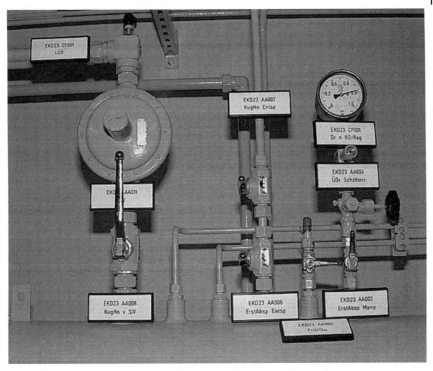

Abb. 4.44: Beispiel einer Komponentenbeschilderung
(Fa. GFI Kennflex®)

direkt auf die Rohrleitungen oder auf die Isolierung aufgeklebt werden. Hierbei ist auf die Verwendung von Klebstoffen zu achten, die keine Korrosion verursachen.

Das in der Rohrleitung geführte Medium geht aus der Banderolenfarbe hervor. Die farbliche Zuordnung der Medien sieht die DIN 2403 vor. Die häufigsten Medien sind:

- Wasser: grün
- Dampf: rot
- Luft: grau
- Brennbare Gase: gelb
- Nichtbrennbare Gase schwarz
- Säuren: orange
- Laugen: violett
- Brennbare Flüssigkeiten: braun
- Sauerstoff: blau

Zusätzlich kann die Stoffstromnummer und -Bezeichnung aufgeführt werden. Schließlich kann die Flussrichtung durch Pfeile gekennzeichnet sein. In Abbildung 4.45 ist die Kennzeichnung einer ND-Dampf führenden Rohrleitung dargestellt.

Abb. 4.45 Beispiel einer Rohrleitungskennzeichnung
(Fa. GFI Kennflex®)

Die Sicherheitsbeschilderung umfasst insbesondere die Kennzeichnung von Gefahrstoffen gemäß der Gefahrstoffverordnung. Man unterscheidet Gefahrstoffsymbole in gelb/schwarz (Totenkopf für giftige Medien, die verätzte Hand für Säuren etc.) und Gebotszeichen in blau/weiß (Augenschutz, Atemschutz, Gehörschutz etc.). Darüber hinaus ist die Kennzeichnungspflicht im Bereich der Elektrotechnik (z. B. Hochspannung), Strahlenschutz (z. B. atomare Strahlung), Brandschutz (z. B. Hinweisschilder für Feuerlöscher und Fluchtwegschilder) und die Kennzeichnung von Laserlicht zu beachten.

Sonstige Beschilderungen können sein:
– Verbotszeichen (z. B. Rauchverbot),
– Firmenschilder,
– Straßenbeschilderung,
– Wegbeschilderung,
– Hinweisschilder,
– Orientierungssysteme,
– Raumkennzeichnungen.

4.10
Inbetriebsetzung

Die Inbetriebsetzung (commissioning) überschneidet sich aus terminlicher Perspektive mit den Restarbeiten der Montage. Vielfach kann zumindest mit den Funktionstests bereits in einigen Bereichen begonnen werden, in denen die Montage weitestgehend abgeschlossen ist. Der Hauptverantwortliche für die Inbetriebsetzungsaktivitäten ist der Inbetriebsetzungsleiter, der über entsprechende Erfahrungen aus anderen Projekten verfügen sollte. Auch für die Inbetriebsetzung liegt ein Terminplan vor, den es einzuhalten gilt.

Je nach Philosophie des Anlagenbau-Unternehmens gehören die Reinigungsarbeiten noch zu den Montageaktivitäten. Hier werden die Reinigungsarbeiten der Inbetriebsetzung zugeordnet.

Die Überlegungen zur Inbetriebsetzung einer Anlage sollten ähnlich wie die Planung der Montage bereits in die Anfänge des Anlagenengineerings einfließen. Zur optimalen Umsetzung der Inbetriebsetzungsaktivitäten gehört ferner ein entsprechendes Inbetriebsetzungsmanagement. Schließlich sollten die bei der Inbetriebsetzung gewonnen Erkenntnisse unbedingt dokumentiert werden, um daraus Vorteile bei der Planung nachfolgender Projekte ableiten zu können. Eine umfassende Darstellung der Inbetriebsetzungsaktivitäten findet sich in [40].

4.10.1
Schulungen

Häufig gehört die Schulung des Betriebspersonals des Anlagenbetreibers zum Leistungsumfang des Anlagenbauers. Natürlich ist dem Betreiber daran gelegen, sein Betriebspersonal möglichst frühzeitig mit der neuen Anlage vertraut zu machen. Daher soll das Betriebspersonal in der Regel vor Beginn der Inbetriebsetzung geschult werden. Es kann sogar vereinbart werden, dass die Inbetriebsetzungsaktivitäten selbst vom Betreiberpersonal vorzunehmen sind, allerdings auf Anweisung des Anlagenbauers.

Für die Schulung sind entsprechende Schulungsunterlagen zu erstellen und zwecks Einarbeitung der Schulungsteilnehmer vor der eigentlichen Schulung zu übergeben.

Der Umfang der Schulung muss mit dem Betreiber abgestimmt werden und hängt in hohem Maße von der Qualifikation und Erfahrung des Betreiberpersonals ab. Je nach Teilnehmerzahl bzw. weil nicht das gesamte Betriebspersonal gleichzeitig zur Schulung abgestellt werden kann, müssen mehrere Schulungen durchgeführt werden.

Die Schulungen werden im Seminarstil abgehalten. Als Vortragende bieten sich der Projektleiter, der Inbetriebsetzungsleiter oder der Senior Engineer an. Besonderer Wert wird auf die Darstellung des Funktionsprinzips und möglicher Gefahren der neuen Anlage gelegt.

4.10.2
Reinigung

Nach Abschluss der Montagearbeiten muss eine Grobreinigung der Baustelle und Anlage vorgenommen werden. In Deutschland sind hierzu separate Müllcontainer für Papier und Pappe, Kunststoffeabfälle, Metalle, Bauschutt etc. aufzustellen. Chemikalien wie Lack- und Lösungsmittelreste werden in Gebinden aufbewahrt und entsorgt.

Die Reinigung der Anlage von innen gestaltet sich erheblich aufwändiger. Zunächst müssen die Behälter und Apparate von innen gereinigt werden. Der Zugang ist durch die Mannlöcher gewährleistet. Anschließend müssen die Rohrleitungssysteme gespült werden. Es ist immer wieder erstaunlich, welche Verunreinigungen sich im Anschluss an die Montage in den Rohrleitungen befinden können. Neben den üblichen Kabelbindern, Zigarettenkippen, Putzlappen etc. findet man erstaunlich häufig Tiernester und verendete Tiere, Bekleidungsstücke, Flaschen etc. Um empfindliche Anlagenteile beim Spülen zu schützen, empfiehlt es sich, diese durch das Setzen von Steckscheiben abzusperren. Hierzu gehören insbesondere Pumpen, messtechnische Einrichtungen und Regelarmaturen. Empfindliche Messtechnik kann ausgebaut werden. Die Öffnungen lassen sich durch Blindflansche bzw. Deckel verschließen. Für Regelarmaturen kann man Spüleinsätze bestellen und einbauen. Pumpen können durch den Einbau von Steckscheiben auf der Saug- und Druckseite geschützt werden. Alternativ besteht die Möglichkeit empfindliche Anlagenteile durch den Einbau so genannter Anfahrsiebe bzw. Spülsiebe zu schützen. Beim Einsatz von Anfahrsieben bei Pumpen muss bedacht werden, dass der $NPSH_A$-Wert dadurch verringert wird. Bei kavitationsgefährdeten Pumpen sollte der Betrieb mit Anfahrsieben daher nur für kurze Zeit aufrecht erhalten werden.

Für die systematische Vorbereitung der Spülmaßnahmen sollten die Rohrleitungs- und Instrumentenfließbilder herangezogen werden. Darin lassen sich alle Stellen, an denen Steckscheiben, Blindflansche, Spülanschlüsse, Entleerungsanschlüsse etc. anzubringen sind, kennzeichnen. Bei sorgfältiger Planung sind alle erforderlichen Anschlüsse bereits enthalten.

Typischerweise wird von den Pumpen aus in Richtung der Behälter oder Apparate gespült. Hierzu werden üblicherweise Schläuche mit Schlauchkupplungen eingesetzt. Um auch grobe Verunreinigungen entfernen zu können, ist das Spülen in „Intervallen" vorteilhaft. Dazu wird die Spülleitung geöffnet, für ein festgelegtes Zeitintervall offen gehalten und schließlich geschlossen. Dieses Prozedere kann mehrfach wiederholt werden.

Nach erfolgter Spülung müssen die Rohrleitungssysteme entleert und die Spülflüssigkeit entsorgt werden. Da häufig in Richtung der Behälter gespült wird, müssen auch diese entleert und anschließend mittels Schläuchen ausgespült werden.

Es sollte nicht unerwähnt bleiben, dass nicht immer mit Wasser gespült wird. In einigen Fällen werden bestimmte Anlagenteile mechanisch gereinigt oder mittels Druckluft ausgeblasen. Einen Sonderfall beim Spülen stellen die Dampfsysteme dar. Da in diesen Bereichen meistens „schwarzes" Material eingesetzt wird, das sich nur schwer vor Korrosion im Laufe der Montage schützen lässt, muss der durch den atmosphärischen Kontakt gebildete Rost bis zur Bildung einer schützenden Magnetit-Schicht entfernt werden. Hierzu wird üblicherweise Dampf mit hoher Strömungsgeschwindigkeit durch das Rohrleitungssystem ins Freie geblasen. Je nach Dampfmenge und -zustand muss ein Schalldämpfer installiert werden.

4.10.3
Druckproben

Auch zur Durchführung der Druckproben und Dichtigkeitsprüfungen müssen entsprechende Vorbereitungen getroffen werden. Da die Behälter – sofern es sich um Druckbehälter handelt – bereits im Herstellerwerk einer Druckprobe unterzogen worden sind, beschränken sich die Druckproben in der Regel auf die fertig montierten Rohrleitungen. In bestimmten Fällen schreibt die Druckbehälterverordnung jedoch eine Druckprobe der Apparate im eingebauten Zustand vor [18].

In den Rohrleitungs- und Instrumenten-Fließbildern werden die Rohrleitungsabschnitte, die einer Druckprobe unterzogen werden sollen, kenntlich gemacht. Hierbei ist zu prüfen, ob alle darin enthaltenen Aggregate mit abgedrückt werden sollen. So werden die Pumpen, die ebenfalls einer Druckprobe im Herstellerwerk unterzogen wurden, für gewöhnlich nicht mit einbezogen und ebenso wie die Behälter mittels Steckscheiben abgetrennt.

Um die eigentliche Druckprobe durchführen zu können, muss das System zunächst befüllt und an der höchsten Stelle entlüftet werden. Anschließend wird der Prüfdruck aufgebracht und der zeitliche Druckabfall aufgenommen. Zusätzlich erfolgt eine visuelle Prüfung aller Verbindungsstellen (Schweißnähte, Flanschverbindungen etc.) am betreffenden Rohrleitungssystem. Die Höhe des Prüfdruckes wird, sofern sie nicht aus dem Regelwerk hervorgeht, mit dem Kunden vereinbart. Typischerweise wird der 1,3-fache Wert des Nenndruckes der betreffenden Rohrleitung gewählt. Leckagen müssen anschließend entsprechend beseitigt werden (z. B. das Nachziehen von Flanschverbindungen oder das Auswechseln schadhafter Dichtungen).

Schließlich wird das Wasser aus den Rohrleitungen abgelassen und die Steckscheiben können für die sich anschließende Inbetriebsetzung entfernt werden.

Wichtig: In vielen Fällen lassen sich die Arbeitsschritte Spülen und Druckproben kombinieren! Durch geschicktes Setzen der Steckscheiben kann sich das Spülen der Rohrleitungssysteme auch nahtlos an die Druckproben anschließen.

Bei Rohrleitungssystemen, die nicht der Druckbehälterverordnung unterliegen, kann in Abstimmung mit dem Kunden auf die Durchführung einer Druckprobe verzichtet werden. Es handelt sich dabei um Rohrleitungen mit geringem Betriebsdruck, was häufig z. B. bei Entlüftungsleitungen oder atmosphärischen Kühlwasserkreisläufen der Fall ist. In solchen Fällen genügt es, das Rohrleitungssystem einer Dichtigkeitsprüfung zu unterziehen. Dabei wird das System mit Wasser befüllt und visuell auf Leckagen hin untersucht. Auch hier bietet es sich an, die Dichtigkeitsprüfung mit dem Spülen zu kombinieren.

4.10.4
Funktionstests

Bevor die Aggregate einer Anlage eingeschaltet werden, muss ein so genannter Vollständigkeits-Check vorgenommen werden. Mit Hilfe der aktuellen Rohrleitungs- und Instrumentenfließbilder wird geprüft, ob auch alle Anlagenteile vorhanden sind. Da dies bei den Hauptkomponenten offensichtlich ist, beschränkt sich der Vollständigkeits-Check auf die Rohrleitungseinbauten, Armaturen, Messstellen etc.

Nach all diesen Vorbereitungen kann nun endlich mit den ersten Aktivitäten zur eigentlichen Inbetriebsetzung begonnen werden. Prinzipiell arbeitet man sich bei der Inbetriebsetzung von unten nach oben durch die Hierarchieebenen des Leittechnik-Programms. D. h., man beginnt mit der Ansteuerung der einzelnen Aggregate, prüft dann die Untergruppen-, Gruppen- und Systemsteuerung und endet mit der Kontrolle der übergeordneten Regelungen bzw. des gesamten Leitprogramms.

Den Beginn der Inbetriebsetzung stellen die Funktionstests dar. Hierbei werden die einzelnen Aggregate und Messstellen jeweils für sich auf korrekte Funktion hin geprüft. Im Folgenden sind einige Beispiele aufgeführt:

- Drehrichtungskontrollen der elektrischen Antriebe: Bei der Drehrichtungskontrolle einer Pumpe wird diese zunächst von der elektrischen Seite freigeschaltet und anschließend von der Leitwarte aus kurz gestartet und sofort wieder ausgeschaltet. Vor Ort überprüft ein Inbetriebsetzer, ob die betreffende Pumpe anläuft und prüft die Drehrichtung, die normalerweise am Gehäuse des Elektromotors durch einen Pfeil gekennzeichnet ist. Bei ordnungsgemäßer Funktion meldet der Inbetriebsetzer das Ergebnis per Funkgerät an die Leitwarte, wo es entsprechend protokolliert wird. Liegt eine Fehlfunktion der Pumpe vor, muss die Ursache ermittelt und beseitigt werden. Bei der Prüfung der elektrischen Antriebe sind unbedingt die elektrischen Sicherheitsbestimmungen einzuhalten.
- Funktionsprüfung der Armaturen: Auch hier werden die Auf-/Zu-Armaturen von der Leitwarte aus nacheinander geschlossen bzw. geöffnet. Vor Ort prüft die Inbetriebnahme-Mannschaft, ob die Armaturen auch tatsächlich geschlossen bzw. geöffnet werden. Regelarmaturen werden stufenweise geöffnet und geschlossen.
- Funktionsprüfung der Apparate: Apparate wie z. B. Rührwerke, Zentrifugen und Dekanter werden ebenfalls gestartet und geprüft, sofern sie leer betrieben werden dürfen.
- Funktionsprüfung der Black Boxes: In sich abgeschlossene und funktionsfähige Kleinanlagen wie z. B. Dosieranlagen, Kammerfilterpressen, Vakuumpumpen mit Peripherie etc. werden als „Black Boxes" bezeichnet. Die Funktionsprüfung erstreckt sich hierbei auf die Prüfung der Einzelfunktionen im Leerzustand.
- Funktionsprüfung der Messtechnik: Soweit möglich, werden die messtechnischen Einrichtungen bereits jetzt auf ihre Funktion hin geprüft und auch kalibriert. Z. B. kann der binäre Leckagemelder einer nach dem Wasserhaushalts-

gesetz ausgeführten Chemikalienwanne durch einfaches Eintauchen in einen Wassereimer geprüft werden. Dabei muss eine Alarmmeldung in der Warte erfolgen. Das korrekte Ansprechen der Sirene und Warnleuchte kann vor Ort direkt mit überprüft werden. Analoge Temperaturmessungen lassen sich vor Ort relativ unproblematisch ausbauen und kalibrieren. Analoge Füllstandsmessungen können jedoch erst im Rahmen der Systemtests geprüft und kalibriert werden.

4.10.5
Systemtests

Nachdem die Funktion der einzelnen Aggregate überprüft wurde, können die Steuerungen mehrerer zusammenhängender Komponenten getestet werden. Hierzu werden z. B. die Gruppensteuerungen von Pumpengruppen mit den zugehörigen Armaturen und der Messtechnik gestartet und vor Ort kontrolliert.

Wenn die Gruppensteuerungen eines gesamten Systems ordnungsgemäß funktionieren, kann die übergeordnete Systemsteuerung geprüft werden. Dabei werden z. B. Behälter zunächst mit Wasser gefüllt. Beim Befüllen und Entleeren muss die Füllstandsmesstechnik geprüft und kalibriert werden.

Beispiel: Im leeren Behälter werden mindestens zwei gut sichtbare Markierungen angebracht und in der Höhe vermessen. Anschließend wird der Behälter mit Wasser befüllt. Dabei wird geprüft, ob an der richtigen Stelle das Freigabesignal für das Rührwerk erfolgt und dieses auch angefahren wird. Erreicht der Füllstand die untere Markierung, meldet ein Inbetriebnehmer dies per Funk an die Leitwarte. Das Beobachten des Füllstandsanstieges geschieht über das Kopfloch im Deckel des Behälters. In der Leitwarte wird das zugehörige analoge Messstellensignal aufgenommen (z. B. 6 mA). Im Verlauf des weiteren Anstiegs im Behälter werden alle Meldungen und Steuersignale des Behälterabsicherungsschemas (z. B. „Alarm hoch" und der Überfüllschutz) überprüft. Das Erreichen der oberen Füllstandsmarkierung wird ebenfalls an die Leitwarte gemeldet und der zugehörige Messwert registriert (z. B. 17 mA). Wenn der Überlauf erreicht ist und dessen Funktion ebenfalls geprüft wurde (z. B. durch ein Schauglas in der Überlaufleitung), wird der Behälter wieder entleert. Dabei werden die Steuersignale, die beim Unterschreiten eines bestimmten Füllstandes ausgelöst werden sollen, überprüft. Hierzu gehört z. B. die Hysterese des Rückwerkes und das Auslösen des Trockenlaufschutzes der angeschlossenen Pumpengruppe.

4.10.6
Kalte Inbetriebsetzung

Nach Überprüfung aller Systemsteuerungen kann mit der kalten Inbetriebsetzung begonnen werden. Bei Anlagen, in denen Flüssigkeiten verarbeitet werden, wird die Anlage in aller Regel zunächst bis zu den Regelniveauständen mit Wasser befüllt. In solchen Fällen spricht man auch von der „Wasserfahrt".

Anschließend werden die einzelnen Systemsteuerungen aktiviert, bis schließlich das übergeordnete Leitprogramm aktiviert wird. Nun lassen sich die übergeordneten Regelungen wie z. B. Durchfluss- und Füllstandsregelungen prüfen und optimieren. Hierzu müssen z. B. die Proportionalbeiwerte, Vorhalte- und Nachstellzeiten von PID-Reglern eingestellt werden [42]. Bei Steuerungsabläufen müssen in der Regel noch die Zeitglieder optimiert werden, z. B. bei Spülvorgängen die Spüldauer etc.

4.10.7
Warme Inbetriebsetzung

Bei der warmen Inbetriebsetzung geht es um die Überprüfung und Optimierung der Anlagenteile, die mit der Wärmezu- oder -abfuhr in Zusammenhang stehen, sowie um den Einsatz der realen Medien.

Die Wärmezufuhr erfolgt meistens mittels Dampf, während für die Wärmeabfuhr entsprechende Kühlaggregate installiert sind. Die Dampfleitungen müssen zunächst warm gefahren werden. Hierzu wird die Dampfleitung zunächst etwas geöffnet und das anfallende Kondensat an der tiefsten Stelle des Rohrleitungssystems abgeleitet. Wenn kein Kondensat mehr anfällt, kann die Ablaufarmatur geschlossen und der Kondensomat zugeschaltet werden. Anschließend kann mit der Beheizung der betreffenden Wärmetauscher begonnen werden. Dabei beginnt man zunächst mit dem Minimal-Lastfall und steigert die Leistung schrittweise bis alle Funktionen des Dampfsystems überprüft und optimiert worden sind.

Vielfach kann die Inbetriebsetzung des Dampf- und Kühlwassersystems ebenfalls mit Wasser in der Anlage vorgenommen werden. Man spricht dann von der „warmen Wasserfahrt".

Bei erfolgreichem Verlauf der warmen Wasserfahrt wird die Anlage entleert und erstmalig mit den realen Edukten gefahren. Auch hier beginnt man mit der Minimallast und steigert sich in entsprechenden Schritten bis zum Erreichen der Auslegungslast. Zu den Optimierungsaufgaben der warmen Inbetriebsetzung gehören u. a. die Kalibrierung aller Qualitätsmessungen wie z. B. pH-Werte, Konzentrationen, Dichten etc. Auch die Steuerungs- und Regelungsaufgaben, die im Zusammenhang mit der Produktqualität stehen, können nunmehr in Angriff genommen werden.

Bei allen Inbetriebsetzungsschritten können Probleme auftauchen. Generell gilt, dass bei neuartigen Anlagen die meisten Probleme auftauchen. Ähnliche oder gar gleiche Anlagen dürfen normalerweise nicht zu großartigen Problemen führen, da die Probleme aus früheren Projekten bekannt sein sollten. An dieser Stelle sollte darauf hingewiesen werden, dass die Störungen nicht immer rein technischer Natur sein müssen.

Beispiel: Bei der Inbetriebsetzung einer Kühlturmanlage stellt sich heraus, dass die Überlaufleitung ständig verstopft ist, obwohl es sich beim Kühlwasser um ein „sauberes" Medium handelt. Da Verunreinigungen aus der Umgebung nicht zu vermeiden sind, vermutet man, dass die gewählte Absperrarmatur (Ventil) nicht geeignet ist. Die Verstopfungsproblematik tritt jedoch auch nach Austausch des Ventils gegen einen Kugelhahn auf. Bei der anschließenden näheren Untersuchung der Kühlturmanlage stellt sich heraus, dass eine dem Anlagenbauer und auch dem Betreiber bislang unbekannt Käfersorte sich im feucht/warmen Klima des Kühlturms ausgesprochen wohl fühlt. Käferleichen waren für die Verstopfungen verantwortlich!

Die Inbetriebsetzungsmannschaft (commissioning staff) hat die Aufgabe, die Ursachen der Probleme möglichst schnell zu ermitteln und die erforderlichen Änderungen zu planen und auch durchzuführen. Die Störungen sowie die Maßnahmen zu deren Beseitigung müssen zur Vermeidung einer Wiederholung bei Folgeprojekten unbedingt dokumentiert werden.

Sind zusätzliche Ausrüstungsgegenstände zu beschaffen oder Änderungen an den Rohrleitungen vorzunehmen, muss sich die Inbetriebssetzungsleitung mit der Projektleitung abstimmen.

Wenn alle Optimierungsaufgaben gelöst sind, kann dem Kunden die Bereitschaft zum Probebetrieb bzw. Garantielauf gemeldet werden.

4.11
Garantielauf/Abnahme

Je nach Vertrag gehört ein Probebetrieb bzw. ein Garantielauf zum Leistungsumfang des Anlagenbauers. Durch den Probebetrieb/Garantielauf soll die einwandfreie Funktion der errichteten Anlage nachgewiesen werden.

Die im Rahmen des Probebetriebs/Garantielaufs vorzuführenden Betriebszustände sind entweder bereits vertraglich geregelt oder müssen mit dem Betreiber nachträglich vereinbart werden. Meistens werden die unterschiedlichen Lastfälle der Anlage vorgeführt und dabei die zugesicherten Eigenschaften wie Strom- und Dampfverbrauch sowie die Produkteigenschaften gemessen.

Ergeben sich Störungen im laufenden Probebetrieb, müssen diese protokolliert werden. Bei mehreren kleineren oder einer großen Störung kann der Vertrag den Neubeginn des Probebetriebes vorsehen. Aus dem Probebetrieb/Garantielauf ergibt sich eine Mängelliste, über deren Beseitigung mit dem Kunden verhandelt werden muss. Dabei werden die Nachrüstmaßnahmen und deren Fertigstellungstermine festgelegt. Führen auch die Nachrüstmaßnahmen nicht zum gewünschten Erfolg, muss der Anlagenbauer mit der Geltendmachung entsprechender Pönalen, z. B. bei Überschreitung des Dampfverbrauchs, rechnen. Bei größeren Mängeln, die sich auch durch Nachrüstmaßnahmen nicht beseitigen lassen, hat der Betreiber das Recht, die komplette Anlage zurückzuweisen!

Der Anlagenbauer wird in jedem Fall bestrebt sein, die Mängel schnellstmöglich zu beseitigen. Einerseits möchte er einen zufriedenen Kunden haben, andererseits gilt es, das Projekt abzuschließen, um die sonst fällige Terminpönale abzuwenden. Aber auch die Aufrechterhaltung der Baustelle führt teilweise zu erheblichen laufenden Kosten.

Nach erfolgreicher Abnahme (acceptance) beginnt die Gewährleistungszeit (warranty period). Treten innerhalb der Gewährleistungsfristen Mängel an der Anlage auf, so ist der Anlagenbauer zu deren Beseitigung verpflichtet, sofern er den

Betreiber nicht als Verursacher der Schäden, z. B. durch unsachgemäße Handhabung, herausstellen kann. Wurden die Bestellungen ordnungsgemäß durchgeführt, kann der Anlagenbauer die Mängel in vielen Fällen an den entsprechenden Unterlieferanten weiterleiten.

Ansonsten ist das Projekt mit dem erfolgreichen Abschluss des Probebetriebs/ Garantielaufs beendet. Die Baustelle kann entsprechend geräumt werden. Der Betrieb der neuen Anlage wird fortan vom Personal des Anlagenbetreibers übernommnen. Auch hier versteht es sich eigentlich von selbst, dass der erfolgreiche Projektabschluss mit den Beteiligten gefeiert wird!

Literatur

1 K. Sattler, W. Kasper: Verfahrenstechnische Anlagen – Planung, Bau und Betrieb, Band 1 und 2; Wiley-VCH Verlag, Weinheim
2 K. H. Rüsberg: Praxis des Projekt- und Multiprojektmanagements; Verlag Moderne Industrie, München
3 D. Solaro et al.: Project Controlling; Poschel Verlag, Stuttgart
4 M. Pausch: Management; Vogel Verlag, Würzburg
5 G. C. Heuer: Projektmanagement; Vogel Verlag, Würzburg
6 Hansjürgen Ullrich: Wirtschaftliche Planung und Abwicklung verfahrenstechnischer Anlagen; Vulkan-Verlag, Essen
7 L. J. Seiwert: Das neue Einmaleins des Zeitmanagement; Gabal Verlag, Speyer
8 R. W. Stroebe: Grundeinstellung zum Zeitmanagement – Zielbildung, Bewältigung der Aufgaben, Delegation von Aufgaben; Sauer Verlag, Heidelberg
9 Heralt Schöne: Standortplanung, Genehmigung und Betrieb umweltrelevanter Industrieanlagen; Springer Verlag, Berlin
10 W. Kahl und A. Voßkuhle (Hrsg.): Grundkurs Umweltrecht; Spektrum Akademischer Verlag Heidelberg/Berlin
11 Bundes-Immissionsschutzgesetz: 1. – 27. BimschV, TA Luft, TA Lärm; Deutscher Taschenbuch Verlag
12 Norbert Ebeling: Abluft und Abgas – Reinigung und Überwachung; Wiley-VCH Verlag, Weinheim
13 Joachim Roll: Entsorgungstechnik – Chemie und Verfahren; Wiley-VCH Verlag, Weinheim
14 Produktionsintegrierter Umweltschutz in der chemischen Industrie; Herausgegeben von der DECHEMA, Frankfurt, der GVC, Düsseldorf und der Schweizerischen Akademie der Technischen Wissenschaften, Zürich
15 G. Lewin, G. Lässig, N. Woywode: Apparate und Behälter – Grundlagen der Festigkeitsberechnung; VEB Verlag, Berlin
16 H. Titze, H.-P. Wilke: Elemente des Apparatebaus – Grundlagen, Bauelemente, Apparate; Springer Verlag, Berlin
17 W. Wagner: Festigkeitsberechnungen im Apparate- und Rohrleitungsbau; Vogel Verlag, Würzburg
18 Herausgeber Verband der Technischen Überwachungs-Vereine e. V.: AD-Merkblätter; Carl Heymanns Verlag, Köln und Beuth Verlag, Berlin
19 Willi Bohl: Strömungsmaschinen – Band 1 und 2; Vogel Verlag, Würzburg
20 Herausgeber SIHI-Gruppe: Grundlagen für die Planung von Kreiselpumpenanlagen; SIHI-Halberg, Ludwigshafen
21 Herausgeber KSB: Centrifugal Pump Lexicon; KSB Aktiengesellschaft, Frankenthal
22 Rolf Kruse: Mechanische Verfahrenstechnik – Grundlagen der Flüssigkeitsförderung und der Partikeltechnologie; Wiley-VCH Verlag, Weinheim
23 Verein Deutscher Ingenieure: VDI-Wärmeatlas – Berechnungsblätter für den Wärmeübergang; VDI-Verlag, Düsseldorf
24 Heinz Schade, Ewald Kunz: Strömungslehre; Walter de Gruyter Verlag, Berlin
25 Herausgeber Feodor Burgmann Dichtungswerke GmbH & Co.: ABC der Gleitringdichtung; Burgmann, Wolfratshausen
26 M. Polke: Prozessleittechnik; Springer Verlag, Berlin

27 B. Scherff, E. Hesse, H. R. Wenzek: Feldbussysteme in der Praxis – Ein Leitfaden für den Anwender; Springer Verlag, Berlin
28 G. Strohrmann: Messtechnik im Chemiebetrieb – Einführung in das Messen verfahrenstechnischer Größen; Oldenbourg Verlag, München
29 K. Breckner: Regel- und Rechenschaltungen in der Prozessautomatisierung – Bewährte Beispiele aus der Praxis; Oldenbourg Verlag, München
30 Ekato Handbuch der Rührwerkstechnik; Herausgegeben von EKATO Rühr- und Mischtechnik GmbH, Postfach 1110/20, 79641 Schopfheim
31 H. Hoischen: Technisches Zeichnen – Grundlagen, Normen, Beispiele, Darstellende Geometrie; Girardet Verlag, Essen
32 G. Wossog (Hrsg.): Handbuch Rohrleitungsbau, Band 1 – Planung, Herstellung, Errichtung; Vulkan-Verlag, Essen
33 Herausgeber: H.-J. Behrens, G. Reuter, F.-C. von Hof: Rohrleitungstechnik; Vulkan-Verlag, Essen
34 J. Schubert (Hrsg.): Rohrleitungshalterungen; Vulkan Verlag, Essen
35 Jörn Oprzynski: Verbesserung der Datenintegration von CAD-Systemen für den Chemieanlagenbau basierend auf einem relationalen Datenbank-Management-System; VDI Verlag, Düsseldorf
36 H. Blumenauer: Werkstoffprüfung; Deutscher Verlag für Grundstoffindustrie, Leipzig/Stuttgart
37 Agfa-Gevaert: Industrielle Radiografie; Herausgeber Fa. Agfa-Gevaert
38 Walter Michaeli: Einführung in die Kunststoffverarbeitung; Hanser Verlag, München
39 Kunststoffrohrverband e.V. Bonn (Hrsg.): Kunststoffrohr Handbuch – Rohrleitungssysteme für die Ver- und Entsorgung sowie weitere Anwendungsgebiete; Vulkan-Verlag Essen
40 Klaus H. Weber: Inbetriebnahme verfahrenstechnischer Anlagen – Vorbereitung und Durchführung; Springer Verlag, Berlin
41 Verband der Technischen Überwachungsvereine e.V. (Hrsg.): AD-Merkblätter; Carl Heymanns Verlag, Berlin und Beuth Verlag, Berlin
42 H. Schuler: Prozessführung; Oldenbourg Verlag, München

Index

a

Abfahren 184
Abluftsammelleitung 140
Abnahme 12, 73, 125, 205
Abnahmeprotokoll 75
Abrasion 45
Abschlussergebnis 102
Abschreibung 21
Abwicklung 87
Abwicklungsphase 87
Abzweig 176
Aggregate 119
Aktennotizen 99
Aktenordner 97
Aktiengesellschaften 84
Aktivität 34, 88
Aktivitätendichte 88
Aktivitätsverlauf 88
Alarm 149, 161
Allgemeine Leistungsbedingungen 63
Allgemeine Lieferbedingungen 63
allgemeine Versicherungsbedingungen 82
analog 155
– Änderungen 77
– Änderungsdienst 100
Anfahren 184
Anfahrentlüftung 149
Anfahrsieb 200
Anfrage 27
Angebot 51
Angebotsabgabe 10
Angebotsauswertung 10
Angebotserstellung 10
Angebotspreis 49, 53
Angebotsvergleich 10, 12, 119
Angularkompensator 177
Anlagenbauer 3, 15, 32
Anlagenbeschilderung 195
Anlagenbetreiber 3
Anlagendatenbank 185
Anlagenerfassungssystem 185
Anlagenkennlinie 127
Anlagentyp 17
Anlagenverzeichnis 185
Anlaufstrom 153
Anschlusskästen 153
Anschlussleistung 153
Anschlussmaße 166
Ansprechverhalten 155
Antragstellung 108
Antragsunterlagen 109
Antriebe 151
Anzahlungsbürgschaft 76
Apparate 12
Apparategewicht 170
Arbeitsabläufe 88
Arbeitsbedingungen 33
Arbeitsschutz 110
Arbeitsschutzbehörden 108
Arbeitssicherheitsbehörden 108
Arbeitsstättenrichtlinien 186
Arbeitsstelle 25
Armaturen 12
Armaturenliste 138
As-built-Aufnahme 186
atmosphärische Behälter 126
Atmosphärischer Behälter 140
Auffangwanne 111
Auflösung 155
Aufmaßfertigung 192
Aufstellfläche 126
Aufstellungsplanung 12, 164
Auftraggeber
AG 62
Auftragnehmer
AN 62
Auftragsbericht 102
Auftragserteilung 87
Auftragsvolumen 4
Ausbeute 24

ausfallorientierte Instandhaltung 25
Auslandsprojekt 33
Auslauflängen 153
Auslegung der Apparate 12
Auslegungsdaten 37
Auslegungsdrücke 44
Auslegungstemperaturen 44
auslösende Ereignisse 75
Ausschreibung 27
Ausschreibungsunterlagen 29
Austauschstrategie 27
automatische Spülvorrichtung 144
Automatisierungsgrad 19, 25
Autonomes Management 94
Avalen 54
Avalkredit 76
Axialkompensator 177

b

Banderolen 195
Banderolenfarbe 197
Basic Engineering 10, 34
Basis-Bestellspezifikation 119
Bauarbeiten 187
Bauartzulassung 39
Baubeginn 70
Baubehörde 108
Baufirma 187
Baugruppe 138
Bauingenieur 164
Baukonzept 10
Bauleiter 97
Bauleitung 186
Baupart 187
Baustatik 168
Baustellenaktivität 186
Baustelleneinrichtung 12
Baustellenflächen 187
Baustellenkran 187
Begehungen 74
begleitende Kostenkalkulation 102
Begriffsbestimmungen 62
Behälter 125
Behälterabsicherungsschema 161
Behälterdurchmesser 126
Behälterhöhe 126
Behälteröffnung 191
Behördenengineering 109
behördliche Genehmigung 104
Belastungstabelle 168
Berechnungsprogramm 131
Berufsanfänger 8
Beschaffung 12
Beschaffungsaktivitäten 94

Beschaffungsleiter 97
Beschilderung 195
Beschriftung 138
Besichtigungsstutzen 147
Besprechungsberichte 99
Bestellaktivität 119
Bestellungen 12
Betreiber 15
Betriebsdaten 127
Betriebsdrücke 127
Betriebsentlüftung 147
Betriebshandbuch 184
Betriebsingenieur 24
Betriebskosten 21, 23
Betriebsleiter 24
Betriebsmittel 17
Betriebsmittelverbräuche 75
Betriebssicherheit 18
Bezirksregierung 108
Bilanzierung 10, 36
binär 155
biologische Verfahren 36
Black Box 139
Blende 155
Blindflansch 200
Brandlast 112
Brandschutzkonzept 110
Break-even-Point 15, 21
Briefe 99
Brillensteckscheibe 142
Brüden 55
Bühnen 165
Bundes-Immissionsschutzgesetz 104
Bürgschaften 75, 76

c

CAD-System 42, 138
Cash Flow Diagramm 27
chemische Verfahren 36
Claims 77, 102
Claims-Management 77
Computer Aided Design 42
Container
– Büro 186
– Lager 186
– Mannschaft 186
– Sanitär 186
– Werkstatt 186
Controller 102
Controlling-Abteilung 102
Coriolis-Messgerät 157

d

Dachluke 188
Datenbank 138
Degressionsexponent 22
Degressionsmethode 22
Detail Engineering 12, 87
Detail-Terminpläne 104
Detailzeichnung 185
Dichte 155
Dichtigkeitsprüfungen 201
Dichtung 178
Dichtungssysteme 131
Differenzdruckmessung 155
DIN-Sicherheitsdatenblätter 112
dispositives Recht 62
Dokumentation 12, 184
Dokumentationsrichtlinien 184
Dokumentationssystem 67
Dokumentationsumfang 184
Dokumentennummer 100
Doppelspannringe 194
Dosieranlage 149
Dosierpumpe 149
Drehrichtungskontrollen 202
Druck 155
Druckbehälter 126
Druckerzeugungsquelle 140
Druckleitung 142
Druckproben 201
Druckschalter 142
Druckschläge 144
Druckverlustkennwerte 129
Durchbrüche 168
Durchfahrtshöhe 188
Düse 155
dynamische Last 170

e

E/MSR-Konzept 10
E/MSR-Technik 12, 151
Ebenen 165
Ecktermine 104
Edukt 34
effektive Leistung 131
eigenes Verschulden 71
Einfachfehler 185
Einholen der Angebote 12
Einlauflängen 153
Einlenkradien 188
Einschübe 153
Einschubtechnik 152
Einsteiger 7
Einstellung von Personal 85
Einwände 108

Elekrotechnik 151
elektrische Begleitheizung 142
elektrische Energie 24
elektrische Verbraucher 151
elektrischer Antrieb 144
Elektromotor 153
Elektromuffenschweißen 192
elektronische Post 99
Elektrotechnik 151
Elektrotechniker 151
Emissionen 104
Enddokumentation 186
Endgültige Festlegung des Basic Engineering 12
Energiebilanzen 10
Energiekosten 23
Engineer 31, 62
Engineeringkosten 23
Enthalpiebilanz 36
Entlassung von Personal 85
Entleerung 145
Entleerungsanschlüsse 139
Entlüftungsanschlüsse 139
Entrauchungsklappe 172
Entsorgung 112
Entwässerungsantrag 111
Erdarbeiten 187
Ereignisse 103
Ermittlung der Betriebskosten 10
Ermittlung der Investition 10
Ermittlung des Angebotspreises 10
Erörterungstermin 108
Ersatzteilangebot 185
Erstellung der Anfrage 10
Erstellung der Anfragen 12
Erstellung der Ausschreibung 10
Erstellung der technischen Spezifikationen 12
Ersterstellung 100
EU-Journal 29
E-Verbraucherliste 153
Expediter 124
Expediting 12, 124

f

Fachbetrieb 123
Fahranleitung 184
Fahrpersonal 24
Faxe 99
Feasibility Study 27
Fédération Internationale des Ingénieurs-Conseils 61
Federhänger 177
Fernbussystem 151

Fertigungsfortschritt 124
Fertigungskapazität 49
Fertigungskonstruktion 46
Fertigungsstand 125
Fertigungszeichnungen 46
Festflansch 193
Festigkeit 44
Festigkeitstechnische Auslegung 46
Feuerlöschwasser-Auffangbecken 112
FIDIC 61
Firmenspezifikationen 20
Firmenstrategie 19
Fittings 193
Flächenlast 170
Flanschabmessung 174
Flanschverbindung 142
Flaschenzug 188, 191
Fließbild-Symbole 138
Flügelradzähler 155
Flussrichtung 197
Flussrichtungspfeil 34
Förderhöhe 127
Förderhöhenabfall 131
förmliches Genehmigungsverfahren 108
Formstück 174
Freiluftanlage 18
Fremdpersonal 25
Füllstand 155
Fundamente 165, 168
Funktionspläne 160
Funktionsprüfung 202
Funktionstest 202

g

Gabelstapler 191
Gantt-Pläne 103
Garantie 72
Garantiebetrieb 75
Garantiefahrt 75
Garantielauf 12, 205
Gebäudebau 12
Gebäudeplanung 164
Gebäudetyp 18, 168
Gefahrenquellen 118
Gefälle 176
Geheimhaltung 82
Geländer 166
Genehmigung 104
Genehmigungsbehörde 108
genehmigungspflichtig 108
Genehmigungsplanung 12, 104
Genehmigungsverfahren 104
Geographische Verhältnisse 17
Geräuschquellen 118

Geschäftsführer 84
Geschäftsführung 84
Geschlossenes Gebäude 18
Gesellschaften mit beschränkter Haftung 84
Gesellschaftsform 84
Gesetze 63, 104
Gesetzliche Auflagen 19
gesetzliche Bestimmungen 104
gesetzliche Vorschriften 104
gesetzlicher Rahmen 61
Gewährleistung 12, 72
Gewährleistungsbeginn 73
Gewährleistungsbürgschaft 76
Gewährleistungsdauer 73
Gewährleistungsfrist 72
Gewinn 15
Gewinnzone 15
Gitterrostelement 173
Gitterrost-Verlegepläne 170
Gleitringdichtung 131
Globalisierung 2
Gravurschilder 195
Grenzwert 140
Grobreinigung 200
Großanlage 34
Große Anlagen 5
Grundfließbild 34, 39
Grundmaterial 45
Grundraster 165
Grundstück 17
Gründung 110
Gruppensteuerung 161

h

Haftung für entgangenen Gewinn oder Folgeschäden 63
Halterungsliste 180
Handelsgesetzbuch 85
Handelsgewerbe 85
Handelsregiser 85
Handlungsvollmacht 85
Hauptanfrage 119
Hauptapparat 10, 46
Hauptführkran 188
Hauptsicherung 153
Hauptstützen 165
Haupttrassen 129
Heizdampf 24, 147
Heizdampfbedarf 56
Heizdampfkosten 56
Heizmedien 24
Heizungspläne 172
Heizungsrohr 172
Herstellkosten 21

Hierarchieebene 95
Hinweisschilder 198
HKL-Pläne 170
höhere Gewalt 72
hydraulische Auslegung 129
hydrodynamische Aspekte 44
Hydrostatische Füllstandsmessung 157
Hysterese 203

i
Immissionen 104
Inbetriebsetzung 199
Inbetriebsetzungsleiter 97
Inbetriebsetzungsschritte 204
Indexmethode 22
Inertgas 147
Informationsverluste 95
Infrastruktur 18
Ingenieurbüro 15
Inkrafttreten 83
Instandhaltungsanweisungen 185
Instandhaltungskosten 21, 23, 25
Instandhaltungsmaßnahmen 19
Instandhaltungspersonal 25
Instandhaltungsstrategie 25
Instrumentenfließbild 39, 137
interdisziplinär 2
Investition 21
Investitionsgütermarketing 16
Investor 15
Isolierhalter 194
Isolierkappen 194
Isolierungen 194
Isolierwolle 194
Isometrie 180

j
Juristen 61

k
Kabelkennzeichnung 195
Kabelpritsche 194
Kabeltrassen 153
Kabelzug 194
Kalte Inbetriebsetzung 12, 203
Kapazität 18, 22
Kapazitätserweiterung 27
Kapazitive Sonde 157
Kaufleute 61
kaufmännische Aspekte 16
kaufmännische Belange 2
Kaufvertrag 61
Kavitation 131
KKS-System 42

Klebverbindung 193
Kleine Anlagen 4
Klimapläne 172
Klöpperboden 126
Kollision 179
Kollisionsliste 179
Kollisionsrechenlauf 179
Kommunikationsbus-System 151
Kompensator 177
Komponente 119
Komponentenbeschaffung 118
Komponentenliste 42, 138
Komponentenmontage 188
Kondensat 147
Kondensator 147
Konduktive Sonde 157
Konsortialpartner 5, 79
Konsumgütermarketing 16
kontinuierlicher Betrieb 25
Koordinatensystem 165
Kopfloch 140
Korrosion 45
Korrosionsaspekt 44
Korrosionsgarantie 73
Korrosionsschutzmaßnahme 122
Kosten 21
Kostenclaims 78
Kostenfaktoren 23
Kostenoptimierung 19
Kostenschätzung 22
Kostenstand 102
Kostenverfolgung 102
Kraftwerks-Kennzeichnungs-System 42
Kräne 188
Kreditinstitut 21
Krümmer 173
Kugelkalotte 126
Kühlmittel 24
Kundenspezifikation 33
Kündigung 80
künstliche Intelligenz 42
Kursabsicherungskosten 54

l
Laborentwicklung 34
Lagerhaltung 25
Längstrasse 176
Lastangaben 168
Lastfall 37
Lasttrennschalter 153
Lateralkompensator 177
Layout 10, 49
Lebensdauer 18, 25
Leckagemelder 149

Leistungstest 122
Leistungsumfang 66, 68
Leitern 166
Leitfähigkeit 155
Leitprogramm 159
Leitrechner 151
Leitstandfahrer 25
Leittechnik 151
Leittechnik-Besprechungen 161
Leittechniker 151
Leittechnik-Hardware 158, 159
Leitwarte 151
Leitzeichnung 46
Letter of Intent 58
Lieferantenliste 65
Lieferantenvorschrift 65
Liefergrenzen 30, 66
Lieferumfang 66, 68
Lieferverzeichnis 66
Lieferverzögerungen 124
Lieferzeit 44, 119
Lizenzen 16
Lizenzgebühren 16
Lohnkostenniveau 25
Löschwassermenge 112
Losflansch 193
Loslager 177
Lüftungspläne 172

m
Magnetisch induktive Durchflussmessung 157
Managementvarianten 94
Mängel 73, 74, 205
Mängelbeseitigung 74
Mängelliste 74
Mannloch 140
Mantelraum 147
Marktanalyse 10, 16
Massenbilanz 36
Massenbilanzen 10
Massenstrom 155
Maßstab 34
Maßstabsvergrößerung 36
Materialkosten 45
mechanische Verfahren 36
mechanischer Messaufbau 158
Mediendatenblätter 37
Mehrfachfehler 185
Mehrungen 77, 102
Messbereich 155
Messgerätehersteller 158
Messgröße 155
Messprinzip 153

Messsignale 151
Messstellenliste 155
Messtechnik 151
Messtechniker 151
Messtyp 153
Messung 155
Minderungen 77
Minderungen 102
Mindestmengenleitung 128, 144
Mineralwollschicht 194
Mini Plant Technologie 36
Mittelspannungsversorgung 152
Mittlere Anlagen 4
Montage 12, 186
Montageaktivität 187
Montageleiter 186
Montageterminplan 188
Montageversicherung 81
Motorkabel 153
Motorklemmkasten 194
Motorschutz 153
Musterverträge 61

n
Nachführkran 188
Nachrüstmaßnahme 205
Nachtragsangebot 77
Nadelventil 147
Naturschutzbehörde 108
Nebenanlagen 39
Nenndruck 173
Nennweite 173
Normalbetrieb 184
Normen 63
$NPSH_A$-Werte 131
$NPSH_R$-Wert 131

o
Oberingenieur 97
offene Mängel 73
– Öffentlich 10
– Öffentliche Einrichtungen 15
Optimierung 54
Optimierungsaufgabe 24
Ordnersystem 97
Organigramm 64, 95
Organisationsplanung 12
– örtliche Füllstandsanzeige 149
Overheads 54

p
Paragraphen 104
paraphieren 123
partielle Kondensation 147

Patent 16
Pauschalpreisangebot 62
Personalbedarf 94
Personaleinsatz 64
Personalkosten 21, 23, 24
personelle Änderungen 64
Personenpflege 58
Personenschäden 20
Pflichtenheft 160
pH-Wert 155
Pilotanlage 34
pipe stress analysis 177
Planungsaktivitäten 88
Planungspaket 97
Planungsversicherung 82
polizeiliche Genehmigung 188
Pönalen 70
Prallblech 147
Präqualifikation 10
Präqualifikationsverfahren 29
Präsentation 57
Praxisbezug 1
Preisbindung 49, 53
Preise 75
Preisschwankungen 44
Pressemitteilungen 83
primäre Schallschutzmaßnahmen 118
Privat 10
Probebetrieb 75, 205
Probenentnahmestellen 139
Produkt 15
Produkteigenschaften 68
Produktentwicklung 10, 16
Produktidee 10
Produktionsausfall 25
Produktionsintegrierter Umweltschutz 2
Produktionsmenge 18
Prognose 102
Projekt 3
Projektfortschrittsbericht 65
Projekthandbuch 97
Projekthistorie 100
Projektierung 15
Projektingenieur 7, 61, 97
Projektkoordination 97
Projektkosten 87
Projektlaufzeit 94
Projektleiter 7, 62
Projektleitung 61
Projektmanagement 7
Projektorganisation 87
Projektstruktur 87, 97
Projekttermine 70
Projektterminplan 66

Projektunterlagen 65
Projektverfolgung 31
Projektvorkalkulation 102
Prokura 85
Prokurist 85
Protokolle 65
Prozessbedienstation 151
Prozessoptimierung 27
Prüfaufwand 45
Prüfschritte 122
Prüfungen 73
Prüfunterlagen 66
Prüfverfahren 122
Prüfvorschriften 111
Pulsationsdämpfer 151
Pumpen 127
Pumpenanfrage 131
Pumpengruppe 128
Pumpenkennlinie 131

q
Q/H-Leistungstest 123
QS-Plan 122
Qualifikation 64
Qualität 10, 21
Qualitätsdokumentation 123, 184
Qualitätsniveau 21
Qualitätssicherungsplan 122
Quench 131
Querstütze 165
Quertrasse 176
Quertrassen 129
Querverband 171

r
R&I-Fließbilder 12
R&Is 138
R&I-Typicals 139
Radiometrische Füllstandsmessung 157
Rahmenterminplan 10, 104
Raten 75
Raumbedarf 50
Raumkennzeichnung 198
Rechtsgrundlage 104
Rechtsverordnung 104
redundante Pumpengruppe 144
Redundanz 25
Reduzierungen 173
Regelarmatur 144
Regelbereich 37
Regelcharakteristik 144
Regelschema 161
Regelung 155
Regelungsschritte 160

Regelungssignale 151
Regelungstechnik 151
Regelwerke 46
Reinigung 200
Reisekosten 54
Reservestutzen 126
Ressourcen 94
Ressourcenplanung 103
Restarbeiten 199
Rettungswege 110
Revision 100
Revisionsfall 142
Richtpreisangebot 23
Richtpreisangebote o. Kostenschätzmethode 10
Risiken 102
Risikoanalyse 10, 32
Rohrbündelwärmetauscher 147
Rohrleitung 12, 173
Rohrleitungseinbauten 129, 139
Rohrleitungsfließbild 39, 137
Rohrleitungsklasse 173
Rohrleitungsliste 180
Rohrleitungsmontage 191
Rohrleitungsmonteur 191
Rohrleitungsplanung 12, 173
Rohrleitungsspezifikation 180
Rohrleitungstrasse 174
rohrseitig 147
Rohstoff 24
Rohstoffkosten 23
Röntgenprüfung 191
Rückschlagklappe 142
Rückschlagventil 149
Rücktritt 33
Rundläufer 24

s

Sabotage 142
Sachschäden 20
Salvatorische Klausel 83
Saugleitung 142
scale up 36
Schadensersatz 71
Schadensfall 82
Schalldämpfer 118
Schallerzeuger 118
Schallgutachten 111
Schallschutz 110
Schalltechnik 118
Schalpläne 170
Schaltanlage 152
Schaltschränke 151
Schauglas 142

Schichtstelle 25
Schildertext 195
Schildertextliste 195
Schilderträger 195
Schmiermittelliste 185
Schnittstellen 30
Schnittstellenprobleme 95, 187
Schnittstellenzeichnung 69
Schnittzeichnung 185
Schraubverbindung 193
Schriftverkehr 65
Schriftverkehrssystem 99
Schulung 199
Schulungsteilnehmer 199
Schulungsunterlagen 199
Schutzfunktion 161
Schwebekörperdurchflussmessung 155
Schweineschwänze 194
Schweißanschlüsse 193
Schweißarbeiten 191
Schweißbarkeit 44
Schwinggabel 157
sekundäre Schallschutzmaßnahmen 118
Selbstbehalt 82
Sicherheitsanalyse 111, 118
Sicherheitsbeschilderung 195
Sicherheitsbestimmungen 20
Sicherheitstechnik 111
Sicherheitsvorschriften 111
Signale 151
Simulationsprogramm 36
Sirene 149
Sistierung 80
Skala 165
Soft Skills 2, 7
Software-System 138
Sohlplatte 165
Sollwert 144
Solvenz 32
Sondertransport 188
Spannungsart 153
Sperrwasserversorgung 140
Spezifikationen 21
Spiegelschweißen 192
Spülanschlüsse 139
Spülen 200
Spülsieb 200
Staatliches Umweltamt 108
Stabsmanagement 94
Stahlbau 12
Stahlbaukonstruktion 165
Stahlbaupläne 170
Stahlbauprofile 165
Standard-Dokumentation 184

Standard-Messgeräte 158
Standort 17
Standortwahl 19
Steckscheibe 200
Steigetrasse 129, 176
Steuerkabel 159
Steuerung 155
Steuerungsschritte 160
Steuerungstechnik 151
Stilllegung 29
Stoffbilanz 10, 36
Stoffdaten 36
Stoffdatensammlung 36
Stoffstromnummer 37
Stopfbuchspackung 131
Störfall-Verordnung 118
Straßenbeschilderung 198
stringentes Recht 62
Stroboskop 147
Stromschienen 152
Strömungsgeschwindigkeit 128
Stromversorgung 151
Stückliste 180
100-Stunden Garantielauf 75
24-Stunden Testlauf 75
Stufenzahl 56
Stutzen 126
Stutzenänderung 126
Systemadministrator 174
Systematiken 97
Systeme 138
Systemsteuerung 161
Systemtest 203

t
Tansportfahrzeug 188
Technikum 34
Technische Anleitung Lärm 109
Technische Anleitung Luft 109
technische Bestellspezifikation 122
technische Datenblätter 119
Temperatur 155
Terminclaims 78
Termine 70
Terminpläne 103
Terminplanung 12, 103
Terminrisiko 33
Terminverfolgung 103
Terminverzögerung 71, 125
Terminverzug 125
Textwiederholung 83
thermische Verfahren 36
Toleranzangabe 122
Trafo 152

Transport 188
Transportanalyse 188
Transportversicherung 82
Trend 160
Treppen 166
Trockenlaufschutz 142
T-Stücke 173

u
Überfüllschutz 140
Überlaufleitung 142
Überstromrelais 153
Überströmventil 151
Ultraschall-Füllstandsmessung 157
Umsatz 15
Umweltauflagen 2, 20
Umweltbehörden 108
Umweltschutztechnik 2
Unfallverhütungsvorschriften
UVV 20
Unit Operation 34
Untergruppensteuerung 161
Unterlieferanten 64
Unternehmensphilosophie 20
Unterschrift 84
Unterschriftenregelung 84

v
vendor list 65
Verankerung 172
Verarbeitungskosten 45
Verbotszeichen 198
Verbundgesellschaft 85
Verbund-Klebeanker 172
Verdampfungsenthalpie 55
Verdingungsordnung für Bauleistungen
VOB 29
Verdingungsordnung für Leistungen
VOL 29
vereinfachtes Genehmigungsverfahren 108
Verfahrensentwicklung 34
Verfahrensfließbild 39
Verfahrenstechnik 10
verfahrenstechnische Anlagen 1
Verfahrenstechnische Auslegung 46
Verfahrenstechnische Grundoperation 34
Verfügbarkeit 18
Vergabeverhandlung 31
Vergabeverhandlungen 10, 12, 57, 77
Verhandlungsprotokoll 123
Verhandlungstechnik 31
Verkabelung 151
Verkaufsmenge 10
Verkaufspreis 10, 16

Verkehrswege 110
Verkrustung 128, 144
Veröffentlichungen 83
Verordnungen 63
Verschleiß 45
Verschleißteilangebot 185
Versicherungen 81
Versicherungsarten 81
Versicherungshöhe 82
Versicherungskosten 54
Versicherungsleistungen 82
Versicherungsnehmer 81
Versicherungsort 82
Versicherungsprämien 82
versteckte Mängel 73
Verstopfung 144
Verstopfungsprobleme 128
Vertrag 61
Vertragsabschluss 10
Vertragsgestaltung 61
Vertragsstrafe 71
Vertragsstrafen 72
Verwaltungsvorschriften 63
Verzahnung 88
Verzug 71
virtuelle Wanderung 49
Viskosität 129
vollautomatische Anlage 19
Vollständigkeits-Check 138, 202
Volumenstrom 155
Vorab-Anfragen 49
Vorab-Angebote 49
vorbehaltlose Auftragsbestätigung 83
vorbeugende Instandhaltung 27
Vorgefertigte Rohrleitungen 192
Vorkalkulation 16, 87
Vorprüfunterlagen 123

w
Währungsversicherung 82
Wandrauhigkeit 128
Wandstärke 173
Warme Inbetriebsetzung 12, 204
warme Wasserfahrt 204

Wärmeschutz 110
Wärmeübertragungsverhalten 147
Wärmeverluste 55
Wartungsanweisungen 185
Wartungseinrichtung 139
Wartungskosten 21, 23, 25
Wartungspersonal 25
Wasserbehörde 108
Wasserfahrt 203
Wassergefährdungsklasse 111
Wassergefährdungsstufe 111
Wasserhaushaltsgesetz 104
Wechsel 85
Wegbeschilderung 198
Werbezwecke 42
Werksspezifikationen 63
Werkstoffkonzept 10, 44
Werkstoffzeugnisse 123
Widersprüche 64, 83
Wirbel-Durchfluss-Messgerät 157
Wirkungsgrad 131
Wirkungsgradkurve 123
Wirtschaftlichkeit 27
Wirtschaftlichkeitsbetrachtung 10, 27

x
X-Stop 177

y
Y-Stop 177

z
Zahlungsbedingungen 75
Zahlungsfrist 76
Zahlungsmoral 32
Zeichnerische Ausführung 137
Zeichnungsformat 138
zerstörungsfreie Prüfung 191
Zinsverlust 76
Zollbestimmungen 33
Z-Stop 177
zugesicherte Eigenschaften 72
Zusammenstellungszeichnung 185

Printed and bound in the UK by
CPI Antony Rowe, Eastbourne